Tanja Reimbold

Klett

KomplettWissen Mathematik

Gymnasium 5.–10. Klasse

Klett Lerntraining

Autorin:
Tanja Reimbold ist Gymnasiallehrerin für die Fächer Mathematik und Physik.

Dieses Werk basiert auf 978-3-12-926053-3.

Bibliografische Information der Deutschen Nationalbibliothek
Die Deutsche Nationalbibliothek verzeichnet diese Publikation in der Deutschen Nationalbibliografie; detaillierte bibliografische Daten sind im Internet über http://dnb.dnb.de abrufbar.

1. Auflage 2016

www.klett-lerntraining.de
Der Zugang zu den Lern-Videos ist bis drei Jahre nach Ersterscheinen des Buches gewährleistet.
Umschlagfotos: www.thomas-weccard.de
Illustration: Uwe Alfer, S. 170; Klett-Archiv, S. 187
Bildnachweis: Shutterstock, New York (Snipergraphics), S. 86; Shutterstock, New York (Africa Studio), S. 86; Klett-Archiv, Stuttgart, S. 90, 91
Redaktion: Sylvia Jakuscheit, Berka
Satz: Arnold & Domnick, Leipzig
Druck: medienhaus Plump GmbH, Rheinbreitbach
Printed in Germany
ISBN 978-3-12-926097-5

Inhalt

Inhalt

Inhalt

Inhalt

7./8. Klasse

Inhalt

9./10. Klasse

Liebe Schülerin, lieber Schüler,

in diesem Buch findest du alle wichtigen Lerninhalte, die du in Mathematik von der 5. bis zur 10. Klasse lernst. Es ist genau das richtige Buch für dich, wenn du jederzeit schnell etwas nachlesen und wiederholen möchtest.

So arbeitest du mit diesem Buch:

KomplettWissen Mathematik ist übersichtlich aufgebaut, sodass du dich schnell zurechtfindest.

- Das Buch ist in drei große Teile gegliedert:
  - 5./6. Klasse,
  - 7./8. Klasse,
  - 9./10. Klasse.
- Innerhalb der Klassenstufen ist der Lernstoff nach Themen untergliedert.
- Wenn du ein bestimmtes Thema suchst, findest du es also ganz schnell über das Inhaltsverzeichnis.
- Zu jedem Thema gibt es
  - Definitionen und Regeln,
  - Beispiele, die anschaulich zeigen, wie Regeln angewendet werden,
  - Zusammenfassungen, die das Wichtigste kurz und knapp festhalten.

Dieses Buch bietet die aber noch viel mehr:
Du erhältst einen **kostenlosen** Zugang zu vielen **Lern-Videos** im Internet, die dir schwierige Themen Schritt für Schritt erklären.
Immer, wenn es ein passendes Video gibt, findest du dieses Zeichen:

Lern-Video

So kommst du zu den kostenlosen Lern-Videos online:

Scanne entweder den QR-Code oder gehe auf
www.klasse5bis10.klett-lerntraining.de/8C8N
und du erhältst eine Übersicht über alle Videos.
Wähle das passende Video aus und los geht's.

1 Natürliche Zahlen

Die **Menge der natürlichen Zahlen** wird mit $\mathbb{N}$ bezeichnet und setzt sich aus folgenden Zahlen zusammen: 0; 1; 2; 3; 4; … usw.
Für die Menge der natürlichen Zahlen schreibt man: $\mathbb{N} = \{0; 1; 2; 3; \ldots\}$

Die Menge der natürlichen Zahlen ohne die Null wird mit $\mathbb{N}^* = \mathbb{N} \setminus \{0\}$ bezeichnet.
In manchen Büchern gehört die Null nicht zu den natürlichen Zahlen. Beides ist richtig.
Alle natürlichen Zahlen sind positiv.
Man kann sie auf einem Zahlenstrahl darstellen als Abfolge von Punkten im Abstand von 1.

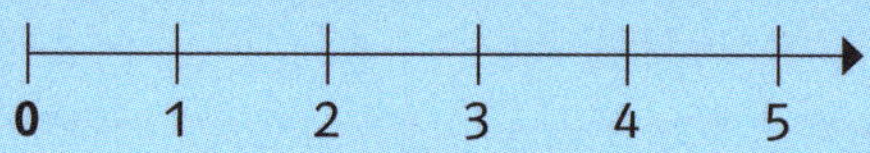

Zu jeder natürlichen Zahl kann man 1 hinzuzählen und erhält eine darauffolgende Zahl. Diese Zahl heißt **Nachfolger**. Da jede Zahl einen Nachfolger hat, gibt es keine größte natürliche Zahl.

Beispiel 4 ist der Nachfolger von 3, da 4 = 3 + 1.

Außer von der Null kann man von jeder natürlichen Zahl 1 abziehen und erhält die vorangegangene Zahl. Diese Zahl heißt **Vorgänger**. Die Null hat keinen Vorgänger, sie ist die kleinste natürliche Zahl.

Beispiel 6 ist der Vorgänger von 7, da 6 = 7 − 1.

Will man natürliche Zahlen miteinander vergleichen, so benutzt man die Begriffe größer und kleiner, d.h. 8 ist größer als 5 oder 7 ist kleiner als 9.
Hierfür wurden in der Mathematik Abkürzungen eingeführt.
Für 8 ist **größer als** 5 schreibt man kurz: $8 > 5$
Für 7 ist **kleiner als** 9 schreibt man kurz: $7 < 9$.

Zusammenfassung

Menge der natürlichen Zahlen: $\mathbb{N} = \{0; 1; 2; 3; \ldots\}$.
Jede natürliche Zahl hat einen Nachfolger. Es gibt keine größte natürliche Zahl.
Jede natürliche Zahl außer der Null hat einen Vorgänger. Die kleinste natürliche Zahl ist die Null.

Bezeichnungen für große Zahlen

1 Million = 1000 Tausender = 1 000 000
1 Milliarde = 1000 Millionen = 1 000 000 000
1 Billion = 1000 Milliarden = 1 000 000 000 000
1 Billiarde = 1000 Billionen = 1 000 000 000 000 000
1 Trillion = 1000 Billiarden = 1 000 000 000 000 000 000
1 Trilliarde = 1000 Trillionen = 1 000 000 000 000 000 000 000
1 Quadrillion = 1000 Trilliarden = 1 000 000 000 000 000 000 000 000
...

Schreibweisen für große Zahlen

1000 = 10^3 (1 mit 3 Nullen)
1 000 000 = 10^6 (1 mit 6 Nullen)
1 000 000 000 = 10^9 (1 mit 9 Nullen)
1 000 000 000 000 = 10^{12} (1 mit 12 Nullen)
...

Damit man große Zahlen besser und schneller lesen kann, unterteilt man die Ziffern in Dreierpäckchen (von rechts nach links).

Um eine große Zahl schneller erfassen zu können, verwendet man eine Stellentafel. Dabei gibt die Stelle, an der die Ziffer steht, ihre Bedeutung an. Da der Wert einer Stelle das Zehnfache der vorangegangenen Stelle ist, hat man hier ein Zehnersystem.

Billion			Milliarde			Million			Tausend					
H	Z	E	H	Z	E	H	Z	E	H	Z	E	H	Z	E
									7	2	3	4	5	0
						5	7	0	8	9	5	4	0	0
				4	3	0	7	0	6	5	4	3	0	2
	3	4	0	0	4	6	2	1	0	9	7	6	0	4

H = Hunderter; Z = Zehner; E = Einer

Zusammenfassung

Große Zahlen haben ihre eigenen Bezeichnungen und Schreibweisen.
Man kann sie besonders übersichtlich in einer Stellentafel darstellen.
Hierbei gibt die Position der Ziffer ihre Bedeutung an. Der Wert einer Stelle ist das Zehnfache der vorangegangenen Stelle.

Hängt in einem Zahlensystem die Bedeutung der Ziffer von ihrer Stellung innerhalb der Zahl ab, so nennt man dies ein Stellenwertsystem.
Unser Stellenwertsystem heißt **Zehnersystem.**
Es handelt sich um ein System mit den 10 Zahlzeichen 0, …, 9. Alle höheren Zahlen werden als Kombination aus diesen Zahlzeichen geschrieben.
Es gibt jedoch auch andere Stellenwertsysteme, z. B. das Zweiersystem.

Zehnersystem:

Hier werden 10 Einer zu 1 Zehner, 10 Zehner zu 1 Hunderter, 10 Hunderter zu 1 Tausender usw. zusammengefasst. Man erhält den Wert einer Stelle, indem man die vorangegangene Stelle mit 10 multipliziert.

$\cdot 10$ $\cdot 10$ $\cdot 10$ $\cdot 10$

…	10 000er	1 000er	100er	10er	1er
	7	8	5	9	2
		3	4	7	5

Beispiel

$7 \cdot 10000 + 8 \cdot 1000 + 5 \cdot 100 + 9 \cdot 10 + 2 \cdot 1 = 78592$

$3 \cdot 1000 + 4 \cdot 100 + 7 \cdot 10 + 5 \cdot 1 = 3475$

Zweiersystem:

Im Zweiersystem werden 2 Einer zu 1 Zweier, 2 Zweier zu 1 Vierer, 2 Vierer zu 1 Achter usw. zusammengefasst. Man erhält den Wert einer Stelle, indem man die vorangegangene Stelle mit 2 multipliziert.

$\cdot 2$ $\cdot 2$ $\cdot 2$ $\cdot 2$ $\cdot 2$

…	32er	16er	8er	4er	2er	1er
			1	0	1	1
	1	0	1	1	0	0

Beispiel

$(1011)_2 = 1 \cdot 8 + 0 \cdot 4 + 1 \cdot 2 + 1 \cdot 1 = 8 + 2 + 1 = 11$

$(101100)_2 = 1 \cdot 32 + 0 \cdot 16 + 1 \cdot 8 + 1 \cdot 4 + 0 \cdot 2 + 0 \cdot 1 = 32 + 8 + 4 = 44$

Man kann sich auf diese Weise jede Art von System bauen.

Kommt es bei einer großen Zahl nicht exakt auf den Wert der Einer-, Zehner- oder Hunderterstelle an, so kann man diese Zahl runden. Dabei muss man sich entscheiden, auf welche Stelle man die Zahl sinnvoll rundet.

Vorgehensweise beim Runden:

- Wähle eine geeignete Rundungsstelle.
- Betrachte die Ziffer rechts von der Rundungsstelle.
- Ist diese Ziffer 0, 1, 2, 3, 4, so wird abgerundet. Dabei bleibt die Rundungsziffer erhalten. Alle Ziffern rechts davon werden null.
- Ist diese Ziffer 5, 6, 7, 8, 9, so wird aufgerundet. Dabei wird zur Rundungsziffer 1 hinzugezählt. Auch hier werden alle Ziffern rechts davon null.

Tipp: Handelt es sich bei der Rundungsziffer um eine 9, musst du aufpassen. Es verändern sich nicht nur die Rundungsziffer, sondern auch die Ziffern davor.

Beispiel

Runde folgende Zahlen auf Tausender (T), Hunderter (H) und Zehner (Z):

Gegeben	Lösung		
	T	H	Z
7514	8000	7500	7510
26984	27000	27000	26980
92349	92000	92300	92350
105105	105000	105100	105110

Für gerundete Zahlen schreibt man ≈ : 45637 ≈ 45600

Zusammenfassung

Ist die Ziffer rechts von der Rundungsstelle 0, 1, 2, 3, 4, so rundet man ab. Die Rundungsziffer bleibt erhalten.
Ist die Ziffer rechts von der Rundungsstelle 5, 6, 7, 8, 9, so rundet man auf. Zur Rundungsziffer wird 1 hinzuaddiert.
Alle Ziffern rechts von der Rundungsstelle werden null.
Ist die Rundungsziffer eine 9, ändert sich auch die Ziffer davor.

Zum Vergleich und zur Veranschaulichung von Zahlen bzw. Daten werden Tabellen und Diagramme verwendet.

Zahlen darstellen

In einer **Tabelle** werden Texte und Daten in Form von Zeilen und Spalten dargestellt. Der Text und die Daten beziehen sich aufeinander. Aus einer Tabelle kann man die Zahlen sofort ablesen.

In einem **Diagramm** werden die Zahlen anschaulich verglichen. Bevor man das Diagramm zeichnet, überlegt man sich mit dem größten vorkommenden Wert einen geeigneten Maßstab. Man unterscheidet zwischen Säulen- und Balkendiagramm. In einem Säulendiagramm stehen die Säulen senkrecht, in einem Balkendiagramm liegen die Balken waagerecht.

Wie erstelle ich ein Diagramm?

- Überlege dir anhand der Tabelle, welche Daten du in einem Diagramm darstellen möchtest.
- Mittels des größten Wertes findest du einen geeigneten Maßstab.
- Zeichne deine beiden Achsen (mit Lineal) und beachte dabei deinen Maßstab.
- Nun kannst du deine Säulen bzw. Balken einzeichnen.

Beispiel In einer Klasse mit 32 Schülern wird eine Umfrage zur Lieblingsfarbe durchgeführt.

Tabelle:

Lieblingsfarbe				
Rot	Grün	Gelb	Blau	Schwarz
10	6	9	5	2

Säulendiagramm

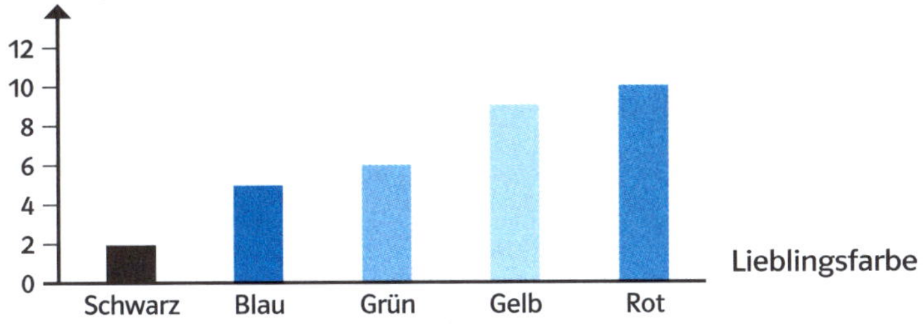

Balkendiagramm

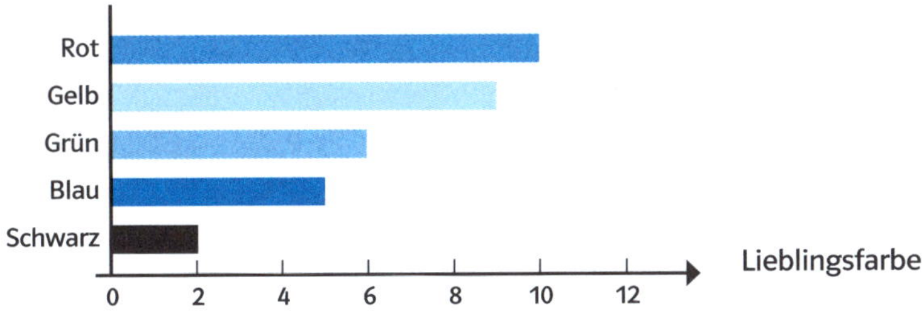

Tipp: Zum Auszählen der Ergebnisse kann eine Strichliste hilfreich sein. Jeder fünfte Strich wird schräg durch die vorangehenden senkrechten Striche gezogen. Mit einer solchen Strichliste hat man einen guten Überblick.

Rot	~~IIII~~ ~~IIII~~
Grün	~~IIII~~ I
Gelb	~~IIII~~ IIII
Blau	~~IIII~~
Schwarz	II

Zusammenfassung

Mit einer Tabelle lassen sich die einzelnen Zahlen sehr schnell ablesen.
Ein Diagramm dient zur Veranschaulichung von Zahlen. Eine Zunahme oder Abnahme ist sofort ersichtlich. Die Zahlen sind aber meist schlecht ablesbar. Man muss immer auf den Maßstab achten.

Addieren

Addiert man zwei Zahlen, so nennt man das Ergebnis eine **Summe**. So sagt man z. B.: Wenn man 245 und 34 miteinander addiert, so erhält man die Summe 279.

Die beiden Zahlen 245 und 34 heißen **Summanden**.

245	**+**	**34**	**=**	**279**
1. Summand		**2. Summand**		**Summe**

Subtrahieren

Subtrahiert man zwei Zahlen, so nennt man das Ergebnis eine **Differenz**. So sagt man z. B.: Wenn man 75 von 275 subtrahiert, so erhält man die Differenz 200.

Die Zahl 275 nennt man **Minuend**, die Zahl 75 **Subtrahend**.

275	**–**	**75**	**=**	**200**
Minuend		**Subtrahend**		**Differenz**

Zusammenhang zwischen Addition und Subtraktion

Bei diesen beiden Rechenarten handelt es sich um entgegengesetzte Rechenoperationen. So kann das Addieren einer Zahl durch das Subtrahieren dieser Zahl rückgängig gemacht werden.

Das Subtrahieren einer Zahl kann durch das Addieren derselben Zahl rückgängig gemacht werden.

Diese Eigenschaft kann bei der Kontrolle von Ergebnissen hilfreich sein oder beim Finden von gesuchten Zahlen.

Zusammenfassung

Die Addition und die Subtraktion sind entgegengesetzte Rechenoperationen und gehören zu den vier Grundrechenarten.

Bei der Addition nennt man das Ergebnis Summe und die zu addierenden Zahlen Summanden.

Bei der Subtraktion nennt man das Ergebnis Differenz und die Zahl, die abgezogen wird, Subtrahend und die Zahl, von der abgezogen wird, Minuend.

Um Zahlen **schriftlich zu addieren**, schreibst du die Zahlen entsprechend ihrem Stellenwert untereinander, d. h. Einer unter Einer, Zehner unter Zehner, Hunderter unter Hunderter usw.

Nun addierst du zuerst die Einer miteinander, dann die Zehner, Hunderter usw. Es können hierbei Überträge entstehen (im Folgenden **blau** gekennzeichnet).

	T	H	Z	E
	2	5	8	9
+		3	8	7
		1	1	
	2	9	7	6

Wir addieren:
1. Einer: 7 + 9 = 16, schreibe 6 übertrage **1**
2. Zehner: **1** + 8 + 8 = 17, schreibe 7 übertrage **1**
3. Hunderter: **1** + 3 + 5 = 9, schreibe 9
4. Tausender: 0 + 2 = 2, schreibe 2

Um dein Ergebnis zu kontrollieren, kann dir eine Überschlagsrechnung helfen.

Überschlagsrechnung

Hierbei musst du überlegen, wie genau dein Überschlag sein soll.
Du kannst auf Zehner oder Hunderter überschlagen.

Zehner:
2 590 + 390 = 2 980

Hunderter:
2 600 + 400 = 3 000

Beispiel

8 224 + 2 346

Überschlag: 8 200 + 2 300 = 10 500

Schriftliche Rechnung:

	T	H	Z	E
	2	5	8	9
+		3	8	7
		1	1	
	2	9	7	6

Zusammenfassung

Schriftliches Addieren erfolgt am einfachsten in einer Stellenwerttafel. Bei der Addition werden zuerst die Einer, dann die Zehner, Hunderter, usw. addiert. Beachte dabei die Überträge.

Wie bei der schriftlichen Addition schreibst du beim **schriftlichen Subtrahieren** die Zahlen entsprechend ihrem Stellenwert untereinander.
Bei der Subtraktion gibt es zwei Verfahren: schriftliches Subtrahieren durch Ergänzen (Ergänzungsverfahren) oder schriftliches Subtrahieren durch Abziehen (Abziehverfahren).

Schriftliches Subtrahieren durch Ergänzen

Hierbei nutzt du den Zusammenhang zwischen Addition und Subtraktion aus. Wir wissen: Die Subtraktion ist die Umkehrung der Addition. Anstatt die Einer von den Einern zu subtrahieren, suchst du eine Zahl, die die Einer ergänzt. Ebenso verfährst du bei den Zehnern, Hundertern, usw.

	T	H	Z	E
	6	0	4	5
−	3	2	8	4
	1	1		
	2	7	6	1

Wir ergänzen:
1. Einer: 4 + **1** = 5, schreibe **1**
2. Zehner: 8 + **6** = 14, schreibe **6**, übertrage **1**
3. Hunderter: **1** + 2 + **7** = 10, schreibe **7**, übertrage **1**
4. Tausender: **1** + 3 + **2** = 6, schreibe **2**

Subtrahieren durch Abziehen

	T	H	Z	E
	2		3	
	~~3~~	5	~~4~~	2
−	1	6	2	5
	1	9	1	7

1. Einer: 2 − 5 geht nicht, 1 von **4 Z** herüber, bleibt **3 Z**
   12 − 5 = **7**
2. Zehner: 3 − 2 = **1**
3. Hunderter: 5 − 6 geht nicht, 1 von **3 T** herüber
   bleibt **2**; 15 − 6 = **9**
4. Tausender: 2 − 1 = **1**

Um dein Ergebnis zu kontrollieren, hilft dir eine Überschlagsrechnung.

Beispiel

Berechne **10101 − 2512 − 348**.

Überschlag: 10100 − 2500 − 300 = 7300

Schriftliche Rechnung durch Ergänzen:

	1	0	1	0	1
−		2	5	1	2
−			3	4	8
	1	1	1	1	
		7	2	4	1

Wir ergänzen:
1. Einer: 8 + 2 + **1** = 11 übertrage **1**
2. Zehner: **1** + 4 + 1 + **4** = 10, übertrage **1**
3. Hunderter: **1** + 3 + 5 + **2** = 11, übertrage **1**
4. Tausender: **1** + 2 + **7** = 10 , übertrage **1**
5. Zehntausender: **1** + 0 = 1

Schriftliche Rechnung durch Abziehen:

Z	T	T	H	Z	E
	0	9	0	9	
	~~1~~	~~0~~	~~1~~	~~0~~	1
−		2	5	1	2
−			3	4	8
		7	2	4	1

1. Einer: 1 − (8 + 2) geht nicht, 1 von 0 Z herüber, bleibt **9 Z** und **0 H**. 11 − (8 + 2) = **1**
2. Zehner: 9 − (4 + 1) = **4**
3. Hunderter: 0 − (5 + 3) geht nicht, 1 von 0 T herüber, bleibt **9 T** und **0 ZT**. 10 − (5 + 3) = **2**
4. Tausender: 9 − 2 = **7**

Zusammenfassung

Schriftliches Subtrahieren erfolgt am einfachsten in einer Stellenwerttafel.
Beim Ergänzungsverfahren ergänzt du zuerst die Einer, dann die Zehner, Hunderter usw. Achte dabei auf Überträge.
Beim Subtrahieren durch Abziehen subtrahierst du die Einer, Zehner, …
Kannst du die Subtraktion nicht durchführen, musst du von der nächsthöheren Stelle 1 übertragen.

Multiplikation
Multipliziert man zwei Zahlen, so nennt man das Ergebnis ein **Produkt**. So sagt man z. B.: Wenn man 25 mit 6 multipliziert, so erhält man das Produkt 150. Die beiden Zahlen 25 und 6 heißen **Faktoren**. Zwischen den beiden Faktoren steht ein Malzeichen.

25	**·**	**6**	**=**	**150**
1. Faktor		**2. Faktor**		**Produkt**

Division
Dividiert man zwei Zahlen, so nennt man das Ergebnis einen **Quotienten**. So sagt man z. B.: Wenn man 500 durch 50 dividiert, so erhält man den Quotienten 10.
Die Zahl 500 heißt **Dividend**, die Zahl 50 heißt **Divisor**.

500	**:**	**50**	**=**	**10**
Dividend		**Divisor**		**Quotient**

Zusammenhang zwischen Multiplikation und Division

Die Multiplikation und die Division sind wie die Addition und die Subtraktion entgegengesetzte Rechenarten.
Das Multiplizieren mit einer Zahl wird durch das Dividieren dieser Zahl rückgängig gemacht. Ebenso kann das Dividieren durch eine Zahl durch das Multiplizieren mit dieser Zahl rückgängig gemacht werden.
Dieser Zusammenhang kann zur Kontrolle von Ergebnissen genutzt werden.

Beispiel

a) Division: $240 : 20 = 12$
entgegengesetzte Rechenart: Multiplikation: $20 \cdot 12 = 240$

b) Wie lautet das Produkt aus 4 und 12?
Rechnung: $4 \cdot 12 = 48$
entgegengesetzte Rechenart: Division $48 : 12 = 4$

Beim Multiplizieren und Dividieren gibt es **wichtige Regeln** zu beachten:

- Ist bei der Multiplikation einer der beiden Faktoren 0, so ist auch das Produkt 0.
- Dividiert man 0 durch eine andere Zahl, so ist der Quotient ebenso 0.
- Durch 0 darfst du niemals dividieren.
- Multipliziert man eine Zahl mit 1, so ist der erste Faktor mit dem Produkt identisch.
- Dividiert man eine Zahl durch 1, so ist der Dividend mit dem Quotienten identisch.

Beispiel

a) $35 \cdot 0 = 0$
b) $0 : 721 = 0$
c) $721 : 0$ ist verboten!
d) $35 \cdot 1 = 35$
e) $721 : 1 = 721$

Zusammenfassung

Die Multiplikation und die Division sind entgegengesetzte Rechenarten.
Das Ergebnis bei der Multiplikation heißt Produkt, die zu multiplizierenden Zahlen nennt man Faktoren.
Das Ergebnis bei der Division heißt Quotient, die beiden Zahlen nennt man Dividend und Divisor.

Multiplizierst du mehrstellige Faktoren miteinander, musst du konzentriert und sorgfältig arbeiten. Nutze dazu die Rechenkästchen in deinem Heft und schreibe die Zahlen sauber untereinander.

Wir zerlegen unseren 1. Faktor in Einer, Zehner, Hunderter usw.

a) Multiplikation mit einem einstelligen Faktor:

T	H	Z	E		
2	3	4	8	·	5
	1	1	2	4	
	1	1	7	4	0

Einer: $5 \cdot 8 = 40$ schreibe 0, übertrage 4
Zehner: $5 \cdot 4 + 4 = 24$ schreibe 4, übertrage 2
Hunderter: $5 \cdot 3 + 2 = 17$ schreibe 7, übertrage 1
Tausender: $5 \cdot 2 + 1 = 11$, schreibe 11

b) Multiplikation mit einem mehrstelligen Faktor:

Dabei führst du das bei a) vorgestellte Verfahren mehrfach durch.

5	4	8	2	·	4	3	2	
	2	1	9	2	8	0	0	$5482 \cdot 400$
+		1	6	4	4	6	0	$5482 \cdot 30$
+			1	0	9	6	4	$5482 \cdot 2$
	1			2	1			
	2	3	6	8	2	2	4	

Um dein Ergebnis zu kontrollieren, kannst du wieder eine Überschlagsrechnung durchführen.

Tipp bei der Multiplikation

Es kann vorteilhaft sein, wenn du die Zahl mit folgenden Eigenschaften als zweiten Faktor verwendest:

- **Gleiche** Ziffern
- **Weniger Stellen** als die andere Zahl
- **Nullen** als Ziffern

Kommen **Nullen als Ziffern in deinen Faktoren** vor, musst du beim Multiplizieren aufpassen!

Beispiel

a) Nullen im 2. Faktor: 476 · 301

Überschlag: 500 · 300 = 150 000

Schriftliche Rechnung:

4	7	6	·	3	0	1
	1	4	2	8	0	0
+			0	0	0	0
+				4	7	6
			1			
	1	4	3	2	7	6

b) Nullen in beiden Faktoren: 50 · 502

Hinweis: Hier ist es vorteilhaft die Faktoren zu tauschen.

Überschlag: 500 · 50 = 25 000

Schriftliche Rechnung:

5	0	2	·	5	0
	2	5	1	0	0
+			0	0	0
	2	5	1	0	0

Zusammenfassung

Bei der Multiplikation musst du darauf achten, dass die Zahlen entsprechend ihren Stellen untereinanderstehen. Zuerst multiplizierst du die 1. Ziffer des 2. Faktors mit dem 1. Faktor, dann die 2. Ziffer des 2. Faktors mit dem 1. Faktor usw. Zum Schluss addierst du die erhaltenen Zahlen.

Wie bei allen schriftlichen Rechenarten kannst du auch beim schriftlichen Dividieren eine Stellenwerttafel benutzen und deine Zahlen in Einer, Zehner, Hunderter, usw. zerlegen.

Division ohne Rest

```
  7 4 1 6 : 1 8 = 4 1 2
- 7 2
  ---
    2 1
  - 1 8
    ---
      3 6
    - 3 6
      ---
        0
```

18 geht 4-mal in 74, schreibe 4.
Subtrahiere $4 \cdot 18 = 72$ von 74.
Rest 2, hole die 1 herunter.
18 geht 1-mal in 21, schreibe 1.
Subtrahiere $1 \cdot 18 = 18$ von 21.
Rest 3, hole die 6 herunter.
18 geht 2-mal in 36, schreibe 2.
Subtrahiere $2 \cdot 18 = 36$ von 36.

Division mit Rest

```
  5 5 2 9 : 1 7 = 3 2 5   Rest 4
- 5 1
  ---
    4 2
  - 3 4
    ---
      8 9
    - 8 5
      ---
        4
```

Eine Überschlagsrechnung hilft dir, dein Ergebnis zu kontrollieren. Außerdem ist es sinnvoll, eine Probe durchzuführen. Dabei musst du den Rest beachten!
Beim Dividieren musst du bei Nullen immer wachsam sein!

Berechne 51069 : 17 und führe eine Überschlagsrechnung sowie eine Probe durch. **Beispiel**

Überschlag: 51000 : 17 = 3000

Schriftliche Rechnung:

	5	1	0	6	9	:	17	=	3	0	0	4	Rest 1
−	5	1											
		0	0										
	−	0	0										
			0	6									
		−	0	0									
				6	9								
			−	6	8								
					1								Rest 1

Auch die 0 muss beachtet werden

17 ist nullmal in 6 enthalten

Probe:

$$
\begin{array}{r}
\underline{3004 \cdot 17} \\
30040 \\
\underline{+\ 21028} \\
51068
\end{array}
$$

51068 + 1 = 51069

Zusammenfassung

Beim Dividieren überlegst du dir, wie oft die Zahl in der zu dividierenden Zahl enthalten ist.
Eine Überschlagsrechnung sowie eine Probe, die die entgegengesetzte Rechenart, die Multiplikation, ausnutzt, helfen dir, dein Ergebnis zu kontrollieren.

Rechnen mit Klammern
Terme sind Rechenausdrücke, die aus Zahlen und Rechenzeichen bestehen. Man kann einen Rechenweg mittels eines einzigen Rechenausdrucks darstellen. Das Ergebnis ist dann der Wert des Terms.
Berechnet man einen Term, so muss man folgende **Rechenregeln und Reihenfolgen** einhalten:

- Zuerst berechnet man die Klammern.
- Punktrechnung (Multiplikation bzw. Division) vor Strichrechnung (Addition bzw. Subtraktion).
- Gibt es Klammern innerhalb von Klammern, so berechnet man die inneren Klammern zuerst.
- Kommen bei einer Strichrechnung keine Klammern vor, so rechnet man von links nach rechts.

Beispiel

Klammern zuerst ausrechnen:

a) $248 - (60 + 98)$
$= 248 - 158$
$= 90$

b) $5 \cdot (13 + 8)$
$= 5 \cdot 21$
$= 105$

c) $(14 + 6) \cdot (23 + 2)$
$= 20 \cdot 25$
$= 500$

Punkt- vor Strichrechnung:

a) $5 \cdot 7 + 5$
$= 35 + 5$
$= 40$

b) $2 \cdot 3 + 24 : 6$
$= 6 + 4$
$= 10$

c) $5 \cdot 8 - 10 + 4 \cdot 7$
$= 40 - 10 + 28$
$= 58$

Beispiel

Verwendung beider Regeln:

	$22 + (76 - 36 : 6) \cdot 2$	Punkt- vor Strichrechnung in der Klammer
=	$22 + (76 - 6) \cdot 2$	Klammer berechnen
=	$22 + 70 \cdot 2$	Punkt- vor Strichrechnung
=	$22 + 140$	
=	162	

Klammern innerhalb von Klammern:

	$[80 - (1 + 9) \cdot 2] : 3$	Zuerst die innere Klammer berechnen
=	$[80 - 10 \cdot 2] : 3$	Punkt vor Strichrechnung in der Klammer
=	$[80 - 20] : 3$	Äußere Klammer berechnen
=	$60 : 3$	
=	20	

Achtung: Der Term vor und hinter dem Gleichheitszeichen muss immer den gleichen Wert haben.

$215 - 53 + 23 - 8 = 162 + 23$	In diesem Fall steht links vom
$= 185$	Gleichheitszeichen **nicht** das gleiche wie rechts davon.

Zusammenfassung

Beim Rechnen mit Termen musst du die folgenden wichtigen Rechengesetze beachten:
- Klammern werden zuerst berechnet.
- Innere Klammern werden vor äußeren Klammern berechnet.
- Es gilt: Punkt- vor Strichrechnung.

Die folgenden Rechengesetze helfen dir, Aufgaben schneller zu lösen.
Für die **Addition** gilt:

Kommutativgesetz
Der Begriff „kommutativ“ kommt aus dem Lateinischen und bedeutet „vertauschen“. Für die Addition bedeutet dies, dass man die beiden **Summanden vertauschen** darf.
Sind **a** und **b** natürliche Zahlen, so gilt:

$$\mathbf{a + b = b + a}$$

Assoziativgesetz
Der Begriff „assoziativ“ kommt auch aus dem Lateinischen und bedeutet „verbindend“. Für die Addition bedeutet dies, dass man bei einer Summe mit 3 oder mehr Summanden an beliebigen Stellen Klammern setzen darf. Dadurch verändert sich der Wert der Summe nicht. Aus diesem Grund darf man die Klammern auch weglassen.
Sind **a**, **b** und **c** natürliche Zahlen, so gilt:

$$\mathbf{(a + b) + c = a + (b + c) = a + b + c}$$

Diese beiden Gesetze darfst du auf **keinen Fall** bei der **Subtraktion** anwenden, denn hier ist es nicht egal, ob du 7 – 4 oder 4 – 7 rechnest.

Bei der **Verbindung der Addition und Subtraktion** darfst du das Kommutativgesetz in solchen Fällen anwenden:

$$\mathbf{a - (b + c) = a - (c + b)}$$

Beispiel

$12 - (3 + 8) = 12 - (8 + 3)$ Klammern werden zuerst berechnet

$12 - 11 = 12 - 11$

$1 = 1$

Für die **Multiplikation** gilt:

Kommutativgesetz
Wie bei der Addition bedeutet das Kommutativgesetz, dass man bei einem Produkt die beiden Faktoren vertauschen darf.
Sind **a** und **b** natürliche Zahlen, so gilt:

$$\mathbf{a \cdot b = b \cdot a}$$

Assoziativgesetz
Auch das Assoziativgesetz lässt sich von der Addition auf die Multiplikation übertragen. So darf man bei einem Produkt aus drei oder mehreren Faktoren beliebig Klammern setzen, ohne dass sich das Produkt verändert. Man kann auch die Klammern weglassen.
Sind **a**, **b** und **c** natürliche Zahlen, so gilt:

$$\mathbf{(a \cdot b) \cdot c = a \cdot (b \cdot c) = a \cdot b \cdot c}$$

Achtung: So wie du nicht einfach die Gesetze der Addition auf die Subtraktion übertragen durftest, musst du hier auch bei der Division vorsichtig sein.
Diese beiden Gesetze gelten **nicht** für die **Division**, denn 15 : 3 ist nicht gleich 3 : 15.

Zusammenfassung

Für die Addition gilt:
Kommutativgesetz: $a + b = b + a$
Assoziativgesetz: $(a + b) + c = a + (b + c) = a + b + c$

Für die Multiplikation gilt:
Kommutativgesetz: $a \cdot b = b \cdot a$
Assoziativgesetz: $(a \cdot b) \cdot c = a \cdot (b \cdot c) = a \cdot b \cdot c$

Die Rechenarten Addition, Subtraktion, Multiplikation und Division treten nicht immer nur getrennt auf, sondern auch in Verbindung miteinander. An dieser Stelle musst du besonders gut aufpassen und auf die Klammern und Vorzeichen achten. Das zugehörige Gesetz heißt **Distributivgesetz**.

Distributivgesetz für Multiplikation und Addition
Der Begriff „distributiv" kommt aus dem Lateinischen und bedeutet „verteilend".
Es ist egal, ob du zuerst die Summe berechnest und diese dann mit dem Faktor multiplizierst, oder ob du erst beide Summanden mit dem Faktor multiplizierst und dann die beiden Zahlen addierst.
Sind **a**, **b** und **c** natürliche Zahlen, so gilt:

$$\mathbf{a \cdot (b + c) = a \cdot b + a \cdot c}$$

Distributivgesetz für Multiplikation und Subtraktion
Sind **a**, **b** und **c** natürliche Zahlen, so gilt:

$$\mathbf{a \cdot (b - c) = a \cdot b - a \cdot c}$$

Distributivgesetz für Division und Addition / Subtraktion
Sind **a**, **b** und **c** natürliche Zahlen, so gilt:

$$\mathbf{(a + b) : c = a : c + b : c \quad \text{bzw.} \quad (a - b) : c = a : c - b : c}$$

Beispiel

a) $2 \cdot (13 + 8) = 2 \cdot 21 = 42$
oder $= 2 \cdot 13 + 2 \cdot 8 = 26 + 16 = 42$

b) $2 \cdot (13 - 8) = 2 \cdot 5 = 10$
oder $= 2 \cdot 13 - 2 \cdot 8 = 26 - 16 = 10$

c) $(8 + 4) : 2 = 12 : 2 = 6$
oder $= 8 : 2 + 4 : 2 = 4 + 2 = 6$

d) $(12 - 6) : 3 = 6 : 3 = 2$
oder $= 12 : 3 - 6 : 3 = 4 - 2 = 2$

Die Zahl 1024 kann man auch schreiben als 2 · 2 · 2 · 2 · 2 · 2 · 2 · 2 · 2 · 2. Da dies jedoch sehr viel Schreibarbeit ist, hat man eine vereinfachte Schreibweise dafür entwickelt.

Ein Produkt aus lauter gleichen Faktoren, z. B.
2 · 2 · 2 · 2 · 2 · 2 · 2 · 2 · 2 · 2 · kann man auch als **Potenz** schreiben:

2^{10} (sprich: „2 hoch 10")

Man sagt auch: Die Zahl 2 wird mit 10 potenziert.

Exponent (Hochzahl) ↓

Basis (Grundzahl) → $\mathbf{5^2 = 25}$ ← **Potenzwert**

Festlegungen: $2^1 = 2$; $2^0 = 1$

Treten in Rechenausdrücken Potenzen auf, so haben diese Vorrang. Es gilt:
- Potenzen vor Punktrechnung
- Potenzen vor Strichrechnung

Nicht vergessen: Auch bei Potenzen haben die Klammern Vorrang.

Beispiel

a) $7 \cdot 2^4 = 7 \cdot 16 = 112$

b) $5^3 \cdot 2 - 6 \cdot 2^2 = 125 \cdot 2 - 6 \cdot 4 = 250 - 24 = 226$

c) $(15 - 5)^3 = 10^3 = 1000$

d) $5 \cdot (3^4 + 36 : 4) = 5 \cdot (81 + 36 : 4) = 5 \cdot (81 + 9) = 5 \cdot 90 = 450$

e) $3^3 + (7 \cdot 2^2 - 4^2)^2 = 33 + (7 \cdot 4 - 16)^2 = 3^3 + (28 - 16)^2 = 3^3 + 12^2 = 27 + 144 = 171$

Zusammenfassung

Wird eine Zahl mehrfach mit sich selbst multipliziert, so kann man sie durch eine Potenz darstellen.

$$\mathbf{3^4 = 3 \cdot 3 \cdot 3 \cdot 3 = 81}$$

Die Zahl 3 heißt Basis oder Grundzahl, die Zahl 4 heißt Exponent oder Hochzahl.

Es gilt: $3^1 = 3$; $3^0 = 1$

Wird eine Zahl durch eine andere geteilt, so kann die Division aufgehen oder ein Rest übrig bleiben. Teilt eine natürliche Zahl eine andere natürliche Zahl ohne Rest, so ist sie ein Teiler der Zahl.

Teiler
Ist eine natürliche Zahl **a** ohne Rest durch eine natürliche Zahl **b** teilbar, so nennt man **b** einen **Teiler** von **a**.
Man sagt auch **b** teilt **a**.
Jede Zahl hat mindestens 2 Teiler, nämlich 1 und sich selbst.

Vielfache
Multipliziert man eine natürliche Zahl **a** nacheinander mit 1, 2, 3, 4, …, so erhält man die **Vielfachen** der Zahl **a**.
Jede Zahl hat unendlich viele Vielfache.

Zusammenhang zwischen Teiler und Vielfachem
Ist die natürliche Zahl **b** ein Teiler der natürlichen Zahl **a**, dann ist **a** auch ein Vielfaches der Zahl **b**.

Beispiel

a) 24 ist ohne Rest durch 4 teilbar, denn $24 : 4 = 6$.
Also ist 4 ein Teiler von 24.

b) 35 ist ohne Rest nicht durch 9 teilbar, denn $35 : 9 = 3$ Rest 8.
Also ist 9 kein Teiler von 35.

c) 15 ist ein Vielfaches von 5, denn $15 = 3 \cdot 5$.
125 ist auch ein Vielfaches von 5, denn $125 = 25 \cdot 5$.

d) 7 ist ein Teiler von 49.
49 ist ein Vielfaches von 7, da $7 \cdot 7 = 49$.

Teilbarkeitsregeln

Teiler	Teilbarkeitsregel	Beispiel
2	Eine natürliche Zahl ist immer dann durch 2 teilbar, wenn die letzte Ziffer durch 2 teilbar ist, also 0, 2, 4, 6, 8 (gerade Zahlen).	456 6 : 2 = 3 456 : 2 = 228
3	Eine natürliche Zahl ist immer dann durch 3 teilbar, wenn die Summe aller Ziffern (Quersumme) durch 3 teilbar ist.	723 7 + 2 + 3 = 12 12 : 3 = 4 723 : 3 = 241
4	Eine natürliche Zahl ist immer dann durch 4 teilbar, wenn die letzten beiden Ziffern eine durch 4 teilbare Zahl sind.	6532 32 : 4 = 8 6532 : 4 = 1633
5	Eine natürliche Zahl ist immer dann durch 5 teilbar, wenn die letzte Ziffer eine 0 oder 5 ist.	4860 4860 : 5 = 972
6	Eine natürliche Zahl ist immer dann durch 6 teilbar, wenn sie sowohl durch 2 als auch durch 3 teilbar ist.	132 132 : 2 = 66 132 : 3 = 44 132 : 6 = 22
8	Eine natürliche Zahl ist immer dann durch 8 teilbar, wenn die letzten drei Ziffern eine durch 8 teilbare Zahl sind.	7520 520 : 8 = 65 7520 : 8 = 940
9	Eine natürliche Zahl ist immer dann durch 9 teilbar, wenn die Summe aller Ziffern (Quersumme) durch 9 teilbar ist.	3168 3 + 1 + 6 + 8 = 18 18 : 9 = 2 3168 : 9 = 352

Zusammenfassung

Eine Zahl **b** heißt Teiler einer Zahl **a**, wenn **b** die Zahl **a** ohne Rest teilt.
Eine Zahl **b** ist ein Vielfaches von **a**, wenn **a** mit 1, 2, 3, 4, … multipliziert die Zahl **b** ergibt.
Ist **b** ein Teiler von **a**, so ist **a** auch ein Vielfaches von **b**.

Primzahlen

Teilt man eine natürliche Zahl durch eine andere natürliche Zahl, so kann es passieren, dass ein Rest übrig bleibt. Es gibt natürliche Zahlen, bei denen immer ein Rest übrig bleibt, außer man teilt diese durch 1 oder sich selbst. Solche Zahlen nennt man **Primzahlen**.

Primzahlen sind natürliche Zahlen, die nur durch sich selbst und durch 1 teilbar sind. Sie besitzen also **genau 2 Teiler**.
Die Zahl 1 erfüllt diese Bedingung nicht, denn sie besitzt nur einen Teiler, nämlich die 1.
Es gibt **unendlich viele Primzahlen**. Die größte bekannte Primzahl ist eine Zahl mit 12 978 189 Stellen.

Die Primzahlen unter den ersten 100 Zahlen sind farbig:

1 2 3 4 5 6 7 8 9 10 11 12 13 14 15 16 17 18 19 20

21 22 23 24 25 26 27 28 29 30 31 32 33 34 35 36 37

38 39 40 41 42 43 44 45 46 47 48 49 50 51 52 53 54

55 56 57 58 59 60 61 62 63 64 65 66 67 68 69 70 71

72 73 74 75 76 77 78 79 80 81 82 83 84 85 86 87 88

89 90 91 92 93 94 95 96 97 98 99 100

Du kannst jede natürliche Zahl als Produkt von Primzahlen schreiben. Dieses Produkt heißt die **Primfaktorzerlegung der Zahl**. Es existiert für jede Zahl nur **eine Möglichkeit,** sie als Produkt von Primzahlen zu schreiben.

Beispiel

$85 = 5 \cdot 17$
$770 = 2 \cdot 5 \cdot 7 \cdot 11$

Vorgehensweise bei der Primfaktorzerlegung:

1. Du gehst bei der Primzahl 2 beginnend die einzelnen Primzahlen durch und prüfst, ob diese die zu zerlegende Zahl ohne Rest teilt.
2. Hast du eine Primzahl gefunden, so schreibst du diese auf und teilst die zu zerlegende Zahl durch die Primzahl.
3. Nun hast du eine neue zu zerlegende Zahl gefunden. Für diese neue Zahl suchst du wieder eine Primzahl, die diese ohne Rest teilt.

Dieses Verfahren wendest du so lange an, bis am Schluss nur noch eine Primzahl übrig bleibt.

Beispiele

a) Zerlege die Zahl 1638 in Primfaktoren:

1638 ist teilbar durch die Primzahl 2. Diese Zahl 2 merken wir uns und berechnen $1638 : 2 = 819$. 819 ist nicht mehr durch 2 teilbar, aber durch die Primzahl 3. Also 3 merken und $819 : 3 = 273$ berechnen.
273 ist noch mal durch 3 teilbar. Also 3 merken und $273 : 3 = 91$ berechnen.
91 ist nicht mehr durch 3 teilbar, auch nicht durch 5, aber durch 7. Wir merken uns die 7 und berechnen $91 : 7 = 13$.
Die Zahl 13 ist eine Primzahl und somit nicht mehr zerlegbar.
Unsere Primfaktorzerlegung der Zahl 1638 lautet:
$1638 = 2 \cdot 3 \cdot 3 \cdot 7 \cdot 13$

b) Teilt 21 die Zahl 84?

Hierbei hilft dir auch eine Primfaktorzerlegung: $84 = 2 \cdot 2 \cdot 3 \cdot 7$
Da 84 durch 3 und 7 teilbar ist, ist sie auch durch das Produkt aus diesen beiden Zahlen, d.h. $3 \cdot 7 = 21$ teilbar.

Zusammenfassung

Primzahlen sind natürliche Zahlen, die genau zwei Teiler besitzen, nämlich sich selbst und die Zahl 1.
Die Zahl 1 ist keine Primzahl.
Es gibt unendlich viele Primzahlen.

Der größte gemeinsame Teiler (ggT)
Für eine ganze Zahl können mehrere ganze Zahlen existieren, die die Zahl ohne Rest teilen.
Für eine zweite ganze Zahl können auch ganze Zahlen existieren, die sie ohne Rest teilen, die mit den Teilern der ersten Zahl identisch sind.

Teilermenge von 6: $T_6 = \{1; 2; 3; 6\}$

Teilermenge von 14: $T_{14} = \{1; 2; 7; 14\}$

Der gemeinsame Teiler der beiden Zahlen ist die Zahl 2.

oder

Teilermenge von 14: $T_{14} = \{1; 2; 7; 14\}$

Teilermenge von 28: $T_{28} = \{1; 2; 4; 7; 14; 28\}$

Die gemeinsamen Teiler der beiden Zahlen sind die Zahlen 2, 7 und 14.
Die größte Zahl der gemeinsamen Teiler ist in unserem Fall die Zahl 14. Man nennt sie auch den **größten gemeinsamen Teiler**, kurz **ggT**.
Schreibweise:

ggT(14; 28) = 14

Haben Zahlen keinen gemeinsamen Teiler, so beträgt der ggT 1. Man nennt sie dann auch **teilerfremd**.

Bei den obigen Beispielen kann man den ggT erraten. Kann man dies nicht, so kann man zur Bestimmung des ggT die Primfaktorzerlegung benutzen.

Beispiele

Bestimme den ggT von 24, 40 und 56 mit Hilfe der Primfaktorzerlegung.

- Zerlege dazu die Zahlen mithilfe der Primfaktorzerlegung:
  $24 = 2 \cdot 2 \cdot 2 \cdot 3$
  $40 = 2 \cdot 2 \cdot 2 \cdot 5$
  $56 = 2 \cdot 2 \cdot 2 \cdot 7$
- Suche bei den Primfaktorzerlegungen nach gemeinsamen Teilern.
  Alle drei Zahlen haben $2 \cdot 2 \cdot 2 = 8$ gemeinsam.
- Somit lautet der ggT: ggT(24; 40; 56) = 8

Das kleinste gemeinsame Vielfache (kgV)
Beim kleinsten gemeinsamen Vielfachen handelt es sich um die kleinste natürliche Zahl, die ein gemeinsames Vielfaches zweier ganzer Zahlen ist.

Die Vielfachen von 2 sind: 2, 4, 6, 8, 10, 12, 14, 16 , 18, …
Die Vielfachen von 3 sind: 3, 6, 9, 12 ,15, 18, …
Die gemeinsamen Vielfachen von 2 und 3 sind: 6, 12, 18, …
Das kleinste gemeinsame Vielfache von 2 und 3 ist 6.
Wir schreiben: kgV(2; 3) = 6

Auch hier kann man die Primfaktorzerlegung zur Bestimmung benutzen.

Beispiel

Bestimme das kgV mit Hilfe der Primfaktorzerlegung von 24 und 36.

- Zerlege dazu die Zahlen mithilfe der Primfaktorzerlegung:
  $24 = 2 \cdot 2 \cdot 2 \cdot 3$
  $36 = 2 \cdot 2 \cdot 3 \cdot 3$
- Trage nun die Primfaktoren in eine Tabelle ein. In der unteren Zeile werden alle Primfaktoren eingetragen.

24 =	2	2	2	3		
36 =		2	2	3	3	
kgV	2	2	2	3	3	= 72

- Somit lautet das kgV: kgV(24; 36) = 72

Zusammenfassung

Der ggT ist der größte gemeinsame Teiler.
Das kgV ist das größte gemeinsame Vielfache.
Zur Bestimmung kann man in beiden Fällen die Primfaktorzerlegung verwenden.

Negative Zahlen
Erweitern wir unseren Zahlenstrahl um den Bereich links von der Null zu einer **Zahlengeraden**, so erhalten wir die **negativen Zahlen.**
Diese Zahlen kleiner als 0 schreibt man mit einem Minuszeichen, z. B. −5.
Dieses Minuszeichen ist kein Rechenzeichen, sondern ein **Vorzeichen.**
Zahlen mit einem Pluszeichen davor, z. B. +7 heißen **positive Zahlen.**
Die Null ist weder positiv noch negativ.
Erweitert man die natürlichen Zahlen (0; 1; 2; 3; …) um die negativen Zahlen (−1; −2; −3; …), so erhält man einen neuen Zahlenbereich, die **ganzen Zahlen.**

Für die ganzen Zahlen schreibt man:
$\mathbb{Z} = \{\ldots; -3; -2; -1; 0; 1; 2; 3 \ldots\}$

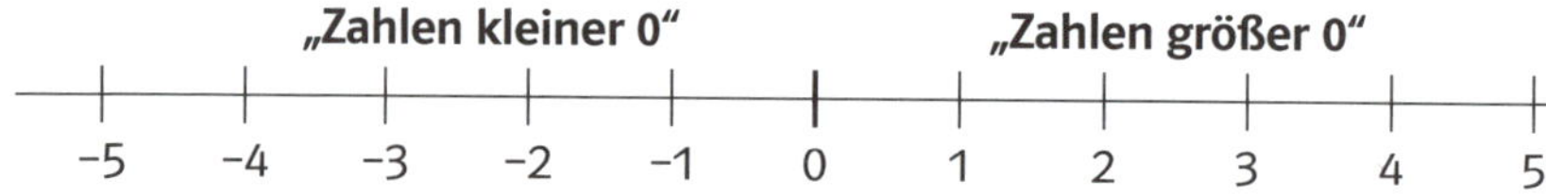

Negative Zahlen stehen links von der 0. Sie haben das Vorzeichen −.

Positive Zahlen stehen rechts von der 0. Sie haben das Vorzeichen +.

Die Zahl, die auf einer Zahlengeraden weiter links liegt, ist kleiner, z. B. ist −7 kleiner als −5.

Tipp: Auch unser Koordinatensystem kann auf diese Weise erweitert werden.
Dazu verlängert man die x-Achse links von der Null und die y-Achse unterhalb der Null.

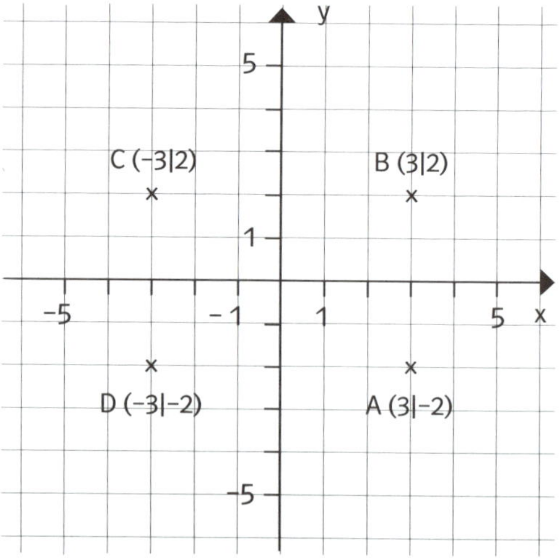

Zu jeder positiven Zahl gibt es die negative **Gegenzahl**, d.h. zur Zahl +7 gibt es die Gegenzahl −7.
Genauso existiert zu jeder negativen Zahl eine positive Gegenzahl, d.h. zur Zahl −9 heißt die Gegenzahl +9.

Zahl und Gegenzahl haben jeweils den gleichen Abstand zur 0. Dieser Abstand zur Null heißt **Betrag** der Zahl. Es ist $|+7| = |-7| = 7$.

Beispiel

a) Ordne folgende Zahlen nach ihrer Größe:
   −89; +65; −112; 0; +89; +5
   $-112 < -89 < 0 < 5 < 65 < 89$

b) Welche Zahlen haben den Betrag 17?
   +17 und −17

c) Wie heißt die Gegenzahl von −25?
   +25

d) Welche Aussage ist richtig?
   $-63 < 15$ oder $15 < -63$
   Die erste Aussage ist richtig: $-63 < 15$

Zusammenfassung

Negative Zahlen entstehen, indem man einen Zahlenstrahl nach links zu einer Zahlengeraden erweitert.
Der Abstand einer Zahl zu 0 heißt Betrag der Zahl.
Zu jeder Zahl existiert eine Zahl mit umgekehrtem Vorzeichen, sie heißt Gegenzahl.

Addieren einer positiven Zahl
Um zu einer negativen Zahl eine positive Zahl zu addieren, bewegen wir uns von der negativen Zahl aus um die positive Zahl nach rechts (Fig. 1). Dabei kann es vorkommen, dass die Null überschritten wird (Fig. 2).

$-7 + 3 = -4$

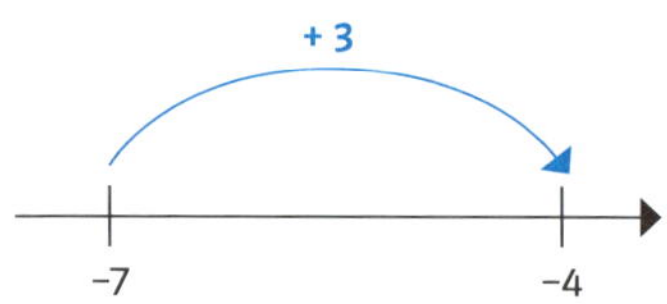

Fig. 1

$-4 + 6 = 2$

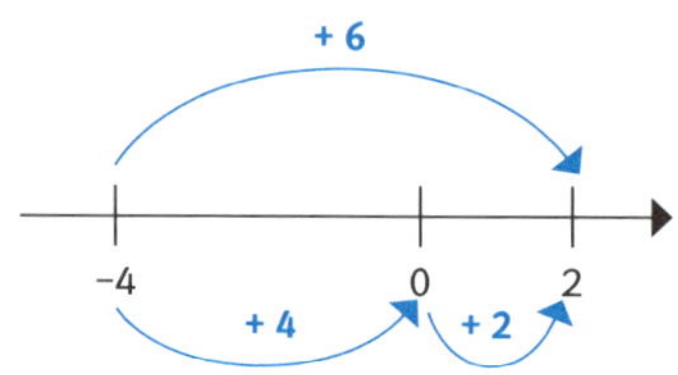

Fig. 2

Subtrahieren einer positiven Zahl
Um von einer negativen Zahl eine positive Zahl zu subtrahieren, bewegen wir uns auf der Zahlengeraden um die positive Zahl nach links. Die dabei entstehende Zahl ist wieder negativ (Fig. 3).
Sind beide Zahlen positiv, so kann das Ergebnis dennoch negativ sein. Dies ist der Fall, wenn der Subtrahend größer ist als der Minuend (Fig. 4).

$-3 - (+6) = -3 - 6 = -9$

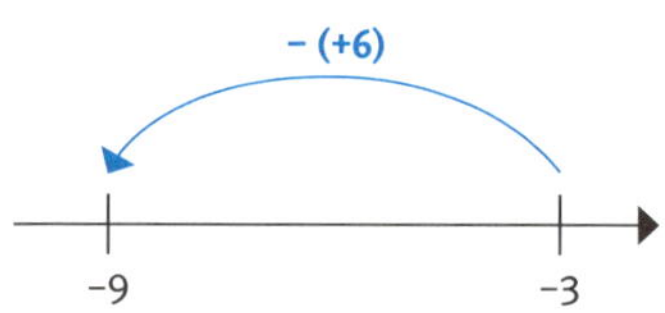

Fig. 3

$4 - (+6) = 4 - 6 = -2$

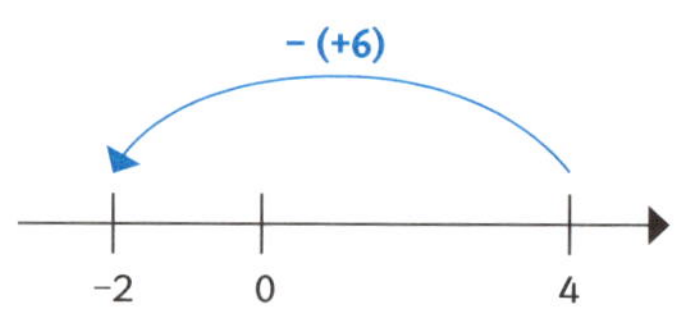

Fig. 4

Addieren einer negativen Zahl
Um zu einer Zahl eine negative Zahl zu addieren, bewegt man sich auf der Zahlengeraden nach links (Fig. 5 und Fig. 6).

$+4 + (-7) = 4 - 7 = -3$

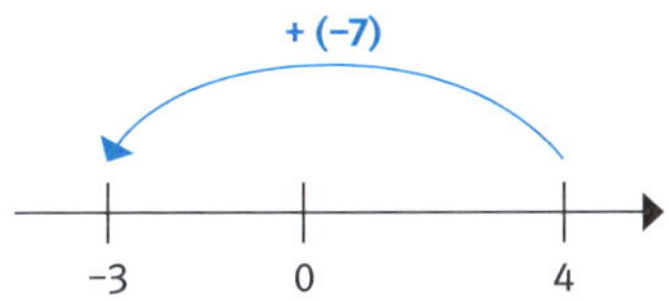

Fig. 5

$-2 + (-8) = -2 - 8 = -10$

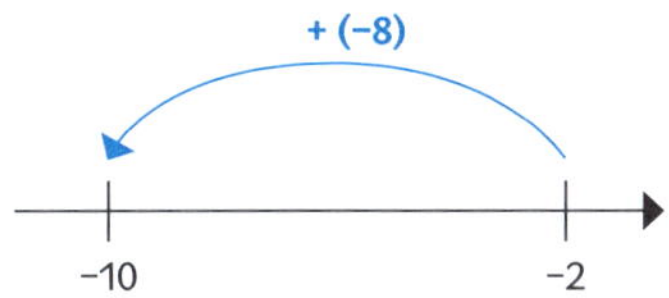

Fig. 6

Vergleicht man die Figuren 5 und 6 mit den Figuren 3 und 4, so erkennt man: Addieren einer negativen Zahl zu einer Zahl entspricht dem Subtrahieren einer positiven Zahl, also dem Subtrahieren der Gegenzahl.

Subtrahieren einer negativen Zahl
Um von einer Zahl eine negative Zahl zu subtrahieren, bewegt man sich auf der Zahlengeraden nach rechts (Fig. 7 und Fig. 8).

$3 - (-8) = 3 + 8 = 11$

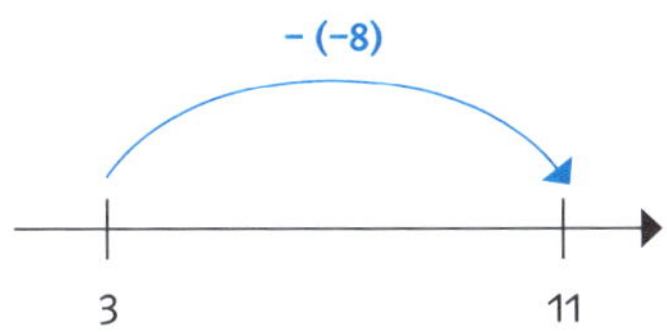

Fig. 7

$-4 - (-9) = -4 + 9 = 5$

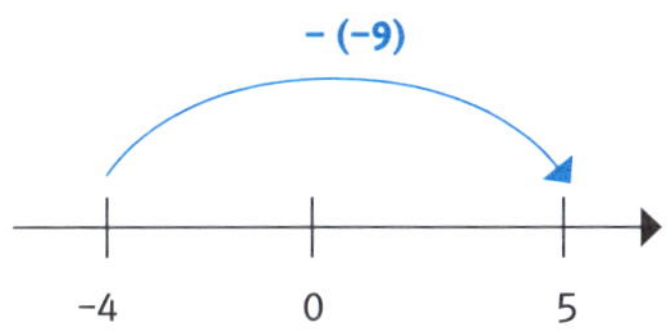

Fig. 8

Vergleicht man die Figuren 7 und 8 mit den Figuren 1 und 2, so erkennt man: Subtrahieren einer negativen Zahl von einer Zahl entspricht dem Addieren einer positiven Zahl, also dem Addieren der Gegenzahl.

Zusammenfassung

Addieren einer negativen Zahl ist dasselbe wie das Subtrahieren der Gegenzahl.
Subtrahieren einer negativen Zahl ist dasselbe wie das Addieren der Gegenzahl.

Multiplizieren von ganzen Zahlen
Multipliziert man zwei positive Zahlen, so ist das Produkt auch positiv.
Beispiel: $5 \cdot 3 = 15$

Multipliziert man zwei negative Zahlen, so ist ihr Produkt positiv.
Beispiel: $(-5) \cdot (-3) = 15$

Multipliziert man zwei Zahlen mit unterschiedlichem Vorzeichen, so ist das Produkt negativ.
Beispiel: $(-5) \cdot 3 = 5 \cdot (-3) = -15$

Dividieren von zwei ganzen Zahlen
Dividiert man zwei positive Zahlen, so ist ihr Quotient positiv.
Beispiel: $9 : 3 = 3$

Dividiert man zwei negative Zahlen, so ist der Quotient positiv.
Beispiel: $(-9) : (-3) = 3$

Dividiert man zwei Zahlen mit unterschiedlichem Vorzeichen, so ist der Quotient negativ.
Beispiel: $(-9) : 3 = 9 : (-3) = -3$

Zusammenfassung

Für die Vorzeichen einer Zahl gilt:
- Plus mal plus ergibt plus $+ \cdot + = +$
- Minus mal minus ergibt plus $- \cdot - = +$
- Plus mal minus ergibt minus $+ \cdot - = -$
- Minus mal plus ergibt minus $- \cdot + = -$
- Plus geteilt durch plus ergibt plus $+ : + = +$
- Minus geteilt durch minus ergibt plus $- : - = +$
- Minus geteilt durch plus ergibt minus $- : + = -$
- Plus geteilt durch minus ergibt minus. $+ : - = -$

Bei der Berechnung von Termen mit ganzen Zahlen gelten die gleichen **Regeln** wie bei den natürlichen Zahlen.

- Klammern werden zuerst berechnet, dabei gilt: innere Klammern zuerst, dann die äußeren Klammern
- Punktrechnung erfolgt vor Strichrechnung.

Beachte: Will man bei der Addition oder Subtraktion die Reihenfolge der Zahlen vertauschen, so muss man die Vorzeichen (Plus- und Minuszeichen) vor jeder Zahl mitnehmen.

$$-16 + 12 = +12 - 16$$

oder

$$+16 - 12 = -12 + 16$$

Beispiel

a)
$$\begin{aligned} & -18 + 60 - (24 - 10) \\ =\ & -18 + 60 - (14) \\ =\ & +42 - 14 \\ =\ & 28 \end{aligned}$$

b)
$$\begin{aligned} & (-13 + 28) - 49 + 25 - (18 - 27) \\ =\ & 15 - 49 + 25 - (-9) \\ =\ & -34 + 25 + 9 \\ =\ & -9 + 9 \\ =\ & 0 \end{aligned}$$

c)
$$\begin{aligned} & (24 - 42) \cdot (-3 - 2) \\ =\ & -18 \cdot (-5) \\ =\ & +90 \end{aligned}$$

d)
$$\begin{aligned} & -120 : (-27 - 33) + 11 \\ =\ & -120 : (-60) + 11 \\ =\ & 2 + 11 \\ =\ & 13 \end{aligned}$$

e)
$$\begin{aligned} & (-21 + 6 \cdot (-7)) : (-9) \\ =\ & (-21 + (-42)) : (-9) \\ =\ & -63 : (-9) \\ =\ & 7 \end{aligned}$$

Zusammenfassung

Bei Rechenausdrücken mit negativen Zahlen gilt:

- Klammern zuerst berechnen, dabei von innen nach außen arbeiten.
- Es gilt Punktrechnung vor Strichrechnung.

Beim Vertauschen der Reihenfolge von Zahlen muss man die Vorzeichen vor jeder Zahl mitnehmen.

Um **Anteile eines Ganzen** zu beschreiben, benutzt man Brüche, z. B. $\frac{1}{2}$; $\frac{2}{7}$; $\frac{3}{11}$; …
Die Zahl oberhalb des Striches heißt **Zähler**, die Zahl unterhalb des Striches heißt **Nenner** des Bruches.

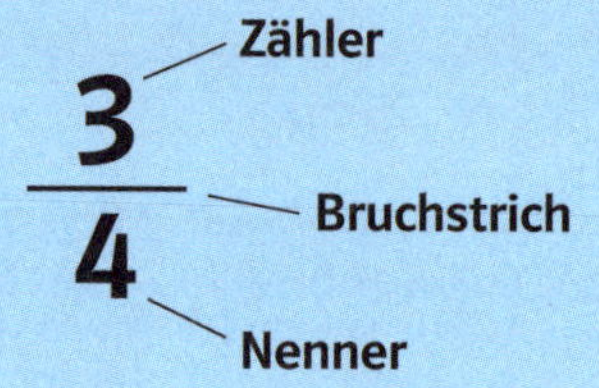

Der Bruchstrich hat die gleiche Bedeutung wie das Geteiltzeichen. Er teilt den Zähler durch den Nenner. Da man nicht durch null dividieren darf, darf im Nenner nie eine Null stehen.

Bestimmen von Anteilen

Ein Kuchen soll gleichmäßig auf 4 Kinder verteilt werden, jedes Kind erhält **ein Viertel des Kuchens** ($\frac{1}{4}$ des Kuchens).
Teilt man den Kuchen gleichmäßig auf 8 Kinder auf, so erhält jedes Kind **ein Achtel des Kuchens** ($\frac{1}{8}$ des Kuchens).

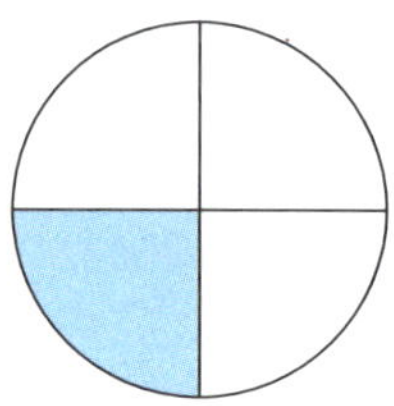

$\frac{1}{4}$ des Kuchens

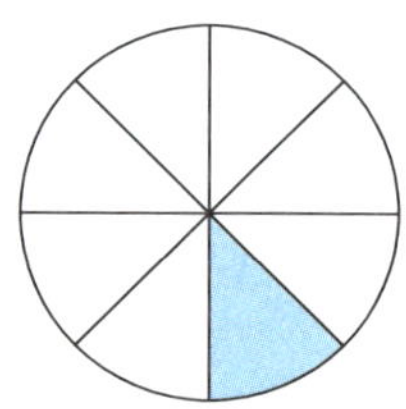

$\frac{1}{8}$ des Kuchens

Wenn nur drei der vier bzw. acht Kinder ihr Kuchenstück essen, so fehlt im einen Fall $\frac{3}{4}$ des Kuchens, im anderen Fall $\frac{3}{8}$ des Kuchens.

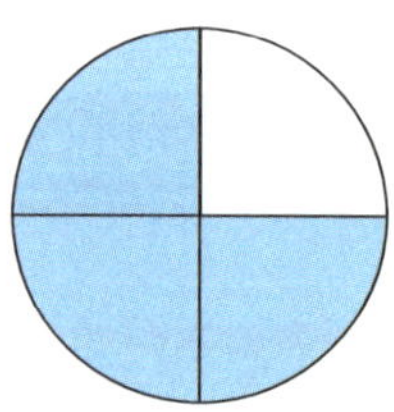

$\frac{3}{4}$ des Kuchens

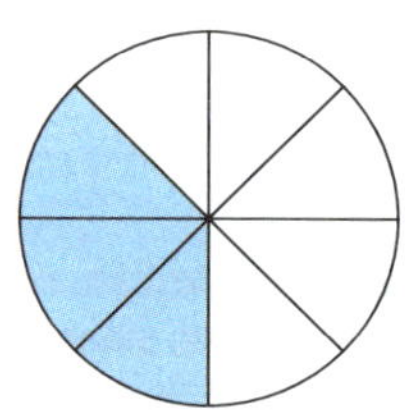

$\frac{3}{8}$ des Kuchens

Berechnen von Bruchteilen

Wie viel ist:

a) $\frac{1}{4}$ m

Dazu teilt man 1 Meter in vier gleich lange Teile.
Ein Teil davon ist nun ein Viertel des ganzen Meters.
Da 1 m = 100 cm, ist $\frac{1}{4}$ m = $\frac{100}{4}$ cm = 25 cm.

b) $\frac{3}{10}$ kg

Dazu teilt man 1 Kilogramm in zehn gleich schwere Teile.
Dann nimmt man drei von diesen zehn Teilen.
Da 1 kg = 1000 g, ist $\frac{1}{10}$ kg = $\frac{1000}{10}$ g = 100 g und $\frac{3}{10}$ kg = 3 · 100 g = 300 g.

Brüche, bei denen der Zähler kleiner ist als der Nenner, nennt man **echte Brüche**.
Ist der Zähler größer oder gleich dem Nenner, so heißen sie **unechte Brüche**.
Haben mehrere Brüche den gleichen Nenner, nennt man sie **gleichnamig**.
Brüche mit Zähler 1 heißen **Stammbrüche**.

Beispiel

Echte Brüche:	$\frac{2}{3}$; $\frac{10}{21}$; $\frac{1}{9}$
Unechte Brüche:	$\frac{5}{4}$; $\frac{23}{23}$; $\frac{9}{7}$
Gleichnamige Brüche:	$\frac{2}{3}$; $\frac{10}{3}$; $\frac{35}{3}$
Stammbrüche:	$\frac{1}{2}$; $\frac{1}{10}$; $\frac{1}{15}$

Zusammenfassung

Brüche beschreiben den Anteil an einem Ganzen.
Die untere Zahl heißt Nenner; sie gibt an, in wie viele gleich große Teile das Ganze zerlegt wird.
Die obere Zahl heißt Zähler; sie gibt an, wie viele von den gleich großen Teilen genommen werden sollen.

Verschiedene Brüche können den gleichen Anteil an einem Ganzen darstellen.

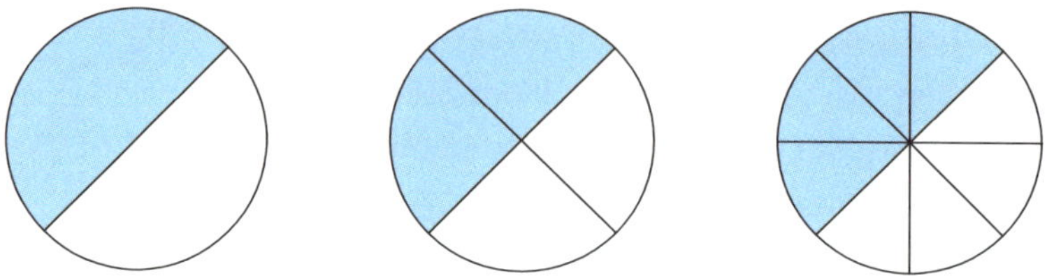

$\frac{1}{2} = \frac{2}{4} = \frac{4}{8}$

Wie wandelt man diese Brüche ineinander um? Wie wird also aus dem Bruch $\frac{1}{2}$ der Bruch $\frac{4}{8}$?

Kürzen und Erweitern
Multipliziert man den Zähler und den Nenner eines Bruches mit der gleichen Zahl, so sagt man, der Bruch wurde **erweitert**.

Beispiel: $\frac{1}{2} = \frac{1 \cdot 4}{2 \cdot 4} = \frac{4}{8}$

Dividiert man den Zähler und den Nenner durch die gleiche Zahl, so sagt man, der Bruch wurde **gekürzt**.

Beispiel: $\frac{4}{8} = \frac{4 : 4}{8 : 4} = \frac{1}{2}$

Wird ein Bruch erweitert oder gekürzt, so haben der ursprüngliche und der entstandene Bruch denselben Wert.

Kürzen ist die Umkehrung des Erweiterns und Erweitern die Umkehrung des Kürzens.

Beispiel

a) Erweitere den Bruch $\frac{5}{9}$ mit der Zahl 7.

$\frac{5}{9} = \frac{5 \cdot 7}{9 \cdot 7} = \frac{35}{63}$

b) Kürze den Bruch $\frac{48}{56}$ mit der Zahl 8.

$\frac{48}{56} = \frac{48 : 8}{56 : 8} = \frac{6}{7}$

Tipp: Da beim Kürzen durch einen gemeinsamen Teiler von Zähler und Nenner dividiert wird, können dir zum Finden des gemeinsamen Teilers die Teilbarkeitsregeln eine Hilfe sein.

Um entscheiden zu können, welcher Bruch von zwei Brüchen der Größere ist, müssen beide Brüche den gleichen Nenner haben. Der Bruch mit dem größeren Zähler ist dann der größere Bruch.
Um zwei Brüche auf den gleichen Nenner zu bringen, musst du sie erweitern oder kürzen.

Beispiel

Vergleiche die folgenden Brüche.

a) $\frac{3}{4}$; $\frac{4}{5}$

Durch Erweitern der Brüche auf den gleichen Nenner folgt: $\frac{3}{4} = \frac{3 \cdot 5}{4 \cdot 5} = \frac{15}{20}$ und $\frac{4}{5} = \frac{4 \cdot 4}{5 \cdot 4} = \frac{16}{20}$. Da bei dem zweiten Bruch der Zähler größer ist, ist er auch der größere Bruch. $\frac{3}{4} < \frac{4}{5}$

b) $\frac{12}{18}$; $\frac{8}{10}$

Durch Kürzen der beiden Brüche ergibt sich: $\frac{12}{18} = \frac{12:6}{18:6} = \frac{2}{3}$ und $\frac{8}{10} = \frac{8:2}{10:2} = \frac{4}{5}$.

Nun sieht man, der gemeinsame Nenner ist 15, d.h.

$\frac{2}{3} = \frac{2 \cdot 5}{3 \cdot 5} = \frac{10}{15}$ und $\frac{4}{5} = \frac{4 \cdot 3}{5 \cdot 3} = \frac{12}{15}$. Also ist $\frac{2}{3} < \frac{4}{5}$.

c) $\frac{1}{4}$; $\frac{28}{80}$

Durch Erweitern des einen Bruches $\frac{1}{4} = \frac{1 \cdot 5}{4 \cdot 5} = \frac{5}{20}$ und Kürzen des anderen Bruches $\frac{28}{80} = \frac{28:4}{80:4} = \frac{7}{20}$ folgt: $\frac{1}{4} < \frac{28}{80}$

Zusammenfassung

Erweitern: Zähler und Nenner mit der gleichen natürlichen Zahl multiplizieren.
Kürzen: Zähler und Nenner durch die gleiche Zahl dividieren.
Gemeinsamer Teiler: Die Zahl, durch die man den Zähler und Nenner ohne Rest dividieren kann.

Addieren und Subtrahieren von Brüchen

Brüche mit dem **gleichen Nenner** addiert bzw. subtrahiert man, indem man die Zähler addiert bzw. subtrahiert und den Nenner beibehält.

Beispiel: $\frac{5}{3} + \frac{1}{3} = \frac{5+1}{3} = \frac{6}{3} = 2$ bzw. $\frac{21}{15} - \frac{13}{15} = \frac{21-13}{15} = \frac{8}{15}$

Brüche mit **verschiedenen Nennern** kann man erst addieren bzw. subtrahieren, wenn sie den gleichen Nenner haben. Durch Erweitern oder Kürzen bringt man die beiden Brüche auf den gleichen Nenner. Dann kann man sie wie gewohnt addieren bzw. subtrahieren.

Beispiele:

a) $\frac{7}{12} + \frac{1}{3} = \frac{7}{12} + \frac{1 \cdot 4}{3 \cdot 4} = \frac{7}{12} + \frac{4}{12} = \frac{11}{12}$ b) $\frac{5}{18} - \frac{2}{9} = \frac{5}{18} - \frac{2 \cdot 2}{9 \cdot 2} = \frac{5}{18} - \frac{4}{18} = \frac{1}{18}$

Auf dem Zahlenstrahl lässt sich das so darstellen:

$\frac{1}{8} + \frac{5}{8} = \frac{6}{8}$

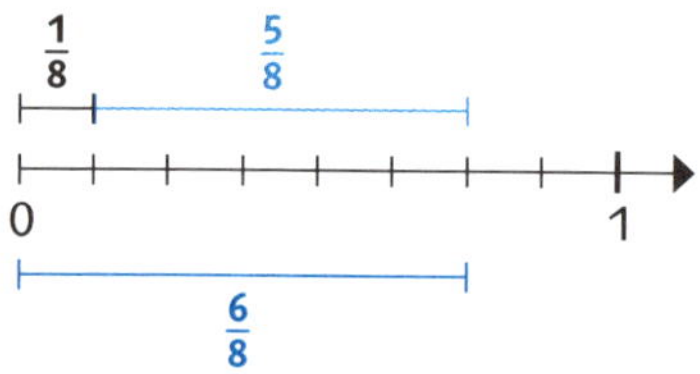

$\frac{9}{10} - \frac{3}{10} = \frac{6}{10}$

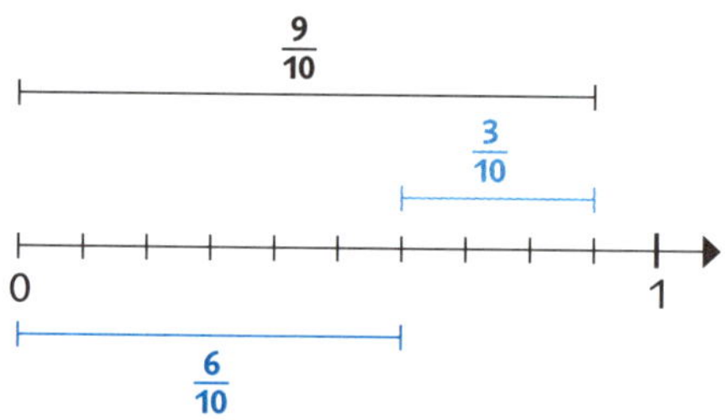

Für Bruchzahlen gelten die gleichen Rechenregeln wie bei der Addition und Subtraktion von ganzen Zahlen.

Zusammenfassung

Addieren bzw. Subtrahieren von Brüchen:
- Bringe die Brüche auf den gleichen Nenner.
- Schreibe die Brüche auf einen gemeinsamen Bruchstrich.
- Vergiss dabei die Minus- und Pluszeichen nicht.
- Berechne den Zähler und behalte den Nenner bei.
- Kürze dein Ergebnis vollständig.

Multiplizieren von Brüchen
Brüche werden multipliziert, indem man Zähler mit Zähler sowie Nenner mit Nenner multipliziert.
Haben die Brüche negative Vorzeichen, so berechnet man zuerst das Vorzeichen des Ergebnisses.

Beispiel: $\frac{2}{3} \cdot \frac{1}{2} = \frac{2 \cdot 1}{3 \cdot 2} = \frac{2}{6} = \frac{1}{3}$

Dividieren von Brüchen
Brüche werden dividiert, indem man den ersten Bruch mit dem Kehrwert des zweiten Bruches multipliziert. Den Kehrwert eines Bruches erhält man, indem man den Zähler mit dem Nenner vertauscht.

Beispiel: $\frac{3}{5} : \frac{7}{8} = \frac{3}{5} \cdot \frac{8}{7} = \frac{3 \cdot 8}{5 \cdot 7} = \frac{24}{35}$

Man kann eine Division auch durch einen **Doppelbruch** darstellen.
Ein Doppelbruch ist ein Quotient aus Bruchzahlen. Ein Bruchstrich ersetzt hierbei das Divisionszeichen.

Beispiel: $\frac{5}{9} : \frac{7}{4} = \frac{\frac{5}{9}}{\frac{7}{4}}$

Wichtig:
Ist bei einer Multiplikation ein Faktor 0, so ist das Produkt auch 0.
Ist bei einer Division der Dividend 0, so ist der Quotient auch 0.
Bei einer Division darf der Divisor nie 0 sein.

Zusammenfassung

Brüche werden multipliziert, indem man den Zähler mit dem Zähler und den Nenner mit dem Nenner multipliziert.
Brüche werden dividiert, indem man den ersten Bruch mit dem Kehrwert des zweiten Bruches multipliziert.

Gemischte Zahlen
Unechte Brüche, d.h. Brüche, bei denen der Zähler größer ist als der Nenner, z.B. $\frac{7}{5}$, kann man auch als **gemischte Zahl** darstellen.

Bei einer gemischten Zahl handelt es sich um eine Zahl, die aus einer ganzen Zahl und einem Bruch besteht, z.B. $1\frac{2}{5}$.

Zur Veranschaulichung betrachten wir wieder Kuchen.

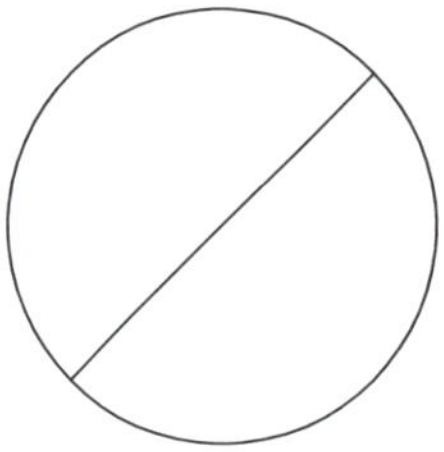

$\frac{2}{2} = 1$

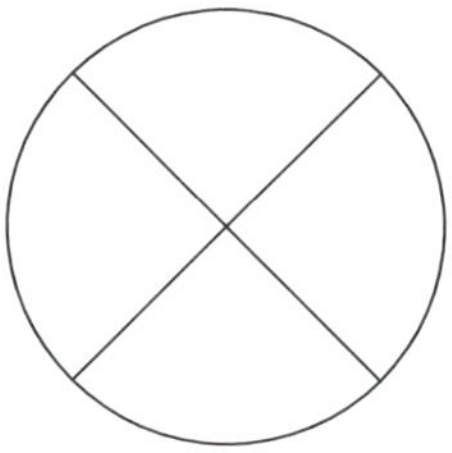

$\frac{4}{4} = 1$

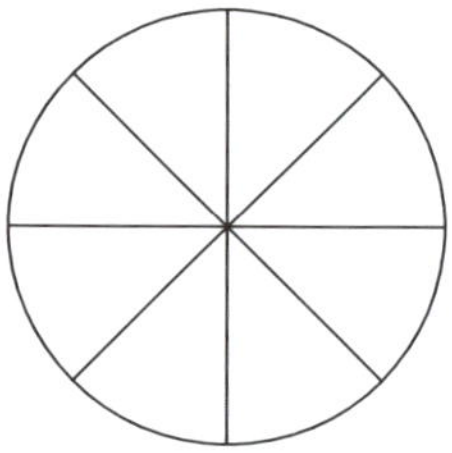

$\frac{8}{8} = 1$

Teilen wir unseren Kuchen in 2 gleich große Teile, so besteht unser ganzer Kuchen aus 2 Stücken. Als Bruch geschrieben: $\frac{2}{2}$.

Teilt man ihn in 4 gleich große Teile, so besteht er aus 4 Stücken, also $\frac{4}{4}$.

Der Nenner des Bruches gibt dabei die Anzahl der Teile an, in die der Kuchen geteilt wurde und der Zähler wie viele Teile man hat.

Schreibt man also **1 Ganzes** als Bruch, so sind Zähler und Nenner identisch.

Hat man mehrere Kuchen und teilt jeden in 4 gleich große Teile, so hat man:

- bei 2 Kuchen: $\frac{4}{4} + \frac{4}{4} = \frac{8}{4} = 2$
- bei 3 Kuchen: $\frac{4}{4} + \frac{4}{4} + \frac{4}{4} = \frac{12}{4} = 3$
- bei 2 Kuchen und einem halben Kuchen: $\frac{4}{4} + \frac{4}{4} + \frac{2}{4} = \frac{10}{4} = 2\frac{1}{2}$

Umwandlung eines unechten Bruches in eine gemischte Zahl und umgekehrt

Wandle $\frac{14}{3}$ in eine gemischte Zahl um.

Wie oft passt ein Ganzes, also $\frac{3}{3}$ in den Bruch $\frac{14}{3}$?

1. Dividiere den Zähler durch den Nenner: $14:3 = 4$ Rest 2
2. Schreibe den Quotienten als gemischte Zahl. Das Ergebnis ist die ganze Zahl, den Rest schreibt man in den Zähler, der Nenner ist der gleiche wie bei dem Bruch.
   $\frac{14}{3} = 4\frac{2}{3}$

Beispiel

Wandle die gemischten Zahlen in Brüche um.

a) $1\frac{3}{7} = 1 + \frac{3}{7} = \frac{7}{7} + \frac{3}{7} = \frac{10}{7}$

b) $2\frac{3}{5} = 2 + \frac{3}{5} = \frac{10}{5} + \frac{3}{5} = \frac{13}{5}$

Wandle die unechten Brüche in gemischte Zahlen um.

c) $\frac{17}{4} = \frac{16}{4} + \frac{1}{4} = 4 + \frac{1}{4} = 4\frac{1}{4}$

d) $\frac{126}{10} = \frac{120}{10} + \frac{6}{10} = 12 + \frac{6}{10} = 12 + \frac{3}{5} = 12\frac{3}{5}$

Zusammenfassung

Eine gemischte Zahl besteht aus einer ganzen Zahl und einem Bruch, z. B. $5\frac{2}{7}$.

Ein unechter Bruch ist ein Bruch, bei dem der Zähler größer ist als der Nenner, z. B. $\frac{8}{5}$.

Addieren von Brüchen mit einer ganzen Zahl
Addiert man einen Bruch zu einer natürlichen Zahl, so kann man das Pluszeichen einfach weglassen, es entsteht dabei eine gemischte Zahl.

Addieren eines Bruches mit einer gemischten Zahl
Addiert man einen Bruch zu einer gemischten Zahl, so behält man die ganze Zahl des gemischten Bruches bei und addiert die beiden Brüche miteinander.

Addieren gemischter Zahlen
Addiert man zwei gemischte Zahlen miteinander, so addiert man die ganzen Zahlen und die beiden Brüche. Dann addiert man die beiden Ergebnisse.

Beispiel

a) $2 + \frac{3}{4} = 2\frac{3}{4}$

b) $2\frac{1}{3} + \frac{1}{4}$

Nebenrechnung: $\frac{1}{3} + \frac{1}{4} = \frac{4}{12} + \frac{3}{12} = \frac{7}{12}$

$2\frac{1}{3} + \frac{1}{4} = 2\frac{7}{12}$

Man kann auch die gemischte Zahl in einen Bruch umwandeln und dann die beiden addieren.

$2\frac{1}{3} + \frac{1}{4} = \frac{7}{3} + \frac{1}{4} = \frac{28}{12} + \frac{3}{12} = \frac{31}{12} = 2\frac{7}{12}$

c) $2\frac{1}{4} + 3\frac{1}{6}$

Nebenrechnungen: $2 + 3 = 5$; $\frac{1}{4} + \frac{1}{6} = \frac{3}{12} + \frac{2}{12} = \frac{5}{12}$

$2\frac{1}{4} + 3\frac{1}{6} = 5 + \frac{5}{12} = 5\frac{5}{12}$

Auch hier kann man die gemischten Zahlen in Brüche umwandeln und addieren.

$2\frac{1}{4} + 3\frac{1}{6} = \frac{9}{4} + \frac{19}{6} = \frac{27}{12} + \frac{38}{12} = \frac{65}{12} = 5\frac{5}{12}$

Subtrahieren von Brüchen und Zahlen
Subtrahiert man einen Bruch von einer ganzen Zahl oder einer gemischten Zahl bzw. umgekehrt, so wandelt man die ganze bzw. gemischte Zahl in einen Bruch um und verfährt wie bei der Subtraktion von zwei Brüchen.

Subtrahieren gemischter Zahlen
Subtrahiert man zwei gemischte Zahlen voneinander, so wandelt man beide gemischte Zahlen in einen Bruch um und subtrahiert sie voneinander.

Beispiel

a) $2 - \frac{3}{4} = \frac{8}{4} - \frac{3}{4} = \frac{5}{4} = 1\frac{1}{4}$

b) $2\frac{1}{3} - \frac{1}{4} = \frac{7}{3} - \frac{1}{4} = \frac{28}{12} - \frac{3}{12} = \frac{25}{12} = 2\frac{1}{12}$

c) $2\frac{2}{3} - 4 = \frac{8}{3} - \frac{12}{3} = -\frac{4}{3}$

d) $4\frac{4}{5} - 2\frac{3}{6} = \frac{24}{5} - \frac{15}{6} = \frac{144}{30} - \frac{75}{30} = \frac{69}{30} = \frac{23}{10} = 2\frac{3}{10}$

e) $2\frac{1}{4} - 3\frac{1}{6} = \frac{9}{4} - \frac{19}{6} = \frac{27}{12} - \frac{38}{12} = -\frac{11}{12}$

Zusammenfassung

Bei der Addition von Brüchen mit gemischten Zahlen behält man die ganze Zahl bei und addiert die Brüche miteinander.
Bei der Addition von gemischten Zahlen addiert man die ganzen Zahlen und die Brüche getrennt voneinander.
Bei der Subtraktion wandelt man die ganzen bzw. gemischten Zahlen in Brüche um und subtrahiert die Brüche voneinander.

Multiplizieren von Brüchen mit einer Zahl
Multipliziert man einen Bruch mit einer **natürlichen Zahl**, so wird der Zähler mit dieser Zahl multipliziert und der Nenner beibehalten.

Beispiel: $5 \cdot \frac{1}{12} = \frac{5 \cdot 1}{12} = \frac{5}{12}$

Multipliziert man einen Bruch mit einer **ganzen Zahl**, so bestimmt man zuerst das Vorzeichen des Ergebnisses und rechnet dann, wie bei natürlichen Zahlen.

Beispiel: $-3 \cdot \frac{1}{8} = -\frac{3 \cdot 1}{8} = -\frac{3}{8}$

Multiplizieren von Brüchen mit einer gemischten Zahl oder von zwei gemischten Zahlen
Multipliziert man einen Bruch mit einer gemischten Zahl oder zwei gemischte Zahlen miteinander, so wandelt man die gemischten Zahlen in Brüche um und multipliziert sie miteinander.

Beispiele: a) $3\frac{1}{8} \cdot \frac{2}{3} = \frac{25}{8} \cdot \frac{2}{3} = \frac{50}{24} = \frac{25}{12} = 2\frac{1}{12}$

b) $2\frac{1}{2} \cdot 5\frac{3}{4} = \frac{5}{2} \cdot \frac{23}{4} = \frac{115}{8} = 14\frac{3}{8}$

Dividieren von Brüchen durch eine Zahl
Dividiert man einen Bruch durch eine **natürliche Zahl**, so gibt es zwei Möglichkeiten.

1. Möglichkeit: Nur anzuwenden, wenn der Zähler durch die natürliche Zahl ohne Rest teilbar ist.
   Man dividiert den Zähler durch die natürliche Zahl und behält den Nenner bei.

   Beispiel: $\frac{6}{11} : 2 = \frac{6:2}{11} = \frac{3}{11}$

2. Möglichkeit: Immer anwendbar.
   Man multipliziert den Nenner mit der natürlichen Zahl und behält den Zähler bei.

   Beispiel: $\frac{3}{7} : 5 = \frac{3}{7 \cdot 5} = \frac{3}{35}$

Dividiert man einen Bruch durch eine **ganze Zahl**, so bestimmt man zuerst das Vorzeichen des Ergebnisses und rechnet dann wie bei natürlichen Zahlen.

Beispiel: $\frac{1}{2}:(-3) = -\frac{1}{2 \cdot 3} = -\frac{1}{6}$

Dividieren eines Bruches durch eine gemischte Zahl oder umgekehrt bzw. Dividieren von zwei gemischten Zahlen

Dividiert man einen Bruch von einer gemischten Zahl oder umgekehrt bzw. dividiert man zwei gemischte Zahlen, so wandelt man die gemischten Zahlen in einen Bruch um und dividiert sie.

Beispiele: a) $3\frac{1}{8} : \frac{2}{3} = \frac{25}{8} : \frac{2}{3} = \frac{25}{8} \cdot \frac{3}{2} = \frac{75}{16} = 4\frac{11}{16}$

b) $2\frac{1}{2} : 5\frac{3}{4} = \frac{5}{2} : \frac{23}{4} = \frac{5}{2} \cdot \frac{4}{23} = \frac{20}{46} = \frac{10}{23}$

Tipp: Bevor man den Zähler oder Nenner mit einer Zahl multipliziert, ist es sinnvoll zu überprüfen, ob man kürzen kann.

Zusammenfassung

Brüche werden mit einer ganzen Zahl multipliziert, indem man den Zähler mit der Zahl multipliziert und den Nenner beibehält.
Brüche werden durch eine ganze Zahl dividiert, indem man den Nenner mit der Zahl multipliziert und den Zähler beibehält.
Auf Vorzeichen muss dabei geachtet werden.
Ein Bruch und eine gemischte Zahl werden multipliziert oder dividiert, indem man die gemischte Zahl in einen Bruch umwandelt und dann miteinander multipliziert oder dividiert.
Zwei gemischte Zahlen werden multipliziert oder dividiert, indem man die gemischten Zahlen in Brüche umwandelt und dann miteinander multipliziert oder dividiert.

Die **Dezimalschreibweise** ist eine weitere Möglichkeit, einen Bruch darzustellen. So kann man anstelle von $\frac{1}{10}$ auch 0,1 schreiben.
Bei dieser Schreibweise trennt ein Komma die ganzen Zahlen von den Bruchteilen, deshalb spricht man auch von einem Dezimalbruch.

Umformen einer Dezimalzahl in einen Bruch
Die Anzahl der Stellen hinter dem Komma bestimmt den Nenner des Bruches. Hat die Dezimalzahl ein, zwei, drei, … Stellen hinter dem Komma, so hat der Bruch den Nenner 10; 100; 1000; …

Beispiele: a) $7{,}5 = \frac{75}{10} = \frac{15}{2}$

b) $3{,}25 = \frac{325}{100} = \frac{13}{4} = 3\frac{1}{4}$

Umformen eines Bruches in eine Dezimalzahl
Will man aus einem Bruch eine Dezimalzahl machen, so muss man den Bruch erweitern, bis der Nenner eine Zehnerpotenz ist. Beträgt der Nenner des Bruches 10; 100; 1000; …, so hat die Dezimalzahl eine, zwei, drei, … Stellen hinter dem Komma.

Beispiel: $\frac{1}{5} = \frac{2}{10} = 0{,}2$

Dezimalzahlen können in eine Stellenwerttafel eingetragen werden. Dabei stehen rechts vom Komma die Zehntel, Hundertstel, Tausendstel usw.
z. B. 23,147

…	100er	10er	1er	10tel	100stel	1000stel	…
…	H	Z	E	z	h	t	…
		2	3	1	4	7	

Zusammenfassung

Dezimalzahlen sind eine andere Möglichkeit Brüche darzustellen.
Will man aus einer Dezimalzahl einen Bruch machen, so hat dieser Bruch je nach Anzahl der Nachkommastellen den Nenner 10; 100; 1000; …
Will man aus einem Bruch eine Dezimalzahl machen, so muss man den Bruch erst durch Erweitern oder Kürzen auf den Nenner 10; 100; 1000; … bringen. Die Dezimalzahl hat dann entsprechend eine, zwei, drei, … Nachkommastellen.

Die Addition und Subtraktion von Dezimalzahlen funktioniert genauso wie mit ganzen Zahlen. Man schreibt die Dezimalzahlen so untereinander, dass immer die gleichen Stellen untereinander stehen und addiert bzw. subtrahiert dann die entsprechenden Dezimalstellen.

Beachte: Beim schriftlichen Rechnen muss **Komma unter Komma stehen!**

Beispiel

a) 0,5 + 2,4 = 2,9

b) −0,4 + 3,6 = 3,6 − 0,4 = 3,2

c) 8,65 + 3,46 = 12,11

$$\begin{array}{r} 8{,}65 \\ +\ 3{,}46 \\ \hline 12{,}11 \end{array}$$

d) 38,246 − 10,041 = 28,205

$$\begin{array}{r} 38{,}246 \\ -\ 10{,}041 \\ \hline 28{,}205 \end{array}$$

Bei manchen Aufgaben müssen Nullen ergänzt werden.

Beispiel

8,45 + 3,241 = 11,691

$$\begin{array}{r} 8{,}450 \\ +\ 3{,}241 \\ \hline 11{,}691 \end{array}$$

Runden von Dezimalzahlen

Zuerst legt man fest, auf wie viele Nachkommastellen dass Ergebnis gerundet werden soll. Es gelten die gleichen Regeln wie bei natürlichen Zahlen:
Ist die erste Zahl, die man weglässt, eine 0; 1; 2; 3; 4, so wird **abgerundet**.
Ist die erste Zahl, die man weglässt, eine 5; 6; 7; 8; 9, so wird **aufgerundet**.

Zusammenfassung

Das Addieren und Subtrahieren funktioniert wie bei natürlichen Zahlen, indem man die entsprechenden Stellen untereinander schreibt.
Man muss beachten, dass beim schriftlichen Rechnen Komma unter Komma steht.

Beim Runden von Dezimalzahlen, muss man auf die Ziffer achten, die man weglässt.
Ist es eine 0; 1; 2; 3; 4, so rundet man ab.
5; 6; 7; 8; 9, so rundet man auf.

Multiplizieren einer Dezimalzahl mit einer Zehnerpotenz
Multipliziert man eine Dezimalzahl mit einer Zehnerpotenz, d.h. 10; 100; 1000; …, so verschiebt sich das Komma der Dezimalzahl um 1; 2; 3; … Stellen **nach rechts.**

Beispiele: a) $2{,}589 \cdot 10^2 = 2{,}589 \cdot 100 = 258{,}9$
b) $2{,}36 \cdot 10^4 = 2{,}36 \cdot 10\,000 = 23\,600$
Damit du das Komma vier Stellen nach rechts verschieben kannst, musst du zwei Nullen anfügen.

Vorgehensweise beim Multiplizieren einer Dezimalzahl mit einer Dezimalzahl
1. Bestimme das Vorzeichen deines Ergebnisses.
2. Multipliziere die Zahlen ohne Komma.
3. Setze dein Komma so, dass das Ergebnis genau so viele Stellen hinter dem Komma hat wie die beiden Faktoren zusammen.

Beispiel $2{,}5 \cdot 1{,}5 = 3{,}75$ Nebenrechnung: $25 \cdot 15 = 375$

Der 1. Faktor hat eine Nachkommastelle, der 2. Faktor hat eine Nachkommastelle, damit hat das Ergebnis zwei Nachkommastellen.

Dividieren einer Dezimalzahl durch eine Zehnerpotenz
Dividiert man eine Dezimalzahl durch eine Zehnerpotenz, d.h. 10; 100; 1000; …, so verschiebt sich das Komma der Dezimalzahl um eins; zwei; drei; … Stellen **nach links.**

Beispiele: a) $56{,}6 : 10 = 5{,}66$
b) $0{,}456 : 10^2 = 0{,}456 : 100 = 0{,}00456$
Damit du das Komma zwei Stellen nach links verschieben kannst, musst du zwei zusätzliche Nullen davor schreiben.

Vorgehensweise beim Dividieren einer Dezimalzahl durch eine ganze Zahl

1. Bestimme zuerst das Vorzeichen deines Ergebnisses.
2. Dividiere die Zahlen wie bei natürlichen Zahlen. Sobald du das Komma überschreitest, musst du auch ein Komma im Ergebnis setzen.

Beispiel: 8,8 : 4 = 2,2

```
8,8 : 4 = 2,2
-8
 8      Komma setzen!
-8
 0
```

Vorgehensweise beim Dividieren einer Dezimalzahl durch eine Dezimalzahl

1. Bestimme das Vorzeichen deines Ergebnisses.
2. Verschiebe das Komma beider Dezimalzahlen so weit nach rechts bis der Divisor eine ganze Zahl ist.
3. Dann verfährst du wie beim Dividieren durch eine ganze Zahl.

Beispiel: 8,395 : 3,65 = 839,5 : 365 = 2,3

```
839,5 : 365 = 2,3
-730
 1095      Komma setzen!
-1095
    0
```

Zusammenfassung

Multiplizierst du eine Dezimalzahl mit
- einer Zehnerpotenz, so verschiebst du das Komma um die entsprechenden Stellen nach rechts.
- einer Dezimalzahl, so multiplizierst du die beiden Faktoren zuerst ohne Komma.

Das Komma setzt du dann so, dass das Ergebnis so viele Nachkommastellen hat wie die Faktoren zusammen.

Dividierst du eine Dezimalzahl durch
- eine Zehnerpotenz, so verschiebst du das Komma um die entsprechenden Stellen nach links.
- eine ganze Zahl, so rechnest du wie bei ganzen Zahlen und setzt, sobald du das Komma überschreitest, auch ein Komma in deinem Ergebnis.
- eine Dezimalzahl, so verschiebst du bei beiden Zahlen das Komma bis der Divisor ein ganze Zahl ist.

Prozentangaben
Brüche mit dem Nenner 100 kann man auch in Prozent angeben.

Dabei ist $\frac{1}{100} = 1\%$; $\frac{2}{100} = 2\%$; $\frac{10}{100} = \frac{1}{10} = 10\%$; $\frac{50}{100} = \frac{1}{2} = 50\%$

In einer Klasse mit 25 Schülern soll abgestimmt werden, wohin der Klassenausflug gehen soll. Zur Auswahl stehen der Zoo und das Schwimmbad. Die folgende Tabelle zeigt die Ergebnisse.

25 Schüler befragt	Zoo	Schwimmbad	Egal
Absolute Häufigkeit	10	8	7

In der Tabelle wurden die genauen Anzahlen angegeben. Man sagt dazu auch **absolute Häufigkeit**.
Werden stattdessen die Anteile angegeben, so sagt man dafür **relative Häufigkeit**.

25 Schüler befragt	Zoo	Schwimmbad	Egal
Relative Häufigkeit	40 %	32 %	28 %

Der Anteil der Schüler, die in den Zoo wollen, beträgt $\frac{10}{25} = \frac{40}{100} = 40\%$.

Der Anteil der Schüler, die ins Schwimmbad wollen, beträgt $\frac{8}{25} = \frac{32}{100} = 32\%$.

Der Anteil der Schüler, denen es egal ist, beträgt $\frac{7}{25} = \frac{28}{100} = 28\%$.

Anteile können auch graphisch in Form von Kreisdiagrammen oder Säulendiagrammen dargestellt werden.

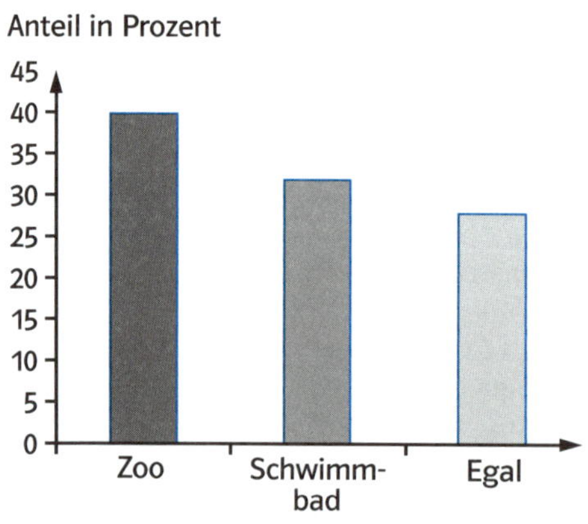

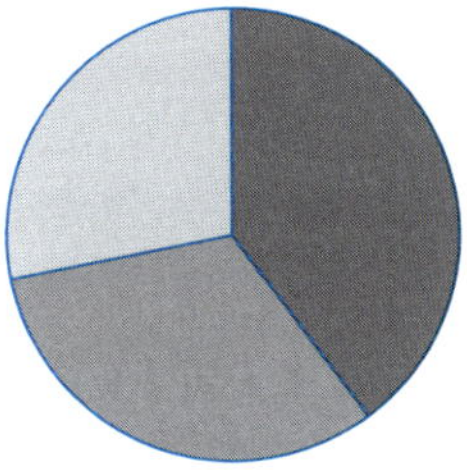

100 % entsprechen 360° im Kreis, die Anteile sind entsprechend auf die Gradangaben umzurechnen.

Zoo: 40 % entsprechen 144°.
Schwimmbad: 32 % entsprechen 115,2°.
Egal: 28 % entsprechen 100,8°.

Beispiel

a) Schreibe die Anteile in Prozent:

$\frac{22}{100} = 22\,\%$; $\frac{60}{200} = \frac{30}{100} = 30\,\%$; $\frac{4}{20} = \frac{20}{100} = 20\,\%$

b) Schreibe die Anteile als Bruch:

$3\,\% = \frac{3}{100}$; $80\,\% = \frac{80}{100} = \frac{4}{5}$; $75\,\% = \frac{75}{100} = \frac{3}{4}$

c) Wie viel sind 15 % von 50 €?

$15\,\% = \frac{15}{100}$ $\frac{15}{100}$ von 50 € sind $15 \cdot \frac{50}{100}$ € = 7,50 €

Zusammenfassung

Anteile können auch als Prozente angegeben werden.

Dabei bedeutet $1\,\% = \frac{1}{100}$.

Um einen Anteil in Prozent angeben zu können, muss man den Bruch zuerst so erweitern oder kürzen, dass der Nenner 100 beträgt.

Du hast schon verschiedene Zahlen kennen gelernt, z. B. Brüche, negative Zahlen, Dezimalzahlen usw. Diese kannst du zusammenfassen und ordnen.

Die natürlichen Zahlen $\mathbb{N} = \{0; 1; 2; 3; \ldots\}$
In der Grundschule hast du mit natürlichen Zahlen 0; 1; 2; 3 … gerechnet. Es hat sich gezeigt, dass die Addition und Multiplikation von natürlichen Zahlen wieder eine natürliche Zahl ergibt.
Beim Subtrahieren und Dividieren war das nicht immer der Fall.

Die ganzen Zahlen $\mathbb{Z} = \{\ldots; -2; -1; 0; 1; 2; 3; \ldots\}$
Bei der Subtraktion von natürlichen Zahlen hast du gemerkt, dass manchmal das Ergebnis eine negative Zahl ist. Deshalb wurde der Zahlenbereich um diese Zahlen erweitert, und es entstand ein neuer Zahlenbereich, die ganzen Zahlen. Nun erhält man bei der Subtraktion auch wieder eine ganze Zahl.

Die rationalen Zahlen $\mathbb{Q}$:
Dies führte dazu, dass der Zahlenbereich noch weiter vergrößert werden musste. Es kamen die Bruchzahlen und Dezimalzahlen dazu. Dabei hast du festgestellt, dass jede Bruchzahl als Dezimalzahl dargestellt werden kann und umgekehrt. Die Bruch- oder Dezimalzahlen bilden den Zahlenbereich der rationalen Zahlen.

Für alle drei Zahlenbereiche gelten die Rechengesetze:
- Kommutativgesetz der Addition und Multiplikation
- Assoziativgesetz der Addition und Multiplikation
- Distributivgesetz

Eine graphische Darstellung dieser Zahlenbereiche zeigt folgende Eigenschaft:
Es existieren Zahlen, die zu den rationalen Zahlen gehören, aber nicht zu den ganzen oder natürlichen Zahlen, z. B. $\frac{1}{3}$.

In der Mathematik hat man zwei Symbole $\in$ (Element) und $\notin$ (kein Element) eingeführt, die diesen Sachverhalt ausdrücken.

Man schreibt:

$\frac{1}{3} \in \mathbb{Q}$: $\frac{1}{3}$ ist **Element** der rationalen Zahlen.

$\frac{1}{3} \notin \mathbb{Z}$: $\frac{1}{3}$ ist **kein Element** der ganzen Zahlen.

$\frac{1}{3} \notin \mathbb{N}$: $\frac{1}{3}$ ist **kein Element** der natürlichen Zahlen.

Es gibt aber auch Zahlen, die zu allen drei Zahlenbereichen gehören, wie z. B. 2.
Man schreibt: $2 \in \mathbb{N}$; $2 \in \mathbb{Z}$; $2 \in \mathbb{Q}$.

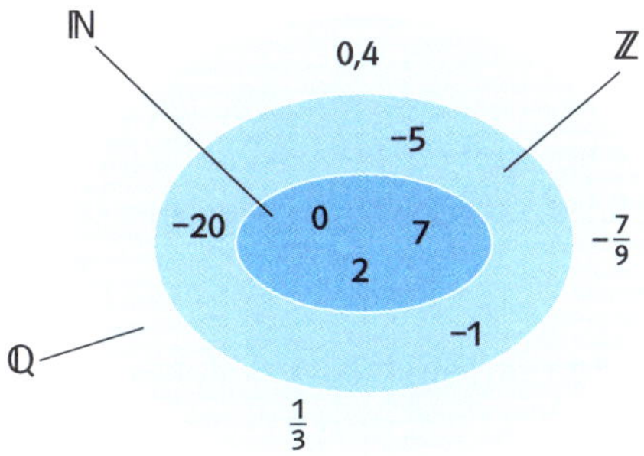

Zusammenfassung

	Zahlenbereich	Immer ausführbar	Nicht immer ausführbar
$\mathbb{N}$	Natürliche Zahlen z. B. 0; 6; 140	Addition, Multiplikation	Subtraktion (z. B. 5 − 8) Division (z. B. 4 : 5)
$\mathbb{Z}$	Ganze Zahlen z. B. −14; 7; 0	Addition, Subtraktion, Multiplikation	Division (z. B. 4 : 5)
$\mathbb{Q}$	Rationale Zahlen z. B. −3; 5; −0,3; $\frac{4}{9}$	Addition, Subtraktion, Multiplikation, Division (außer durch 0)	

Ein Term ist ein mathematischer Rechenausdruck, der aus Zahlen, Variablen, mathematischen Verknüpfungen (+; −; …) und Klammern bestehen kann. Er enthält jedoch keine Relationszeichen (=; >; <; …).

Grundregeln für Terme
1. Klammern immer zuerst berechnen. Innere vor äußeren Klammern.
2. Punktrechnung vor Strichrechnung.
3. Kommen keine Klammern vor, so wird von links nach rechts gerechnet.

Dabei gilt für das Berechnen von Klammern:

Minusklammerregel
Eine Minusklammer löst man auf, indem man bei den Zahlen in der Klammer aus den Pluszeichen ein Minuszeichen und aus den Minuszeichen ein Pluszeichen macht. Das Minuszeichen vor der Klammer und die Klammer werden weggelassen.
Plusklammerregel
Eine Plusklammer löst man auf, indem man das Pluszeichen vor der Klammer und die Klammer weglässt.

Manchmal ist es sinnvoller, geschickt und richtig zusammenzufassen, als von links nach rechts zu rechnen. Dabei wendet man das **Kommutativ-** und das **Assoziativgesetz** der Addition und Multiplikation, sowie das **Distributivgesetz** an.

Nach dem Distributivgesetz kann man für den Term $9 \cdot (8 - 3)$ auch $9 \cdot 8 - 9 \cdot 3$ schreiben. Man sagt, es wurde **ausmultipliziert**.
Macht man das Ausmultiplizieren rückgängig, $8 \cdot 4 + 8 \cdot 6 = 8 \cdot (4 + 6)$, so sagt man, es wurde **ausgeklammert**.

Zusammenfassung

Regeln für Terme:
1. Klammern
2. Punkt- vor Strich
3. ohne Klammern von links nach rechts.

Minusklammer auflösen: $10 - (5 - 3) = 10 - 5 + 3 = 8$

Plusklammer auflösen: $3 + (-2 + 7) = 3 - 2 + 7 = 8$

Ein Term kann auch eine Variable enthalten.
Eine Variable ist eine Größe, die verschiedene Werte annehmen kann.
Variable nennt man auch Unbekannte oder Platzhalter. Eine Zahl vor der Variablen nennt man Koeffizient.
Beispiel: $5 \cdot x$
Setzt man für x = 3 ein, so nimmt der Term den Wert 15 an.
Setzt man für x = 56 ein, so nimmt der Term den Wert 280 an.

Tipps:

- Befindet sich zwischen einer Zahl und einer Variablen ein Malzeichen, so kannst du dieses einfach weglassen: $2 \cdot x = 2x$.
- Setzt man für x eine negative Zahl ein, so muss man eine Klammer um die Zahl setzen:
  Setze in folgenden Term für x die Zahl −6 ein:
  $3x + 12 = 3 \cdot (-6) + 12 = -18 + 12 = -6$
- Kommt in einem Term mehrfach die Variable x vor, so muss man für jedes x die gleiche Zahl einsetzen:
  $3x + 2x + 4 = 3 \cdot 2 + 2 \cdot 2 + 4 = 6 + 4 + 4 = 14$
- Terme mit Variablen treten häufig bei Textaufgaben auf.

Beispiel

Lena berechnet jeden Monat ihre Handyrechnung: Die Grundgebühr beträgt 4 € und für jede SMS zahlt sie 0,20 €. Wie hoch ist ihre Rechnung in folgenden Monaten? Der Term zur Berechnung sieht folgendermaßen aus: 4 + 0,20x.

Im Januar – 20 SMS:	4 € + 0,20 € · 20 = 4 € + 4 € = 8 €
Im März – 25 SMS:	4 € + 0,20 € · 25 = 4 € + 5 € = 9 €
Im Mai – 10 SMS:	4 € + 0,20 € · 10 = 4 € + 2 € = 6 €
Im Juli – 28 SMS:	4 € + 0,20 € · 28 = 4 € + 5,60 € = 9,60 €
Im September – 32 SMS:	4 € + 0,20 € · 32 = 4 € + 6,40 € = 10,40 €

Zusammenfassung

**Rechenausdrücke wie 3x; 7x + 5; … nennt man Terme mit einer Variablen x.
Für x kann man verschiedene Werte einsetzen.**

Sucht man eine Variable x, für die ein Term einen bestimmten Wert annimmt, so stellt man zur Berechnung von x eine Gleichung auf, z. B. für welche Variable x nimmt der Term 3 + 5x den Wert 28 an?
Die zugehörige Gleichung lautet: $3 + 5x = 28$.
Die Zahl, die man für x einsetzt und die die Gleichung erfüllt, nennt man die **Lösung der Gleichung**. In unserem Beispiel ist die Lösung 5.

Es gibt zwei Möglichkeiten, die Lösung einer Gleichung zu bestimmen.

1. **Geschicktes Probieren:**
   Man setzt systematisch verschiedene Werte für x ein und probiert so lange bis der Term den gewünschten Wert annimmt.

2. **Rückwärtsrechnen:**
   Zuerst entnimmt man der Gleichung, wie man von x aus zum richtigen Ergebnis kommt. Man sagt, nach x umstellen oder x freistellen.
   In unserem Fall: Multipliziert man x mit 5 und addiert noch 3 hinzu.

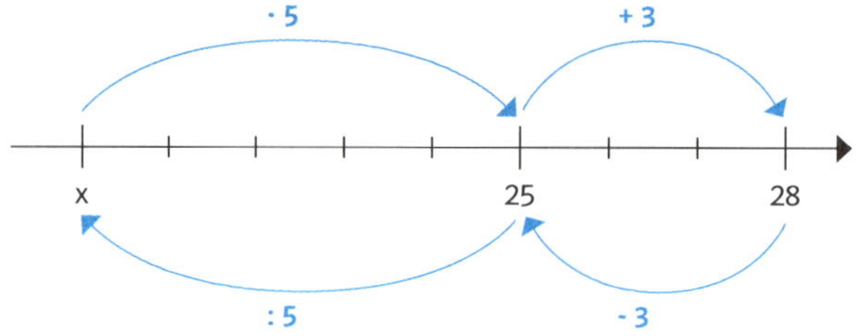

Dann geht man rückwärts vor. Wie kommt man vom Ergebnis zum gewünschten x? Indem man rückwärtsrechnet. Man subtrahiert 3 von 28. Es bleibt 25 übrig. Die 25 teilt man durch 5 und erhält 5 als Lösung der Gleichung.

Tipp: Um zu prüfen, ob das Ergebnis richtig ist, kann man eine Probe machen. Dazu setzt man den Wert, den man für x erhalten hat, in die Gleichung ein und vergleicht mit dem Ergebnis.

Probe: $3 + 5 \cdot 5 = 28$

Zusammenfassung

Soll ein Term einen bestimmten Wert annehmen, so beschreibt man das Problem als Gleichung.
Die Zahl x, für die der Term den Wert annimmt, nennt man Lösung der Gleichung.
Eine Lösung kann man durch Probieren oder Rückwärtsrechnen bestimmen.

Leider werden Terme bei Aufgaben nicht immer mitgeliefert, sondern du musst erst einen Term aufstellen, bevor du das Ergebnis berechnen kannst.
Hier anhand eines Beispiels eine **Vorgehensweise, die dir das Aufstellen von Termen** erleichtert.

Du möchtest dir ein Buch für 30 € kaufen. Dazu nimmst du dir vor, jeden Monat 5 € von deinem Taschengeld zu sparen. Vom Geburtstag hast du bereits 10 €. Wie lange musst du sparen ?

1. Überlege dir, für welche Größe der Term aufgestellt werden soll.
   > Es soll ein Term für den gesparten Betrag aufgestellt werden.
2. Überlege dir, wovon die gesuchte Größe abhängt.
   > Der gesparte Betrag hängt von der Anzahl der Monate ab.
3. Untersuche das Problem für kleine Zahlen. Eine Tabelle kann dir dabei helfen.

Monate	Term	Betrag
0		10
1	$10 + 1 \cdot 5$	15
2	$10 + 2 \cdot 5$	20

4. Beschreibe in Worten, wie du die gesuchte Größe berechnest.
   > Der Betrag ist 10 + (Monate · 5).
5. Überlege dir, wofür deine Variable stehen muss.
   > x steht für die Monate
6. Stelle die zugehörige Gleichung auf.
   > Der Betrag nach x Monaten ist: $10 + x \cdot 5 = 30$
7. Bestimme die Lösung der Gleichung.

$$\begin{aligned} 10 + x \cdot 5 &= 30 \\ x \cdot 5 &= 20 \\ x &= 4 \end{aligned}$$

Nach 4 Monaten hast du das Geld für dein Buch zusammen.

Mittels einer Tabelle oder eines Diagramms können wir Abhängigkeiten von Größen darstellen, z. B. der Preis in Abhängigkeit vom Gewicht oder die Temperatur in Abhängigkeit von der Uhrzeit.

Schule mit Schulweg	Hausaufgaben	Freizeit	Essen, Schlafen ...
7h	1h 30min	6h	9h 30min

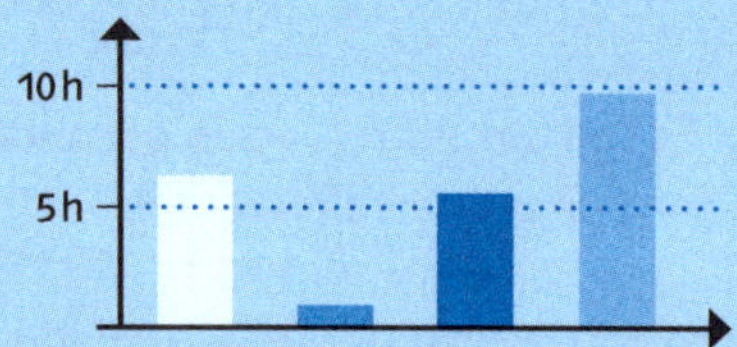

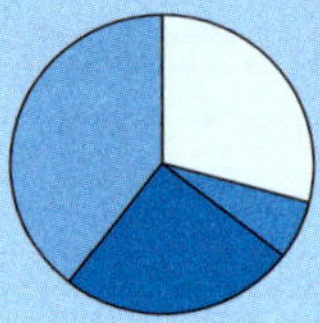

In einer **Zuordnungstabelle** beschreibt man, wie eine Größe von einer anderen Größe abhängt. Man ordnet also einer Ausgangsgröße eine andere Größe zu.

Diese Abhängigkeit bzw. Zuordnung kann man auch in einem **Diagramm** darstellen. Dazu trägt man die eine Größe auf der x-Achse ab und die andere Größe auf der y-Achse.
Abhängigkeiten kannst du oft **in Worten** formulieren.
Manchmal existiert eine **Zuordnungsvorschrift**. Mit dieser kann man mithilfe der Ausgangsgröße die zugeordnete Größe berechnen.

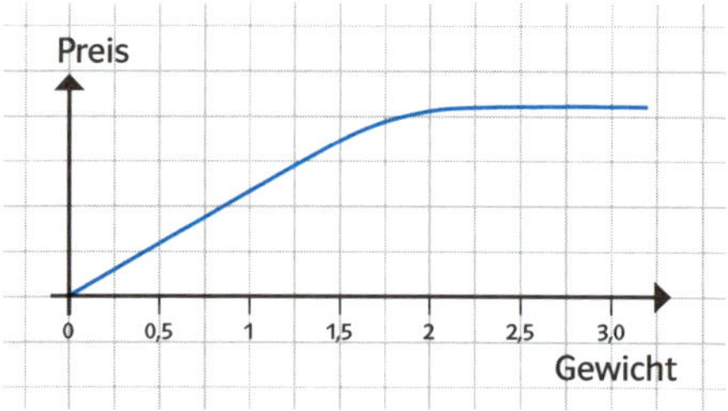

Liniendiagramm

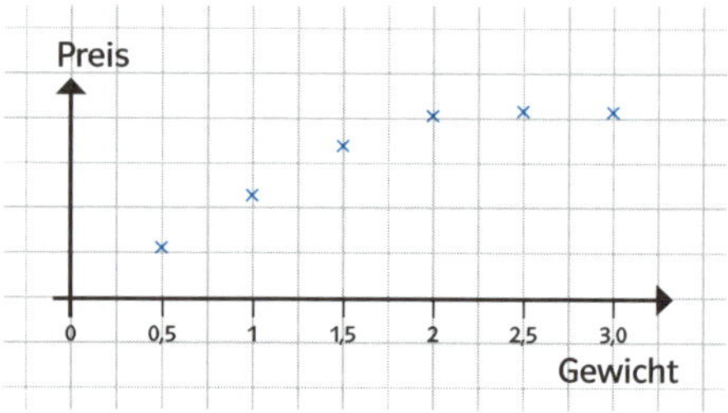

Punktdiagramm

Die Diagramme können aus Punkten oder Linien bestehen.
Bei Liniendiagrammen werden die einzelnen Punkte miteinander verbunden.
Linien sind dann sinnvoll, wenn auch Zwischenwerte gefragt sind.

Beispiel

Die Tabelle gibt die Temperatur eines Sommertages in Abhängigkeit von der Uhrzeit wieder. Zeichne ein Diagramm, indem man diese Abhängigkeit erkennen kann.

Uhrzeit	6.00	8.00	10.00	12.00	14.00	16.00	18.00	20.00	22.00
T in °C	12	14	18	23	28	29	26	23	20

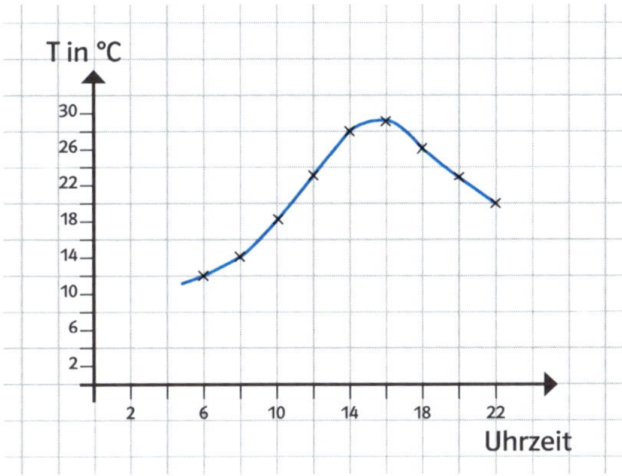

Zusammenfassung

Zuordnungstabellen und Diagramme sind dazu da, um Abhängigkeiten zwischen zwei Größen darzustellen.
Dazu trägt man die eine Größe auf der x-Achse und die andere davon abhängige Größe auf der y-Achse ab.
Es gibt Punkt- und Liniendiagramme.

Eine Größe ist **proportional** zu einer zugeordneten Größe, wenn gilt:
- Verdoppelt (verdreifacht, vervierfacht, …) man die erste Größe, so verdoppelt (verdreifacht, vervierfacht, …) sich auch die zweite Größe.
- Halbiert (drittelt, viertelt, …) man die erste Größe, so halbiert (drittel, viertelt, …) sich auch die zweite Größe.

Proportionale Zuordnungen nennt man auch **Je-mehr-desto-mehr-Zuordnungen,** z. B. je mehr Kartoffeln du kaufst, desto mehr musst du bezahlen.

Zeichnet man für diese proportionale Zuordnung ein Diagramm, so erhält man eine Halbgerade, die im Ursprung beginnt.

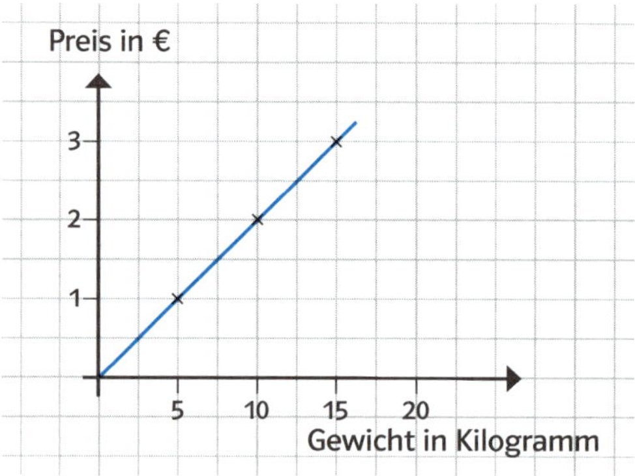

Bei einer proportionalen Zuordnung kann man die gesuchte Größe auch ohne Diagramm durch Rechnung bestimmen. Dazu benutzt man den so genannten **Dreisatz**.
Um den Dreisatz anwenden zu können, muss man vorher prüfen, ob es sich um eine proportionale Zuordnung handelt.

Lösungsverfahren:

- Trage in einer Tabelle die zusammengehörenden Größenangaben ein. Die gesuchte Größe steht in der rechten Spalte.

Größe 1	**Größe 2**
Gegeben	Gegeben
…	…
Gegeben	Gesucht

- Suche durch Dividieren bzw. Multiplizieren einen geeigneten Zwischenwert.
- Berechne durch Multiplizieren bzw. Dividieren das Endergebnis.

Beispiel

Ein Auto braucht für 100 km 8 l Benzin.
a) Wie viel Benzin braucht das Auto für 350 km?
b) Wie weit kann das Auto mit 55 l Benzin fahren?

a)

	Kilometer	Benzin	
· 3,5 ↓	100	8	↓ · 3,5
	350	28	

Das Auto braucht für 350 km 28 l Benzin.

b)

	Benzin	Kilometer	
: 8 ↓	8	100	↓ : 8
· 55 ↓	1	12,5	↓ · 55
	55	687,5	

Mit 55 l Benzin kann das Auto 687,5 km fahren.

Zusammenfassung

Proportionale Zuordnungen heißen auch Je-mehr-desto-mehr-Zuordnungen.

Verdoppelt (verdreifacht, vervierfacht, …) man den Wert einer Größe, so verdoppelt (verdreifacht, vervierfacht, …) sich auch der Wert der zugeordneten Größe.

Halbiert (drittelt, viertelt, …) man den Wert einer Größe, so halbiert (drittelt, viertelt, …) sich auch der Wert der zugeordneten Größe.

Mit dem Dreisatz kann man bei proportionalen Zuordnungen mittels zweier zusammengehörender Größenangaben weitere Werte berechnen.

Lösungsstrategie:
- **Gegebene und gesuchte Werte in eine Tabelle eintragen.**
- **Mittels Division bzw. Multiplikation einen Zwischenwert berechnen.**
- **Mittels Multiplikation bzw. Division das Endergebnis bestimmen.**

Eine Größe ist **antiproportional** zu einer zugeordneten Größe, wenn gilt:
- Verdoppelt (verdreifacht, vervierfacht, …) man die erste Größe, so halbiert (drittelt, viertelt, …) sich die zweite Größe.
- Halbiert (drittelt, viertelt, …) man die erste Größe, so verdoppelt (verdreifacht, vervierfacht, …) sich die zweite Größe.

Antiproportionale Zuordnungen nennt man auch **Je-mehr-desto-weniger Zuordnungen**, z. B. je mehr Zuleitungen du benutzt, desto schneller ist dein Becken gefüllt.

Zeichnet man für diese antiproportionale Zuordnung ein Diagramm, so erhält man eine Hyperbel.

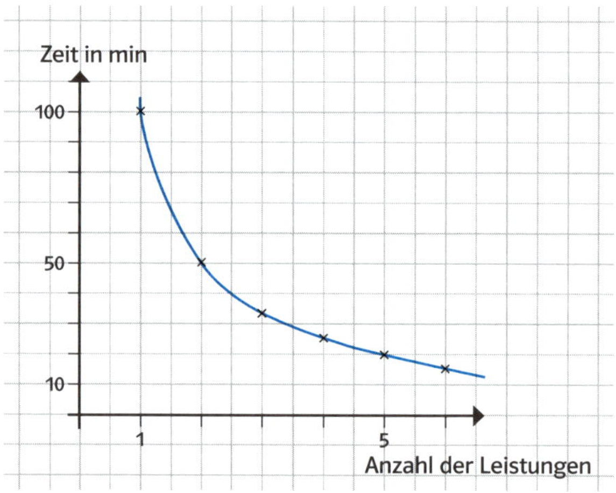

Lösungsverfahren:

- Trage in einer Tabelle die zusammengehörenden Größenangaben ein. Die gesuchte Größe steht in der rechten Spalte.

Größe 1	Größe 2
Gegeben	Gegeben
…	…
Gegeben	Gesucht

- Suche durch Dividieren bzw. Multiplizieren einen geeigneten Zwischenwert.
- Berechne durch Multiplizieren bzw. Dividieren das Endergebnis.

Beispiel

Du liest ein Buch mit 120 Seiten. Wenn du jeden Tag 10 Seiten liest, bist du in 12 Tagen mit dem Buch fertig.

a) Wie viele Seiten musst du jeden Tag lesen, damit du nach 8 Tagen damit fertig bist ?
b) Wie viele Tage musst du lesen, wenn du jeden Tag nur 6 Seiten schaffst?

a)

	Zeit in Tagen	Seiten pro Tag	
	12	10	
: 3	4	30	· 3
· 2	8	15	: 2

Du musst jeden Tag 15 Seiten lesen, damit du in 8 Tagen fertig bist.

b)

	Seiten pro Tag	Zeit in Tagen	
	10	12	
: 5	2	60	· 5
· 3	6	20	: 3

Wenn du jeden Tag 6 Seiten liest, dann brauchst du 20 Tage.

Zusammenfassung

Antiproportionale Zuordnungen heißen auch Je-mehr-desto-weniger-Zuordnungen.

Verdoppelt (verdreifacht, vervierfacht, …) man den Wert einer Größe, so halbiert (drittelt, viertelt, …) sich der Wert der zugeordneten Größe.

Halbiert (drittelt, viertelt, …) man den Wert einer Größe, so verdoppelt (verdreifacht, vervierfacht, …) sich der Wert der zugeordneten Größe.

Mit dem Dreisatz kann man bei antiproportionalen Zuordnungen mittels zweier zusammengehörender Größenangaben weitere Werte berechnen.

Lösungsstrategie:
- Gegebene und gesuchte Werte in eine Tabelle eintragen.
- Mittels Division bzw. Multiplikation einen Zwischenwert berechnen.
- Mittels Multiplikation bzw. Division das Endergebnis bestimmen.

Mit **Einheiten** bist du in der Lage, Größenangaben miteinander zu vergleichen. Du kannst z. B. **Längeneinheiten** aber nur dann vergleichen, wenn beide zu vergleichenden Werte für eine Entfernung in der gleichen Einheit, z. B. entweder in Meter (m) oder in Kilometer (km) angegeben werden. Auch **Gewichts-** oder **Zeitangaben** können nur bei gleicher Einheit wie z. B. Kilogramm (kg) oder Stunden (h) miteinander in Bezug gesetzt werden.

Im Alltag gebräuchliche Einheiten sind
Längeneinheiten: Kilometer (km), Meter (m), Dezimeter (dm), Zentimeter (cm) und Millimeter (mm)
Gewichte: Tonne (t), Kilogramm (kg), Gramm (g) und Milligramm (mg)
Zeitangaben: Tag (d), Stunde (h), Minute (min) und Sekunde (s)

Umrechnen von Längeneinheiten:

1 km =	1000 m =	10 000 dm =	100 000 cm =	1 000 000 mm
	1 m =	10 dm =	100 cm =	1000 mm
		1 dm =	10 cm =	100 mm
			1 cm =	10 mm

Umrechnen von Gewichten:

1 t =	1000 kg =	1 000 000 g =	1 000 000 000 mg
	1 kg =	1000 g =	1 000 000 mg
		1 g =	1000 mg

Umrechnen von Zeitspannen:

1 d = 24 h
1 h = 60 min
1 min = 60 s

Zusammenfassung

Eine Einheit gibt uns die Möglichkeit, Größen miteinander vergleichen zu können.
Längeneinheiten: km, m, dm, cm, mm
Gewichte: t, kg, g, mg
Zeitangaben: d, h, min, s

Um Größen, die in Kommaschreibweise angegeben sind, in Größen ohne Komma umzuwandeln oder auch umgekehrt, benutzt du am besten eine Stellenwerttafel.

Umwandeln von Größen mit Komma in Größen ohne Komma:

t			kg			g			mg		
H	Z	E	H	Z	E	H	Z	E	H	Z	E
					4	8	7	5			
	1	2	6	5	8						
								3	4	6	9

4,875 kg = 4 kg 875 g = 4 875 g
12,658 t = 12 t 658 kg = 12 658 kg
3,469 g = 3 g 469 mg = 3 469 mg

km			m			dm	cm	mm
H	Z	E	H	Z	E	E	E	E
		9	7	3	2			
					3	2	8	5
				4	0	1	0	5

9,732 km = 9 km 732 m= 9 732 m
32,85 dm = 32 dm 85 mm = 3 285 mm
40,105 m = 40 m 105 mm = 40 105 mm

Umwandeln von Größen ohne Komma in Größen mit Komma:

t			kg			g			mg		
H	Z	E	H	Z	E	H	Z	E	H	Z	E
				6	5	4	8	9			
		4	8	6	9						
								1	5	8	5

65 489 g = 65 kg 489 g = 65,489 kg
4 869 kg = 4 t 869 kg = 4,869 t
1 585 mg = 1 g 585 mg = 1,585 g

km			m			dm	cm	mm
H	Z	E	H	Z	E	E	E	E
	7	0	2	3	6			
				4	7	1	0	
				6	8	5	2	1

70 236 m = 70 km 236 m = 70,236 km
4 710 cm = 471 dm = 47 m 1 dm = 47,1 m
68 521 mm = 685 dm 21 mm = 685,21 dm

Um mit Größen in Kommaschreibweise rechnen zu können, d. h. diese zu addieren, subtrahieren, multiplizieren oder dividieren, schreibt man sie zunächst ohne Komma und in der gleichen Einheit. Hast du das Ergebnis bestimmt, kannst du es wieder in Kommaschreibweise bringen.

Lern-Video

Um die Maßeinheit für Flächen zu beschreiben, greift man auf den Flächeninhalt von Quadraten zurück.

Ein Quadrat mit der Seitenlänge 1 cm hat den Flächeninhalt 1 cm². Nun kann man den Flächeninhalt von anderen Flächen beschreiben, indem man sich überlegt, wie oft ein Quadrat mit 1 cm² in eine andere Fläche passt.
Hast du z. B. ein Quadrat mit der Seitenlänge von 1 dm, so hat dieses Quadrat einen Flächeninhalt von 100 cm², da dein Quadrat mit dem Flächeninhalt von 1 cm² 100-mal hineinpasst.

Übersicht über die verschiedenen Flächeneinheiten

Seitenlänge des Quadrats	1 mm	1 cm	1 dm	1 m	10 m	100 m	1 km
Flächeneinheit	1 mm²	1 cm²	1 dm²	1 m²	1 a	1 ha	1 km²
Name	Quadratmillimeter	Quadratzentimeter	Quadratdezimeter	Quadratmeter	Ar	Hektar	Quadratkilometer
Beispiel	Stecknadelkopf	Fingernagel	Handfläche	Tafelflügel	Klassenzimmer	Fußballfeld	Dorf

Beachte: Zwischen den Längeneinheiten m und km liegen bei Flächeneinheiten noch zwei weitere Einheiten, nämlich Ar (a) und Hektar (ha).

Umrechnen von Flächeneinheiten

Die Umrechnungszahl bei Flächeneinheiten beträgt immer 100.

1 km² = 100 ha
1 ha = 100 a
1 a = 100 m²
1 m² = 100 dm²
1 dm² = 100 cm²
1 cm² = 100 mm²

Zusammenfassung

Der Flächeninhalt gibt an, wie groß eine Fläche ist.
Um Flächen miteinander vergleichen zu können, braucht man einheitliche Maßeinheiten.
Flächeneinheiten sind: mm², cm², dm², m², a, ha, km²
Die Umrechnungszahl bei Flächeneinheiten beträgt immer 100.

Das **Volumen** oder der **Rauminhalt** beschreibt das Fassungsvermögen eines Körpers. Um das Volumen eines Körpers zu beschreiben, greift man auf den Rauminhalt von Würfeln zurück. Hat ein Würfel eine Kantenlänge von 1 cm, so hat er ein Volumen von 1 cm^3 (Kubikzentimeter).

Das **Volumen V eines Quaders** wird folgendermaßen berechnet:

$$V = a \cdot b \cdot c,$$

wobei a die Länge, b die Breite und c die Höhe des Quaders ist.
Da bei einem Würfel alle Kanten gleich lang sind, gilt hier: $V = a \cdot a \cdot a$.

Will man nun das Volumen anderer Körper bestimmen, so schaut man, wie oft ein Würfel mit 1 cm^3 in den Körper hineinpasst. In einen Quader mit der Seitenlänge 10 cm = 1 dm passen 1000 Würfel mit dem Rauminhalt 1 cm^3.
Also gilt: $V = 1\,dm \cdot 1\,dm \cdot 1\,dm = 10\,cm \cdot 10\,cm \cdot 10\,cm = 1000\,cm^3 = 1\,dm^3$

Übersicht über die verschiedenen Volumeneinheiten

Kantenlänge des Würfels	1 mm	1 cm	1 dm	1 m
Volumeneinheit	1 mm^3	1 cm^3	1 dm^3 oder 1 l	1 m^3
Name	Kubikmillimeter	Kubikzentimeter	Kubikdezimeter oder Liter	Kubikmeter
Beispiel	Laus	Würfelzucker	Milchtüte	Kühlschrank

Umrechnen von Volumeneinheiten

Die Umrechnungszahl bei Volumeneinheiten beträgt immer 1000.

$1\,m^3 = 1000\,dm^3$

$1\,dm^3 = 1000\,cm^3$

$1\,cm^3 = 1000\,mm^3$

$1\,l = 1\,dm^3 = 1000\,cm^3 = 1000\,ml$

$1\,cm^3 = 1\,ml$

Zusammenfassung

Das Volumen bzw. der Rauminhalt gibt an, wie groß das Fassungsvermögen eines Körpers ist. Volumeneinheiten sind: mm^3, cm^3, dm^3 (l), m^3.
Die Umrechnungszahl bei Volumeneinheiten beträgt immer 1000.

Punkte im Koordinatensystem

Ein Punkt ist ein Objekt ohne Ausdehnung.
Um die Lage eines Punktes zu beschreiben, benutzt man ein Koordinatensystem.

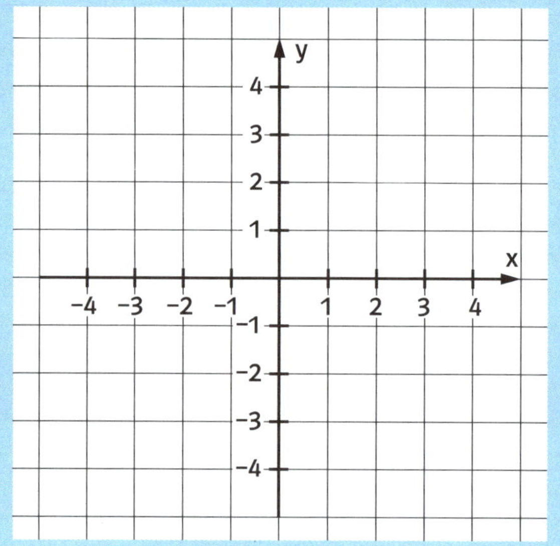

Eigenschaften eines Koordinatensystems:

- Die horizontale Achse nennt man x-Achse.
- Die vertikale Achse nennt man y-Achse.
- Den Schnittpunkt beider Achsen nennt man Ursprung.
- Auf der x-Achse werden nach rechts die positiven Zahlen und nach links die negativen Zahlen aufgetragen.
- Auf der y-Achse werden nach oben die positiven Zahlen und nach unten die negativen Zahlen aufgetragen.

Beschreibung eines Punktes in einem Koordinatensystem:
Ein Punkt in einem Koordinatensystem wird durch einen Großbuchstaben und zwei Zahlen (Koordinaten) beschrieben.
Beispiel: P(5|3)
Die beiden Koordinaten beschreiben, wie man vom Ursprung aus zu diesem Punkt gelangt. Der erste Wert (hier 5) gibt an, dass man 5 Einheiten auf der x-Achse nach rechts laufen muss. Man nennt diesen Wert **x-Koordinate**. Der zweite Wert (hier 3) gibt an, dass man 3 Einheiten parallel zur y-Achse nach oben laufen muss. Diesen Wert nennt man **y-Koordinate**.

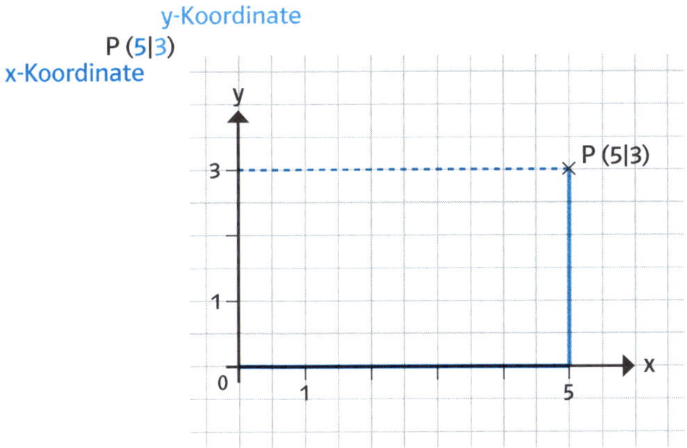

Zusammenfassung

Mithilfe eines Koordinatensystems kann man die Lage eines Punktes beschreiben. Der Punkt wird mit 2 Zahlen beschrieben. Diese beiden Zahlen heißen Koordinaten. Die erste Zahl, die x-Koordinate, gibt an, wie weit du vom Ursprung aus auf der x-Achse nach rechts bzw. nach links laufen musst. Die zweite Zahl, die y-Koordinate, gibt an, wie weit du vom Ursprung aus auf der y-Achse senkrecht nach oben bzw. unten laufen musst.

In der Geometrie gibt es nicht nur Punkte, sondern auch Verbindungslinien zwischen den Punkten. Diese Linien heißen Strecken.

Verbindest du 2 Punkte mit einer geraden Linie, so erhältst du eine **Strecke**.
Eine Strecke hat immer einen **Anfangspunkt** und einen **Endpunkt**.
Hat eine Strecke den Anfangspunkt A und den Endpunkt B, so nennt man sie die Strecke AB und schreibt: AB.

Hat eine Strecke eine Länge z. B. 4 cm, so schreibt man: $\overline{AB} = 4\,\text{cm}$.

Verbindet man mehrere Punkte miteinander durch Strecken, so erhält man einen **Streckenzug**.

Verlängert man eine Strecke über ihre Endpunkte hinaus, so erhält man eine **Gerade**. Eine Gerade hat somit keinen Anfang und kein Ende, sie ist **unendlich lang**.

Die beiden Punkte A und B liegen auf der Geraden. Deshalb sagt man auch, die Gerade geht durch die Punkte A und B.

Geraden werden immer mit kleinen Buchstaben bezeichnet, z. B. g, h, …

Verlängert man eine Strecke nur auf einer Seite, so erhält man eine **Halbgerade** oder **einen Strahl**. Eine Halbgerade hat einen Anfang, aber kein Ende.
Eine Halbgerade wird auch mit einem kleinen Buchstaben bezeichnet.

Beispiel

Welche Linien sind Strecken, Geraden oder Halbgeraden?

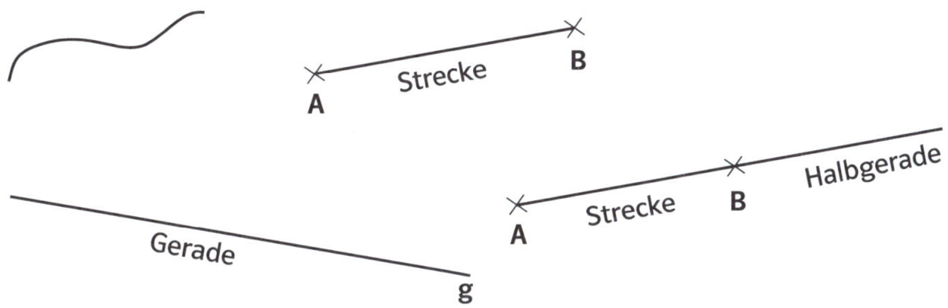

Zusammenfassung

Strecken haben einen Anfangs- und Endpunkt. Man schreibt z. B.: AB.
Für die Länge der Strecke schreibt man: $\overline{AB}$
Geraden haben keinen Anfangs- und Endpunkt, sie sind unendlich lang.
Man bezeichnet sie mit kleinen Buchstaben.
Eine Halbgerade hat einen Anfangspunkt, aber keinen Endpunkt. Auch sie wird durch kleine Buchstaben beschrieben.

Zwei **Geraden** können in verschiedenen Beziehungen zueinander stehen. Sie können sich schneiden oder sie können parallel zueinander sein.

Schnittpunkt von Geraden

Haben Geraden einen gemeinsamen Punkt, so sagt man, die Geraden schneiden sich. Den Punkt bezeichnet man als Schnittpunkt.

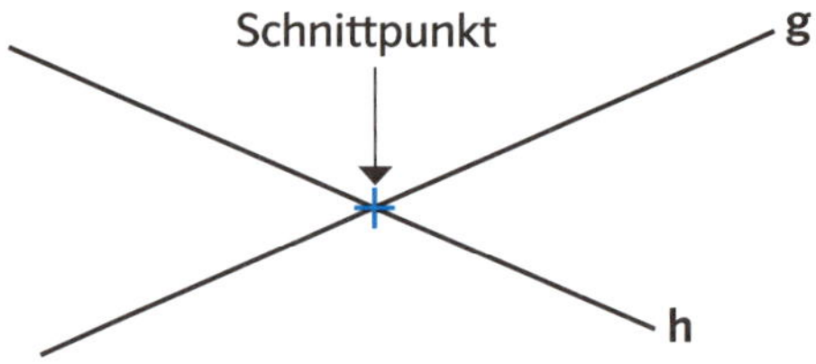

Orthogonale Geraden

Schneiden sich die Geraden in einem rechten Winkel, so sagt man auch, die Geraden sind **orthogonal** zueinander.
Man schreibt dafür: $g \perp h$.
In der Zeichnung kennzeichnest du es mit folgendem Zeichen: ⊾

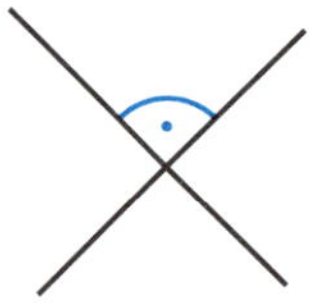

Mit dem Geodreieck zeichnest du orthogonale Geraden, in dem du die Mittellinie des Geodreiecks auf eine Gerade legst.

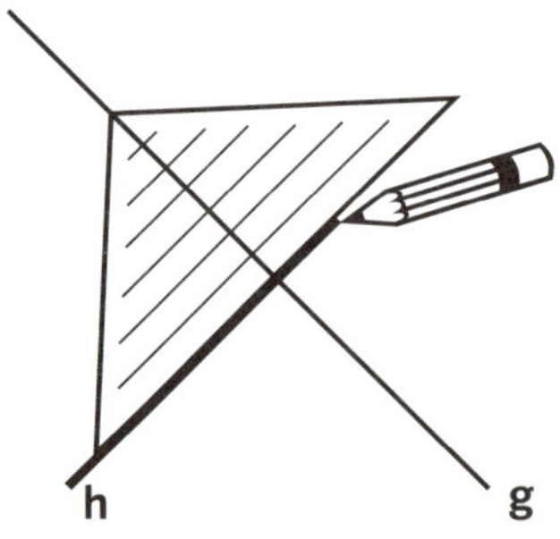

Parallele Geraden

Haben Geraden keinen Schnittpunkt, so sagt man, die Geraden sind **parallel** zueinander.
Man schreibt dafür g || h.

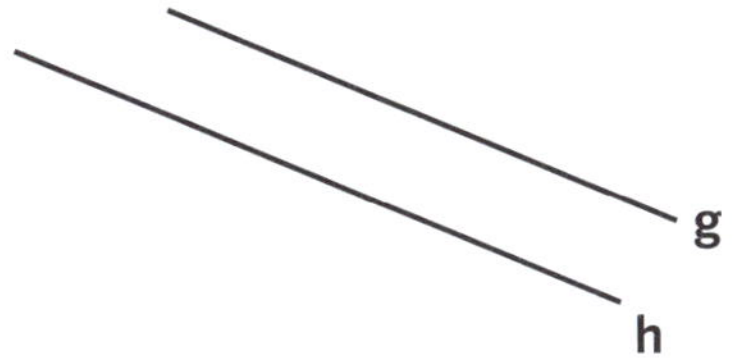

Mit dem Geodreieck zeichnest du parallele Geraden mithilfe der parallelen Linien auf deinem Geodreieck.

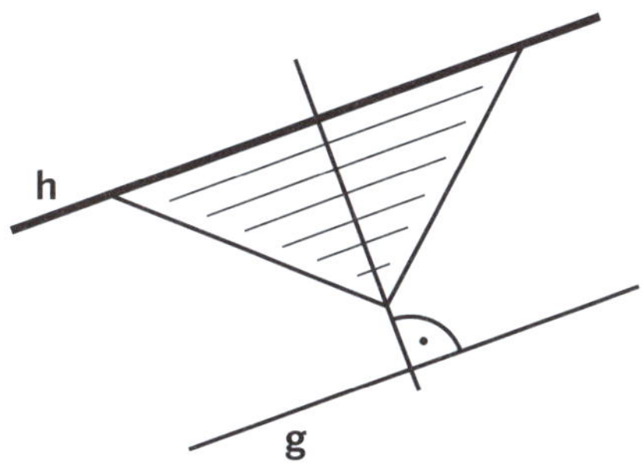

Zusammenfassung

Geraden können verschiedene Beziehungen zueinander haben.
Sie können sich in einem Punkt schneiden.
Sie können orthogonal zueinander sein, d. h. sich in einem rechten Winkel schneiden.
Sie können parallel zueinander sein, d. h. sie haben keinen Schnittpunkt.

Faltest du ein Blatt Papier und schneidest eine Figur aus, so erhältst du nach dem Aufklappen eine Figur, die aus zwei gleichen Hälften besteht.

Eine Faltlinie, die eine Figur in zwei identische Hälften teilt, nennt man **Symmetrieachse**. Die Figur nennt man **achsensymmetrisch**.
Legt man an die Symmetrieachse einen Spiegel, so erhält man auch zwei identische Hälften, deshalb nennt man die Symmetrieachse auch **Spiegelachse**.

Eigenschaften achsensymmetrischer Figuren:

- Verbindet man zwei gegenüberliegende Eckpunkte einer achsensymmetrischen Figur miteinander, so steht die Verbindungslinie senkrecht zur Symmetrieachse.
- Die beiden Eckpunkte haben außerdem den gleichen Abstand zur Symmetrieachse.

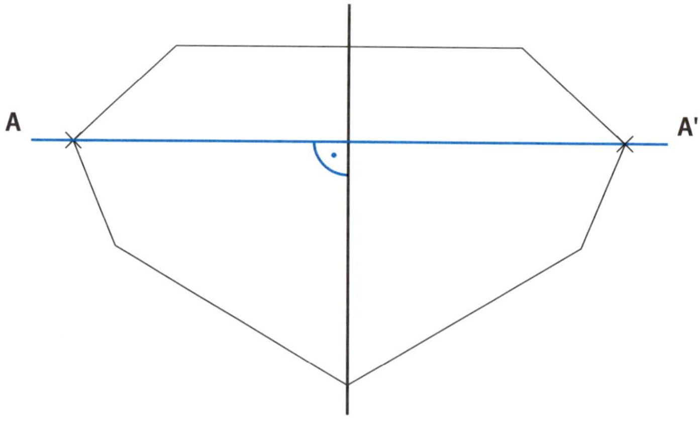

Zeichnen von achsensymmetrischen Figuren:
- Lege eine Symmetrie- bzw. Spiegelachse fest.
- Bezeichne die Eckpunkte der Figur mit Namen, z. B. A.
- Zeichne eine zur Symmetrieachse orthogonale Gerade durch den Eckpunkt A. Diese dient als Hilfslinie.
- Lege den Spiegelpunkt A' so auf der Hilfslinie fest, dass er zur Symmetrieachse den gleichen Abstand hat, wie der Punkt A.
- Wiederhole das Verfahren für alle Eckpunkte.
- Am Schluss verbindest du die Spiegelpunkte in der richtigen Reihenfolge.

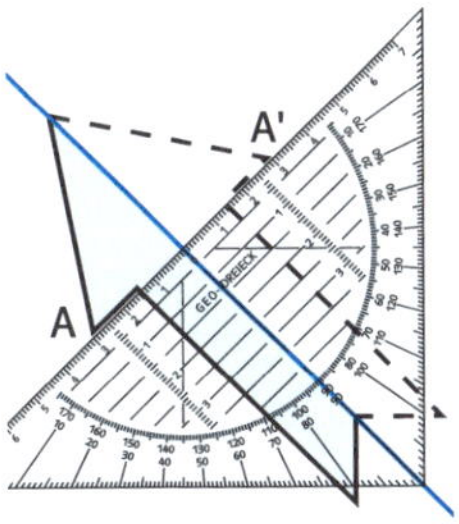

Manchmal kannst du eine achsensymmetrische Figur auch durch Kästchenzählen zeichnen.

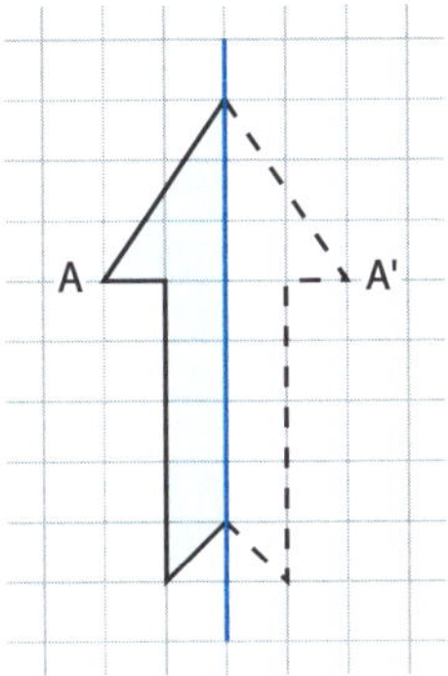

Zusammenfassung

Kannst du eine Figur durch eine Gerade in zwei identische Figuren zerlegen, so nennt man die Figur achsensymmetrisch.
Die Gerade nennt man Spiegelachse oder Symmetrieachse.

Verbindet man in einer Figur zwei entsprechende Punkte miteinander und schneiden sich diese Verbindungslinien alle in einem Punkt, so nennt man die Figur **punktsymmetrisch**.
Der Punkt, in dem sich alle Verbindungslinien schneiden, heißt **Symmetriezentrum Z**.

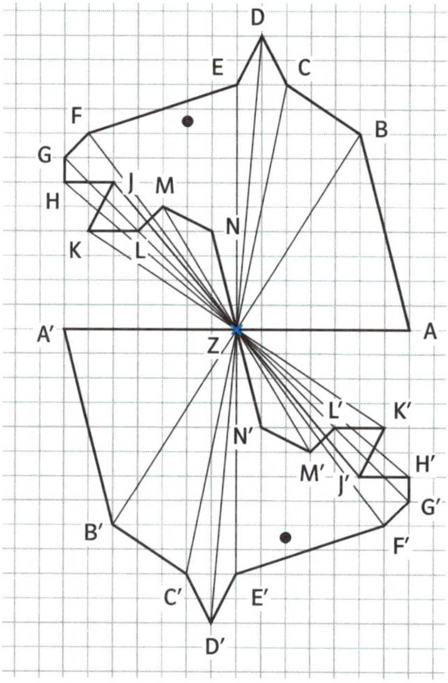

Eigenschaften einer punktsymmetrischen Figur:

- Die Verbindungslinien des Punktes mit dem Spiegelpunkt schneiden sich alle im Symmetriezentrum Z.
- Der Abstand vom Symmetriezentrum zum Punkt ist genauso groß wie der Abstand vom Symmetriezentrum zum Spiegelpunkt.

Zeichnen von punktsymmetrischen Figuren:

- Zuerst legst du das Spiegelzentrum Z fest.
- Du verbindest den Eckpunkt A deiner Figur mit dem Spiegelzentrum Z und verlängerst diese Linie über den Punkt Z hinaus.
- Nun misst du die Länge der Strecke AZ und trägst diese Länge nochmals an Z an. Der Endpunkt dieser Strecke ist A′ .
- Wiederhole dieses Verfahren für alle Eckpunkte.
- Verbinde die Eckpunkte in der richtigen Reihenfolge.

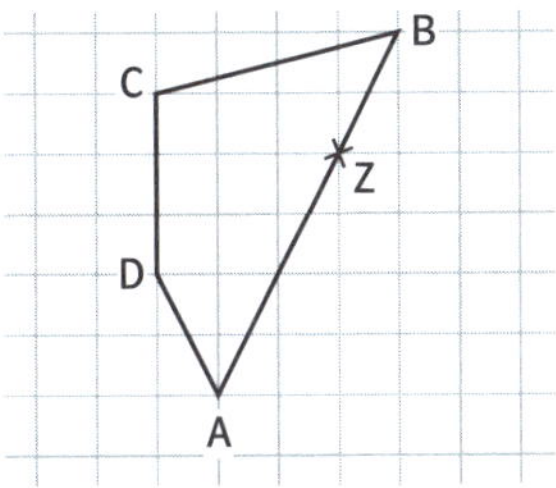

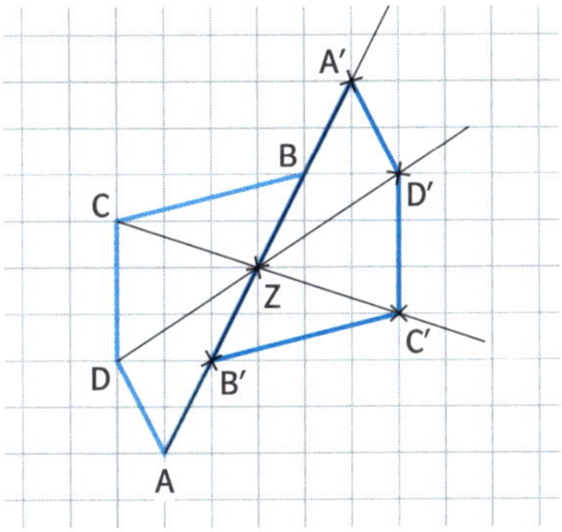

Im Gegensatz zu achsensymmetrischen Figuren ist das Zeichnen von punktsymmetrischen Figuren durch Kästchenzählen nur sehr schwer möglich.

Zusammenfassung

Schneiden sich die Verbindungslinien der Eckpunkte mit den entsprechenden Spiegelpunkten alle in einem Punkt, so nennt man die Figur punktsymmetrisch. Der Spiegelpunkt heißt Symmetriezentrum Z. Z ist der Mittelpunkt der Verbindungslinien.

In vielen Situationen des Lebens treten Winkel auf, z. B. beim Fußball erfolgt der Torschuss innerhalb eines Torwinkels oder das Dach eines Hauses besitzt einen Neigungswinkel.

Zwei unterschiedliche Halbgeraden mit gleichem Anfangspunkt bilden einen Winkel. Den Anfangspunkt nennt man in diesem Fall Scheitel S des Winkels. Die beiden Halbgeraden heißen Schenkel des Winkels.
Winkel bezeichnet man mit griechischen Buchstaben:
α - Alpha
β - Beta
γ - Gamma
δ - Delta

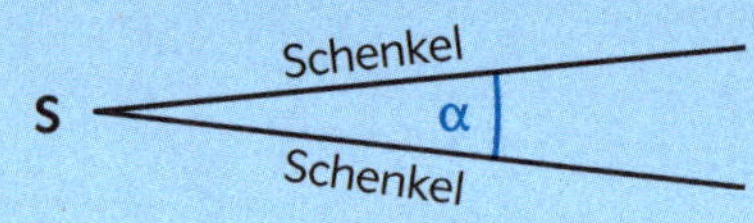

Winkel messen:

Die Weite eines Winkels wird in Grad angegeben.
Teilt man einen Kreis in 360 gleiche Kreisausschnitte, so entsteht ein Winkel von einem Grad (1°).

Vorgehensweise:

- Du legst dein Geodreieck mit der Grundseite an einen Schenkel des Winkels. Wichtig ist dabei, dass der Nullpunkt deines Geodreiecks mit dem Scheitel S des Winkels übereinstimmt.
- Lese nun auf der Skala die Winkelweite ab. Dabei benutzt du immer die Skala, bei der vom ersten zum zweiten Schenkel die Werte immer größer werden.

Der Winkel in unserem Bild hat eine Weite von 32°.

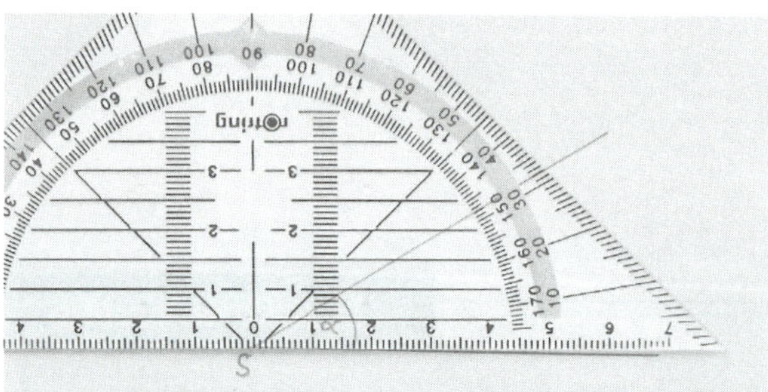

Zeichnen von Winkeln:

Beim Zeichnen eines Winkels gibt es zwei Möglichkeiten. In beiden Fällen liegt der Nullpunkt deines Geodreiecks auf dem Scheitel.

1. Nun drehst du das Geodreieck so lange, bis die Skala der gesuchten Winkelweite auf dem ersten Schenkel liegt.
2. Du machst bei der gewünschten Winkelweite mit den Bleistift einen kleinen Punkt. Diesen Punkt verbindest du nun mit dem Scheitel.

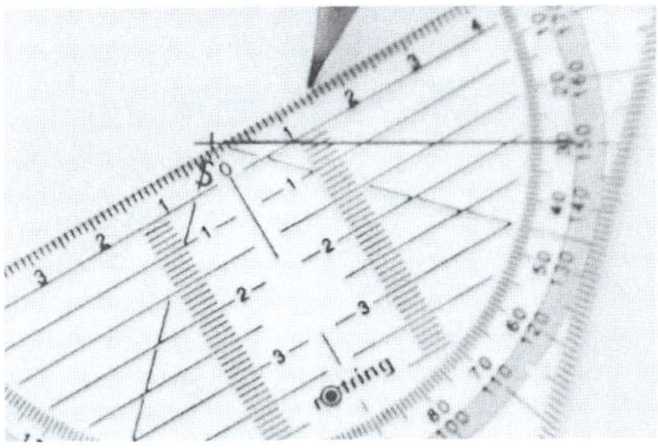

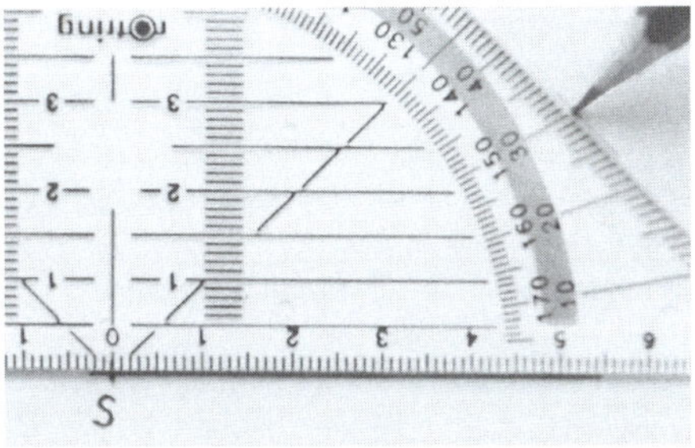

Winkelarten:

Rechter Winkel Die Schenkel sind orthogonal zueinander ($\alpha = 90°$).	**Gestreckter Winkel** Die Schenkel bilden eine Gerade ($\alpha = 180°$).	**Vollwinkel** Die Schenkel liegen aufeinander ($\alpha = 360°$).
Spitzer Winkel Die Weite des Winkels liegt zwischen 0° und 90°.	**Stumpfer Winkel** Die Weite des Winkels liegt zwischen 90° und 180°.	**Überstumpfer Winkel** Die Weite des Winkels liegt zwischen 180° und 360°.

Zusammenfassung

Ein Winkel besteht aus zwei Schenkeln und einem Scheitel.
Man misst Winkel mit dem Geodreieck in Grad.
Bezeichnet werden Winkel mit kleinen griechischen Buchstaben.

In unserem Alltag treffen wir häufig auf Flächen, z. B. die Tischplatte oder eine Seite deines Heftes.

Eine geschlossene Linie in einer Ebene bildet eine Fläche. In der Geometrie nennt man eckige Flächen auch **Polygone** oder **n-Ecke**.
Jede Figur, die du mit einer geschlossenen Linie auf ein Blatt Papier zeichnen kannst, ist eine Fläche.

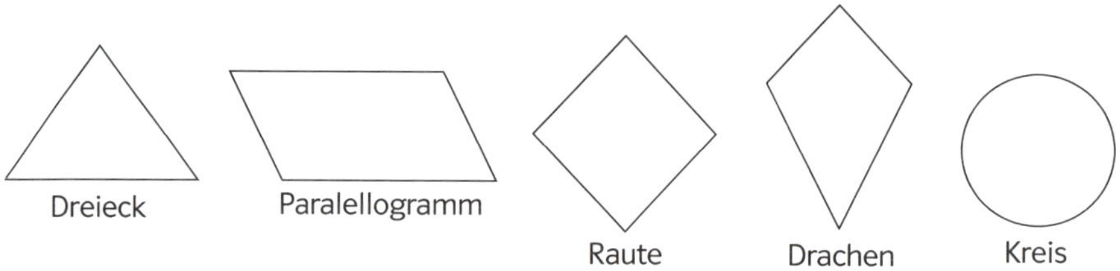

Jede Fläche, die durch Strecken begrenzt ist, bezeichnet man als **Figur** oder **Vieleck**. Die Strecken, die das Vieleck begrenzen, heißen Seiten.
Häufig auftretende Vielecke sind:
Dreieck: wird durch drei Seiten begrenzt und hat drei Eckpunkte.
Viereck: wird durch vier Seiten begrenzt und hat vier Eckpunkte.
Fünfeck: wird durch fünf Seiten begrenzt und hat fünf Eckpunkte.
Sechseck: wird durch sechs Seiten begrenzt und hat sechs Eckpunkte.

Bei Figuren verwendet man folgende Bezeichnungen:

- Eckpunkte werden mit großen Buchstaben gekennzeichnet.
- Seiten werden mit kleinen Buchstaben bezeichnet.
- Verbindet man gegenüberliegende Eckpunkte miteinander, so nennt man die entstehende Strecke Diagonale.
- Addiert man alle Seitenlängen, so erhält man den Umfang der Figur.

Zusammenfassung

Jede Fläche mit einer geschlossenen Linie in der Ebene ist ein Vieleck. Sie wird durch Strecken begrenzt. Verbindet man bei einem Vieleck gegenüberliegende Eckpunkte miteinander, so entstehen neue Strecken, die Diagonalen.

In der Natur gibt es viele verschiedene Vierecke. Die im Alltag gebräuchlichen hat man mit verschiedenen Namen versehen. Dazu gehören das **Quadrat**, das **Rechteck**, das **Parallelogramm** und die **Raute**.

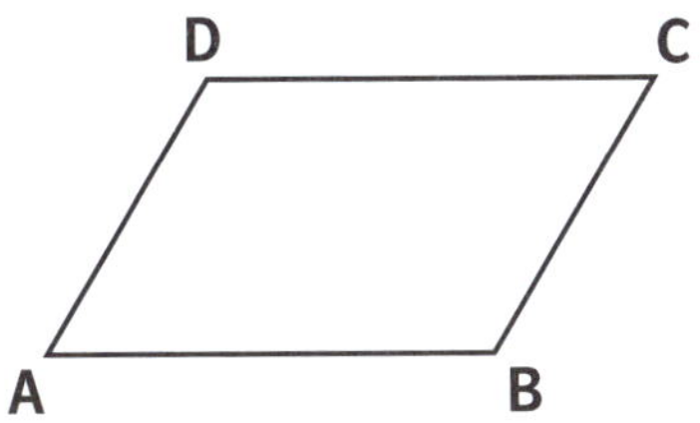

Parallelogramm:

Ein Parallelogramm erkennst du daran, dass gegenüberliegende Seiten parallel zueinander sind.

AB || CD
und
BC || AD

In einem Parallelogramm gilt außerdem: Die gegenüberliegenden Seiten sind gleich lang, d. h. $\overline{AB} = \overline{CD}$ und $\overline{BC} = \overline{AD}$.

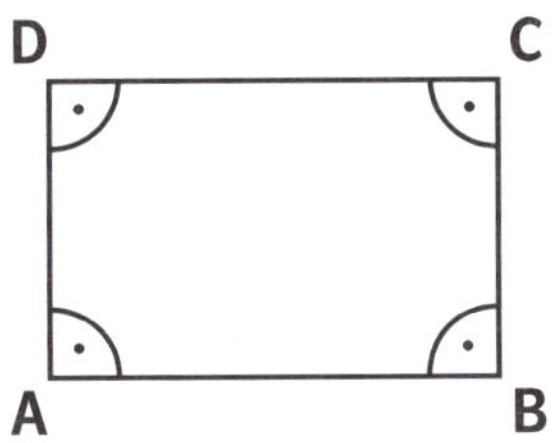

Rechteck:

Ein Rechteck ist ein besonderes Parallelogramm, denn hier muss zusätzlich gelten: Benachbarte Seiten sind orthogonal zueinander.

AB || CD
und
BC || AD
AB $\perp$ BC
BC $\perp$ DC
DC $\perp$ AD
AD $\perp$ AB

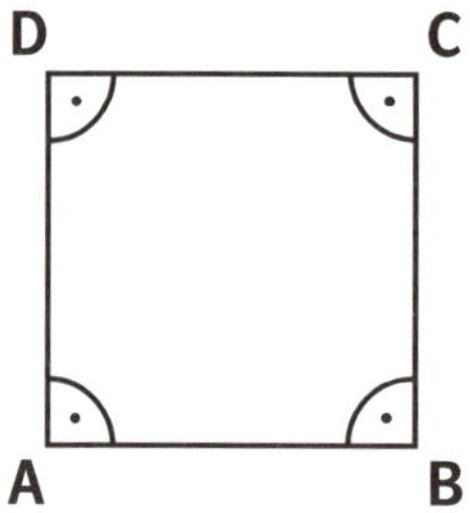

Quadrat:

Ein Quadrat ist ein besonderes Rechteck, da zusätzlich alle vier Seiten gleich lang sind. Da jedes Rechteck ein Parallelogramm ist, ist auch jedes Quadrat ein Parallelogramm.

$\overline{AB} = \overline{BC} = \overline{CD} = \overline{AD}$

$AB \perp BC$
$BC \perp CD$
$CD \perp DA$
$DA \perp AB$

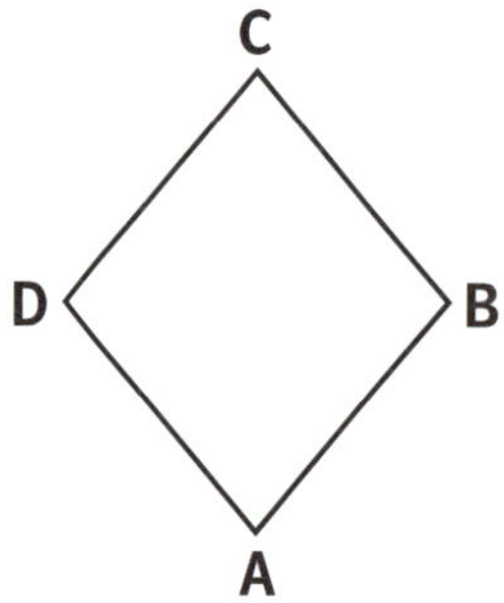

Raute:

Eine Raute ist ein besonderes Parallelogramm, es müssen zusätzlich alle vier Seiten gleich lang sein.

$AB \perp DC$
$CB \perp DA$
und
$\overline{AB} = \overline{BC} = \overline{CD} = \overline{DA}$

Da bei einer Raute benachbarte Seiten nicht orthogonal sein müssen, muss sie kein Quadrat sein. Ist dies jedoch der Fall, so ist sie auch ein Quadrat. Somit ist jedes Quadrat auch eine Raute.

Zusammenfassung

Ein Viereck mit vier gleich langen Seiten und rechten Winkeln zwischen benachbarten Seiten heißt Quadrat.
Ein Viereck, bei dem gegenüberliegende Seiten parallel und gleich lang sind, heißt Parallelogramm.
Ein Parallelogramm, bei dem zusätzlich benachbarte Seiten orthogonal zueinander sind, heißt Rechteck.
Ein Parallelogramm mit vier gleich langen Seiten heißt Raute.

Flächeninhalt

Um den **Flächeninhalt A eines Rechteckes** berechnen zu können, muss man zuerst die Seitenlängen des Rechtecks mit dem Geodreieck bestimmen und messen. Es ist wichtig, dass die Seitenlängen die gleiche Längeneinheit haben. Dann multipliziert man die beiden Seitenlängen miteinander.

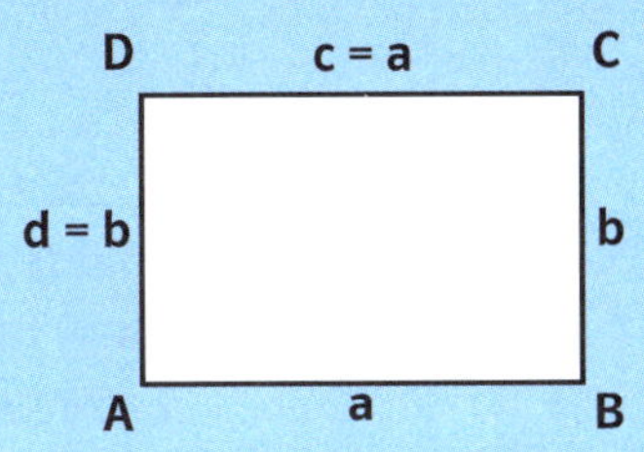

$$A = a \cdot b$$

Umfang

Um den **Umfang u eines Rechteckes** zu berechnen, misst man die Seitenlängen des Rechteckes a, b, c, d und addiert diese.

Da bei einem Rechteck die gegenüberliegenden Seiten immer gleich lang sind, gilt $a = c$ und $b = d$.

$$u = a + b + c + d = a + b + a + b = 2 \cdot a + 2 \cdot b = 2\,(a + b)$$

Ein besonderes Rechteck ist das Quadrat. Bei ihm sind alle vier Seiten gleich lang. Somit gilt für den **Flächeninhalt eines Quadrats**:

$$A = a \cdot a = a^2$$

Für den **Umfang u eines Quadrates** gilt:

$$u = a + a + a + a = 4 \cdot a$$

Zusammenfassung

Für ein Rechteck mit den Seitenlängen a und b gilt:

Flächeninhalt	$A = a \cdot b$
Umfang	$u = 2 \cdot a + 2 \cdot b = 2\,(a + b)$

Oft sind Grundstücke oder andere Flächen nicht rechteckig. Häufiger sind viereckige Flächen, die ein Parallelogramm sind. Für den Umfang ist dies kein Problem. Wie sieht es jedoch mit dem Flächeninhalt aus?

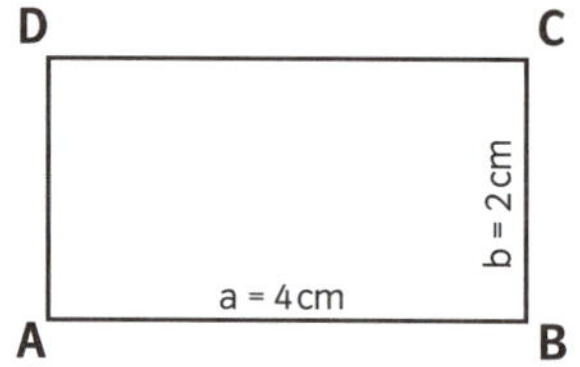

$A = a \cdot b = 8\,cm^2$

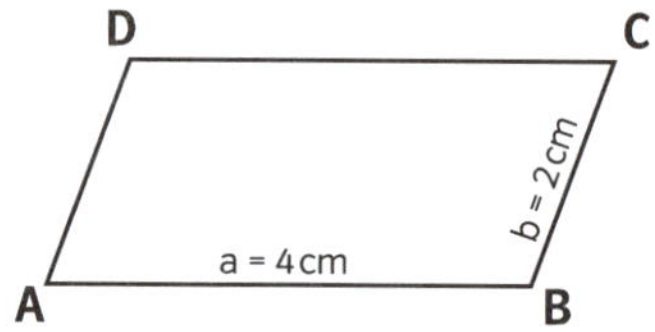

A = ?
Auf jeden Fall kleiner als beim Rechteck!

Flächeninhalt

Um den **Flächeninhalt A eines Parallelogramms** berechnen zu können, musst du die Länge der Grundseite a und die Höhe h_a des Parallelogramms mit dem Geodreieck bestimmen. Es ist wichtig, dass die beiden Längen die gleiche Längeneinheit haben. Die Höhe h steht immer senkrecht auf der Grundseite.

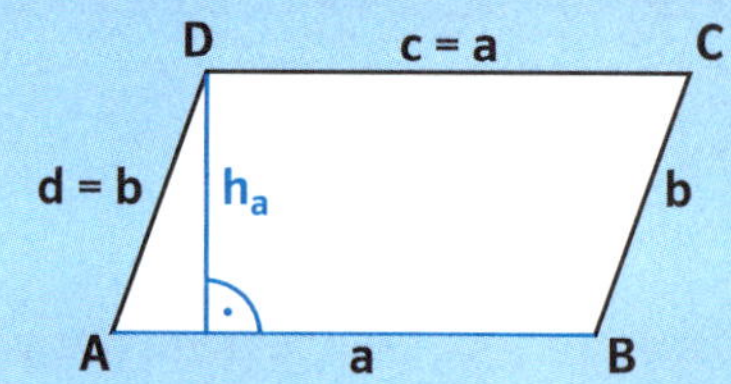

Der Flächeninhalt berechnet sich, indem man die Grundseite a mit der Höhe h_a multipliziert.

$$\mathbf{A = a \cdot h_a}$$

Umfang

Der Umfang berechnet sich wie beim Rechteck aus den Längen der vier Seiten:

$$\mathbf{u = 2a + 2b = 2(a + b)}$$

Zusammenfassung

Für ein Parallelogramm mit den Seitenlängen a, b und der Höhe h gilt:

Flächeninhalt	$A = a \cdot h$
Umfang	$u = 2 \cdot a + 2 \cdot b$

Flächeninhalt

Um den **Flächeninhalt A eines Dreiecks** berechnen zu können, musst du die Länge der Grundseite c und die zugehörige Höhe h_c des Dreiecks mit dem Geodreieck bestimmen. Es ist wichtig, dass die beiden Längen die gleiche Längeneinheit haben. Die Höhe h_c steht immer senkrecht auf der Grundseite.

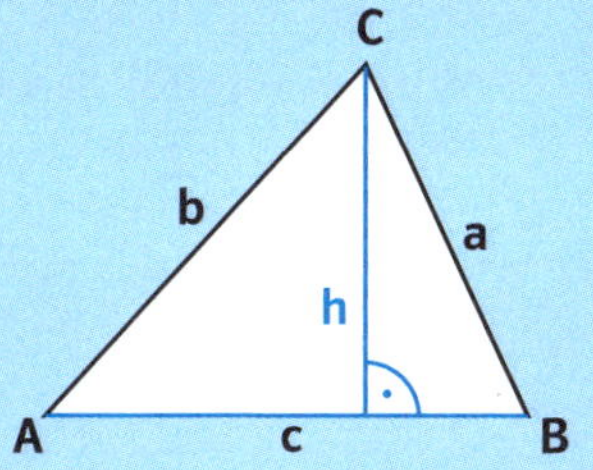

Der Flächeninhalt berechnet sich, indem man die Grundseite c mit der Höhe h_c multipliziert und das Ergebnis durch 2 dividiert.

$$A = \frac{1}{2} c \cdot h_c$$

Umfang

Der Umfang berechnet sich aus den Längen der 3 Seiten:

$$u = a + b + c$$

Vergleichst du ein Parallelogramm mit einem Dreieck, so erkennst du:
Ein Parallelogramm entsteht aus zwei zueinander punktsymmetrischen Dreiecken. Deshalb ist der Flächeninhalt eines Dreiecks halb so groß wie der des Parallelogramms.

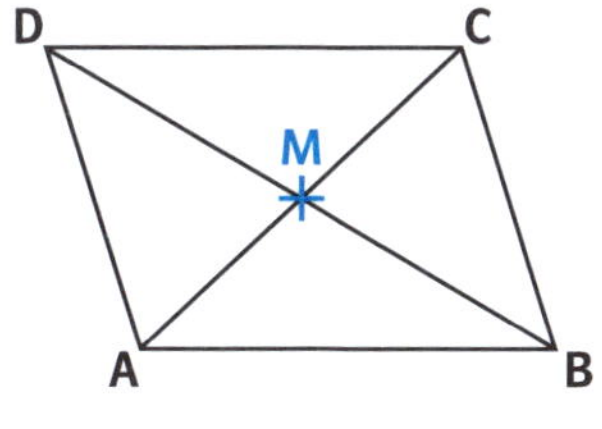

Zusammenfassung

Für ein Dreieck mit den Seitenlängen a, b, c und der Höhe h gilt:

Flächeninhalt $A = \frac{1}{2} c \cdot h$

Umfang $U = a + b + c$

Bezeichnungen

Auf einem **Kreis** liegen alle Punkte, die von einem Punkt M den gleichen Abstand r haben.

Der Punkt M wird **Mittelpunkt des Kreises** genannt.

Der Abstand r wird **Radius des Kreises** genannt.

Zeichnet man eine Strecke durch den Mittelpunkt des Kreises, so erhält man den **Durchmesser d**. Der Durchmesser ist doppelt so lang wie der Radius.

Es gilt:

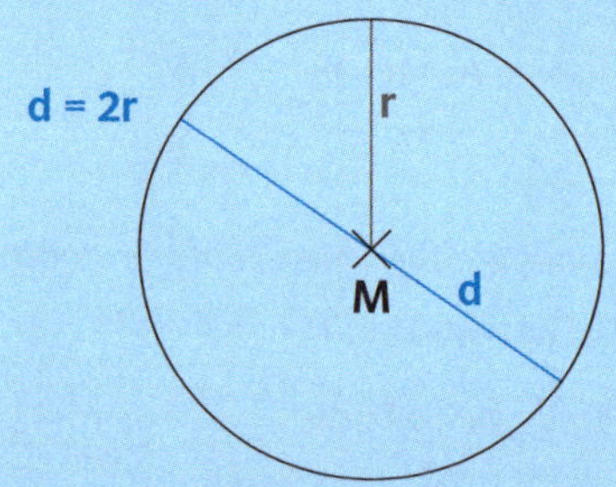

Zeichnest du in einen Kreis zweimal den Radius ein, so erhältst du einen **Kreisausschnitt**. Dabei ist der Mittelpunkt des Kreises auch der Scheitel eines Winkels. Dieser Winkel heißt **Mittelpunktswinkel**.

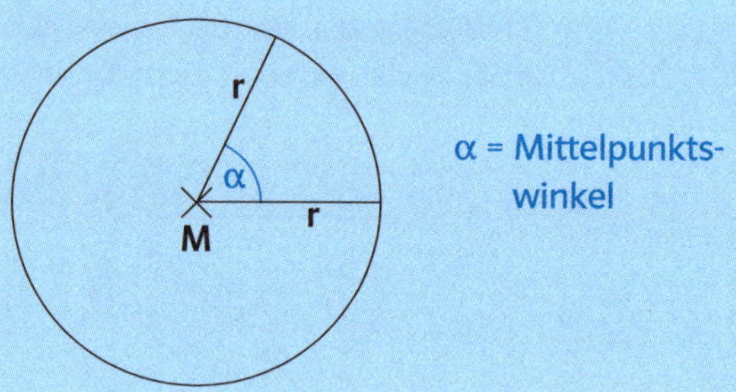

Umfang eines Kreises
Der Umfang eines Kreises ist etwa dreimal so groß wie der Durchmesser des Kreises. Das Verhältnis von Kreisumfang und Kreisdurchmesser wird mit π (sprich: pi) dargestellt und beträgt gerundet auf zwei Stellen nach dem Komma 3,14.

$$u = \pi \cdot d = \pi \cdot 2r = 2 \cdot \pi \cdot r$$

Flächeninhalt eines Kreises
Für den Flächeninhalt gilt:

$$A = \pi \cdot r^2$$

Beispiel

Berechne den Umfang und Flächeninhalt eines Kreises mit dem Radius r = 5 cm.

$u = 2 \cdot \pi \cdot r = 2 \cdot \pi \cdot 5\,cm = \pi \cdot 10\,cm \approx 31{,}42\,cm$
$A = \pi \cdot r^2 = \pi \cdot (5\,cm)^2 = \pi \cdot 25\,cm^2 \approx 78{,}54\,cm^2$

Zusammenfassung

Ein Kreis ist eine Fläche, bei der alle Punkte auf der Kreislinie den gleichen Abstand r zum Mittelpunkt haben.
Zwei Radien schneiden aus einem Kreis einen Kreisausschnitt aus. Der entstehende Winkel heißt Mittelpunktswinkel.

12 Körper

Da wir in einer dreidimensionalen Welt leben, haben wir es meistens mit Körpern zu tun. Diese Körper unterscheiden sich in ihrer Größe, Farbe, Gewicht usw. In der Geometrie kommt es jedoch nur auf die Form der Körper an.

Ein Körper ist ein dreidimensionaler Gegenstand, der durch Flächen begrenzt wird. Die Begrenzungsflächen, auch Oberflächen genannt, können eben oder gekrümmt sein.

Geometrische Grundkörper:

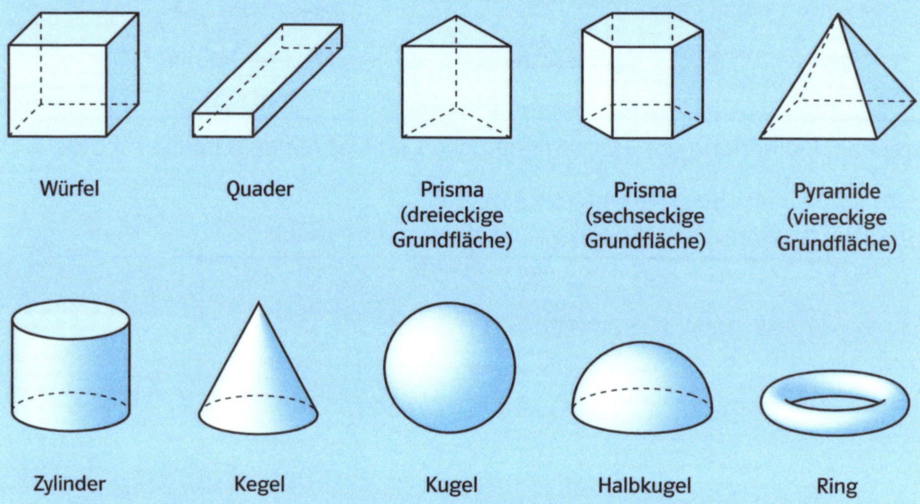

Die Stelle, an der zwei Flächen aufeinandertreffen, heißt Kante.
Die Stelle, an der mehrere Kanten aufeinandertreffen, nennt man Ecke.

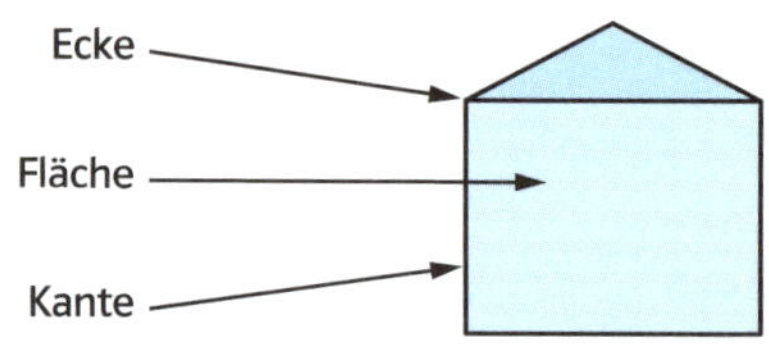

Kann man einen Körper entlang einer Kante aufschneiden und auf einer Fläche ausbreiten, so entsteht ein **Netz des Körpers.**

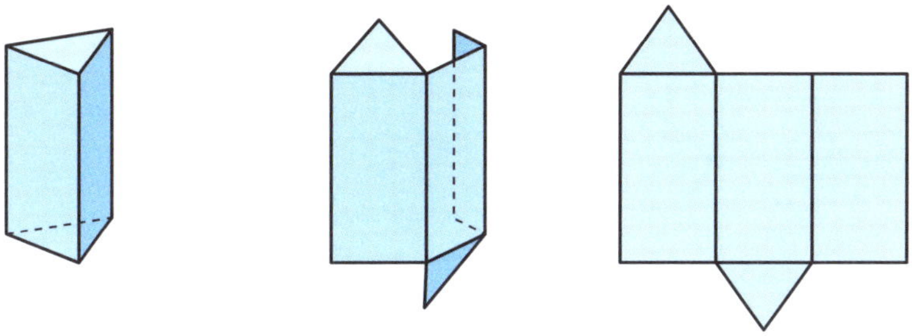

Prisma aufgeschnittenes Netz des Prismas

Durch Zusammensetzen der verschiedenen geometrischen Grundkörper kannst du neue Körper bilden.

Beispiel

a) Aus welchen Grundkörpern setzt sich das Haus zusammen?

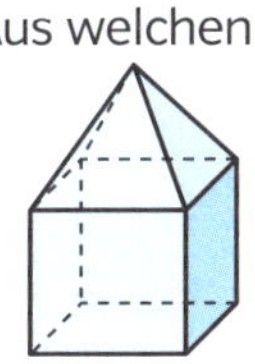

Das Haus setzt sich zusammen aus einem Würfel und einer Pyramide.

b) Aus welchen Grundkörpern setzt sich die Tasse zusammen?

Die Tasse besteht aus zwei Zylindern und einem Ring als Henkel.

Zusammenfassung

Ein Körper ist dreidimensional und wird durch Flächen begrenzt.
Treffen zwei Flächen aufeinander, so entsteht eine Kante.
Treffen mehrere Kanten aufeinander, so entsteht eine Ecke.
Kann man einen Körper aufschneiden und auf einer Fläche ausbreiten, so entsteht ein Netz des Körper.

Ein **Quader** ist ein Körper, der durch sechs Rechtecke begrenzt wird.
Er ist durch **Länge, Breite und Höhe** eindeutig bestimmt.

Quader

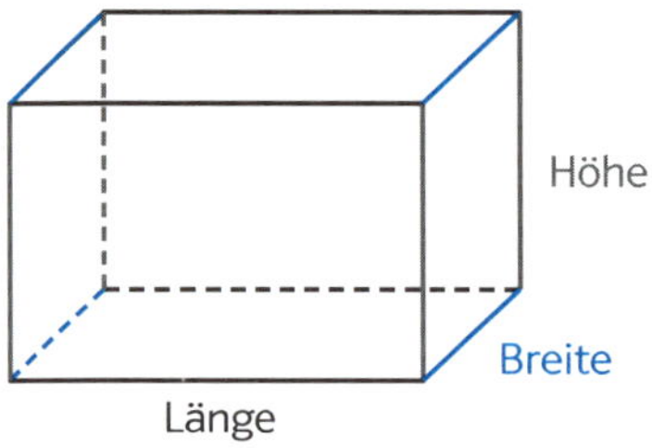

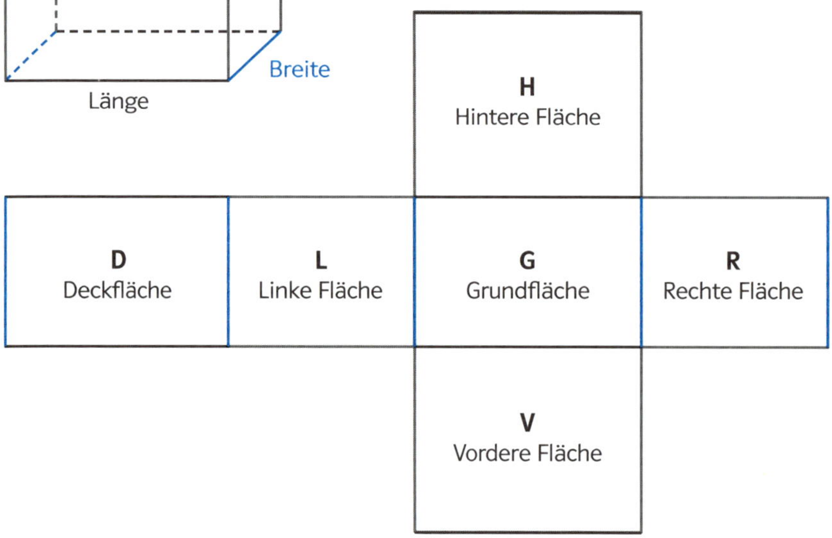

Eigenschaften eines Quaders:

- Ein Quader hat acht Ecken.
- Ein Quader hat zwölf Kanten.
  Jeweils vier Kanten sind parallel zueinander. Diese parallelen Kanten sind alle gleich lang.
  Benachbarte Kanten sind orthogonal zueinander.
- Ein Quader wird durch 6 Rechtecke begrenzt.
  Gegenüberliegende Rechtecke sind gleich groß (siehe Netz des Quaders).

Ein Spezialfall eines Quaders ist der **Würfel**.
Er wird von sechs quadratischen Flächen begrenzt.

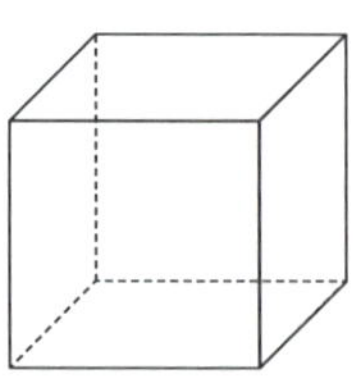

Einen gezeichneten Körper kann man sich am besten vorstellen, wenn man ihn als **Schrägbild** zeichnet.

Zeichnen eines Schrägbildes:

- Du beginnst mit der Vorderseite deines Quaders. Diese wird in der wahren Größe gezeichnet.
- Als Nächstes zeichnest du die nach hinten laufenden Kanten, also die Breite deines Quaders. Damit die Zeichnung echter aussieht, zeichnet man diese Kanten schräg nach hinten laufend und verkürzt. Man verwendet dabei für 1 cm Seitenlänge eine Kästchendiagonale. Die nach hinten laufenden Kanten, die man nicht sieht, werden gestrichelt gezeichnet.
- Verbindest du nun die Endpunkte deiner nach hinten laufenden Kanten miteinander, entsteht dabei die Rückseite deines Quaders. Auch hier zeichnest du die nicht sichtbaren Kanten gestrichelt.

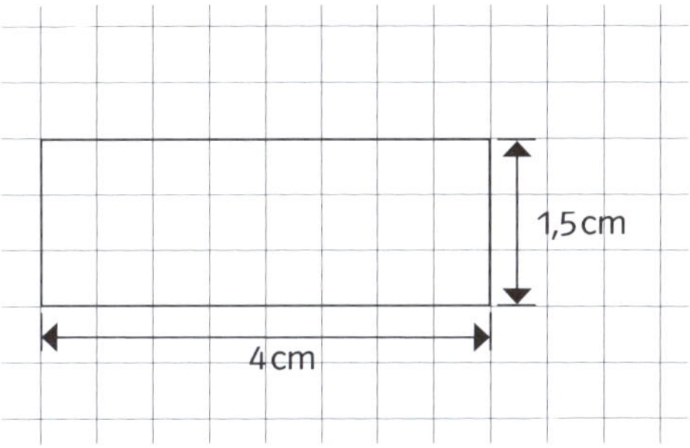

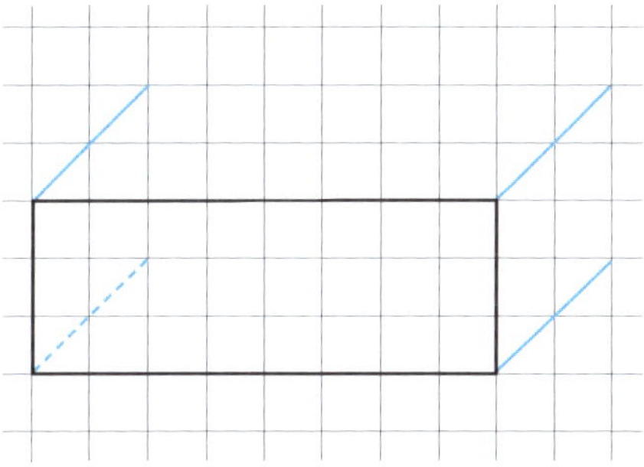

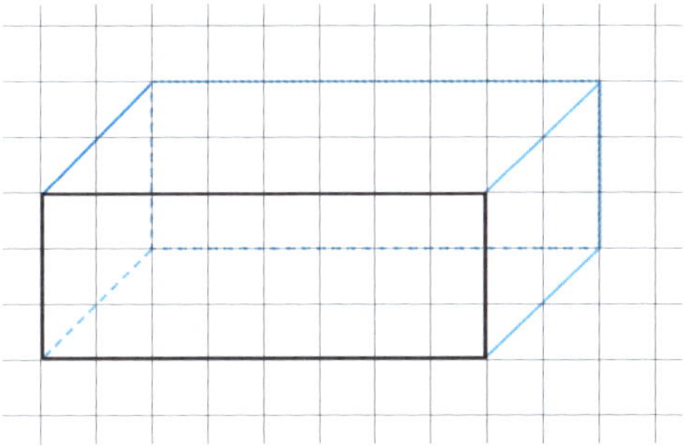

Zusammenfassung

Ein Quader ist ein geometrischer Körper mit acht Eckpunkten, zwölf Kanten und sechs rechteckigen Flächen.
Ein Würfel ist ein Spezialfall eines Quaders. Er besteht aus sechs quadratischen Flächen.
Zur räumlichen Darstellung eines Quaders kann man ein Schrägbild zeichnen.

Anteile kann man z. B. als Brüche oder in Prozent angeben:

$\frac{1}{4}$ bedeutet z. B. $\frac{1}{4}$ eines ganzen Kuchens oder in Prozent 25 % eines ganzen Kuchens.

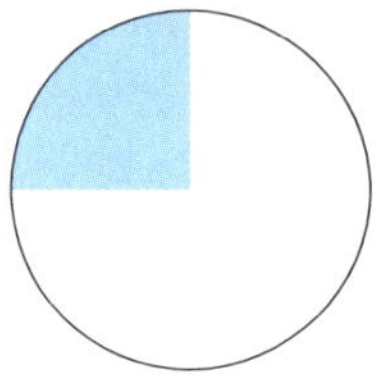

$\frac{1}{4}$

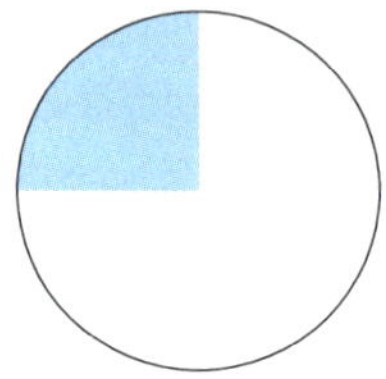

25 %

Für 25 % schreibt man auch $\frac{25}{100} = \frac{1}{4}$.

Allgemein gilt: $\mathbf{p\,\% = \frac{p}{100}}$

Tipp: Kann man bei einem Bruch den Nenner nicht auf 100 erweitern, so dividiert man den Zähler durch den Nenner und erhält so die Prozentangabe.

Wichtige Grundbegriffe

Bruchrechnung:	$\frac{3}{4}$	von	100 g	sind	75 g
	↑		↑		↑
	Anteil		Ganzes		Anteil am Ganzen
Prozentrechnung:	75 %	von	100 g	sind	75 g
	↑		↑		↑
	Prozentsatz		Grundwert		Prozentwert
	p %		G		W

Dabei entspricht der Grundwert G dem Ganzen bzw. der Gesamtmenge.
Die Gesamtmenge entspricht immer 100 %.

Berechnung des Prozentwertes

Wie viel sind 30 % von 270?

$W = 30\,\% \cdot 270 = \frac{30}{100} \cdot 270 = 81$

Allgemein:

Wie viel sind p % von G?

$$W = p\,\% \cdot G = \frac{p}{100} \cdot G = \frac{p \cdot G}{100}$$

Tipp: Du kannst den Prozentwert auch mithilfe des Dreisatzes berechnen.

Berechnung des Prozentsatzes

Wie viel Prozent sind 40 von 200?

$p = \frac{40}{200} \cdot 100 = 20$ bzw. $p\,\% = \frac{40}{200} \cdot 100\,\% = 20\,\%$

Allgemein:

Wie viel Prozent sind W von G?

$p = \frac{W}{G} \cdot 100$ bzw. $p\,\% = \frac{W}{G} \cdot 100\,\%$

Berechnung des Grundwertes

Wie groß ist der Grundwert, wenn 20 % vom Grundwert 48 beträgt?

$$G = 48 : 20\,\% = 48 : \frac{20}{100} = 48 \cdot \frac{100}{20} = 240$$

Allgemein:

Wie hoch ist G, wenn p % von G gleich W ist?

$$G = W : p\,\% = W : \frac{p}{100} = W \cdot \frac{100}{p}$$

Zusammenfassung

In der Prozentrechnug gibt es folgende Grundbegriffe:
Prozentsatz p %; Prozentwert W; Grundwert G.

Es gilt:	Prozentwert W:	$W = p\,\% \cdot G = \frac{p}{100} \cdot G = \frac{p \cdot G}{100}$
	Prozentsatz p %:	$p\,\% = \frac{W}{G} \cdot 100\,\%$
	Grundwert G:	$G = \frac{W}{p\,\%} = W \cdot \frac{100}{p}$

Grundbegriffe der Zinsrechnung
Willst du die Zinsen für einen Monat oder ein Jahr berechnen, so gehst du wie bei der Prozentrechnung vor. Es werden nur andere Begriffe verwendet:

Prozentrechnung	Zinsrechnung
Grundwert G	Guthaben oder Kapital K
Prozentwert W	Zinsen Z
Prozentsatz p %	Zinssatz p %

Der Zinssatz p % gibt an, um welchen prozentualen Anteil das Kapital in einem Jahr wächst.
Berechnet man das Kapital für mehrere Jahre, so werden am Ende eines Jahres die Zinsen berechnet und dem Guthaben hinzugefügt. Werden diese Zinsen im darauffolgenden Jahr auch mit verzinst, spricht man von **Zinseszinsen**.

Berechnung der Zinsen

$Z = K \cdot p\,\% = K \cdot \frac{p}{100}$

Karin hat am Anfang des Jahres auf ihrem Sparbuch ein Kapital von 500 €. Der Zinssatz beträgt 3,5 %.

a) Wie viele Zinsen erhält sie am Jahresende?
b) Wie viele in einem Monat?
Gegeben: K = 500 €; p % = 3,5 %

a) Gesucht: Z

$Z = K \cdot \frac{p}{100} = 500\,€ \cdot \frac{3{,}5}{100} = 17{,}50\,€$

Am Jahresende erhält sie 17,50 € Zinsen.

b) Gesucht: Zinsen für einen Monat
17,50 € : 12 = 1,46 €
Sie erhält jeden Monat 1,46 € an Zinsen.

Berechnung des Kapitals

$K = \frac{Z}{p\%} = Z \cdot \frac{100}{p}$

Berechnung des Zinssatzes p% und der Zinszahl p

$p\% = \frac{Z}{K}$ $\quad$ $p\% = \frac{Z}{K} \cdot 100$

Beispiel

Gregor legt 4000 € für 5 Jahre an. Für die ersten beiden Jahre erhält er 2 % Zinsen, für die restliche Zeit 4 %. Wie hoch ist dein Kapital nach 5 Jahren?

Gegeben: K = 4 000 €; Zinsen für Jahr 1 und 2: p % = 2 %; Zinsen für das Jahr 3, 4 und 5: p % = 4 %
Gesucht: K nach 5 Jahren

Zinsen und Kapital nach einem Jahr:

$Z_1 = K \cdot \frac{p}{100} = 4\,000\,€ \cdot \frac{2}{100} = 80\,€,\qquad K_1 = 4\,000\,€ + Z_1 = 4\,080\,€$

Zinsen und Kapital nach zwei Jahren:

$Z_2 = K_1 \cdot \frac{p}{100} = 4\,080\,€ \cdot \frac{2}{100} = 81{,}60\,€,\qquad K_2 = K_1 + Z_2 = 4\,161{,}60\,€$

Zinsen und Kapital nach 3 Jahren:

$Z_3 = K_2 \cdot \frac{p}{100} = 4\,161{,}60\,€ \cdot \frac{4}{100} = 166{,}46\,€,\quad K_3 = K_2 + Z_3 = 4\,328{,}06\,€$

Zinsen und Kapital nach 4 Jahren:

$Z_4 = K_3 \cdot \frac{p}{100} = 4\,328{,}06\,€ \cdot \frac{4}{100} = 173{,}12\,€,\quad K_4 = K_3 + Z_4 = 4\,501{,}18\,€$

Zinsen und Kapital nach 5 Jahren:

$Z_5 = K_4 \cdot \frac{p}{100} = 4\,501{,}18\,€ \cdot \frac{4}{100} = 180{,}05\,€,\quad K_5 = K_4 + Z_5 = 4\,681{,}23\,€$

Georg hat nach 5 Jahren ein Kapital von 4 681,23 €.

Zusammenfassung

In der Zinsrechnung geht man genauso vor wie in der Prozentrechnung. Es werden jedoch andere Begriffe verwendet. Dem Guthaben oder Kapital entspricht der Grundwert, den Zinsen der Prozentwert und dem Zinssatz der Prozentsatz. Werden Zinsen im nächsten Jahr mitverzinst, so spricht man von Zinseszinsen.

Terme mit mehreren Variablen

Unter einem **Term** versteht man einen sinnvollen Rechenausdruck, der neben Rechenzeichen und Zahlen auch Buchstaben als Platzhalter, sog. Variablen, enthalten kann. Setzt man für diese Variablen Zahlen ein, so erhält man als Ergebnis den Wert des Terms.
Es gelten die gleichen Rechenregeln bei Termen mit einer Variablen wie bei Zahltermen:

1. Klammern werden zuerst berechnet.
2. Es gilt Potenz- vor Punkt- vor Strichrechnung.
3. Bei Termen ohne Klammern rechnet man von links nach rechts.

Enthält der Term mehrfach die gleiche Variable, so setzt man für diese immer die gleiche Zahl ein.
Enthält der Term verschiedene Variablen, so kann man für diese unterschiedlichen Variablen auch unterschiedliche Zahlen einsetzen.

Tipp: Zwischen den Zahlen und den Variablen dürfen die Malpunkte weggelassen werden: $5 \cdot x = 5x$

Beispiel

1. Berechne den Term.

   $-45x + (x + y) + 36y$ für $x = 1$ und $y = 2$
   $-45 \cdot 1 + (1 + 2) + 36 \cdot 2 = -45 + 3 + 72 = 30$

2. Stelle einen Term auf.

   Addiere x zur Summe aus 7 und 8.
   $(7 + 8) + x = 15 + x$

Zusammenfassung

Terme sind Rechenausdrücke. Terme können auch Platzhalter (Variablen) enthalten. Durch Einsetzen von Zahlen für die Variablen erhält man den Wert des Terms. Für gleiche Variablen muss man die gleiche Zahl einsetzen.

Setzt man in zwei Terme jeweils die gleiche Zahl für die Variable ein und erhält in beiden Fällen den gleichen Wert, so sagt man: Die beiden Terme sind **gleichwertig** oder **äquivalent**.
Einen Term formt man so um, dass der ursprüngliche Term und der umgeformte Term gleichwertig sind.

Rechenregeln:

- Gleiche Variablen können miteinander addiert oder voneinander subtrahiert werden. Dazu addiert bzw. subtrahiert man die **Koeffizienten.**
  Bsp.: $3a + 5a = 8a$ $\qquad$ $5a + 4b + 2b + a = 6a + 6b$
  ↑ ↑
  Koeffizient
- Variablen können multipliziert und dividiert werden. Dazu multipliziert bzw. dividiert man die Koeffizienten und die Variablen.
  Bsp.: $5a \cdot 7b = 5 \cdot 7 \cdot a \cdot b = 35ab$
- **Kommutativgesetz:** $a + b = b + a$ bzw. $a \cdot b = b \cdot a$
- **Assoziativgesetz:** $(a + b) + c = a + (b + c)$ bzw. $(a \cdot b) \cdot c = a \cdot (b \cdot c)$
- **Distributivgesetz:** $a \cdot (b + c) = a \cdot b + a \cdot c$ bzw. $a \cdot (b - c) = a \cdot b - a \cdot c$

Beispiel

Vereinfache folgenden Term.

$x + y \cdot 4 \cdot 3 - 6y + 6 \cdot 4 - 2x = x + 12y - 6y + 24 - 2x$ (*Vereinfachen*)
$= x - 2x + 12y - 6y + 24$ (*Ordnen*)
$= -x + 6y + 24$ (*Zusammenfassen*)

Zusammenfassung

Zwei Terme, die beim Einsetzen der gleichen Zahl für die gleiche Variable denselben Wert besitzen, nennt man gleichwertig oder äquivalent.
Rechenregeln:

- Gleiche Variablen dürfen miteinander addiert und voneinander subtrahiert werden.
- Variablen dürfen multipliziert und dividiert werden.
- Es gilt das Kommutativ-, Assoziativ- und Distributivgesetz.

Zum Lösen von Gleichungen benutzt man sogenannte **Äquivalenzumformungen.** Das sind Umformungen, bei denen die Lösung der Gleichung erhalten bleibt und keine weiteren Lösungen hinzugefügt werden. Die ursprüngliche Gleichung ist dann gleichwertig oder äquivalent zur umgeformten Gleichung.

Äquivalenzumformungen
- Addieren bzw. Subtrahieren der gleichen Zahl oder des gleichen Terms auf beiden Seiten.
- Multiplizieren bzw. Dividieren von beiden Seiten mit dem gleichen Faktor bzw. Divisor. Diese Zahl darf jedoch nicht null betragen.

Beispiel

Löse die Gleichung $5\cdot(2v-7)=4v-17$ durch Äquivalenzumformungen.

$$
\begin{aligned}
5\cdot(2v-7) &= 4v-17 && \mid \text{Ausmultiplizieren}\\
10v-35 &= 4v-17 && \mid -4v\\
6v-35 &= -17 && \mid +35\\
6v &= 18 && \mid :6\\
v &= 3 && L=\{3\}
\end{aligned}
$$

Eine Probe kann dir zeigen, ob du die Gleichung richtig gelöst hast.

Probe:

Dazu setzt du dein Ergebnis, hier $v=3$, in die ursprüngliche Gleichung ein:

$$
\begin{aligned}
5\cdot(2\cdot3-7) &= 4\cdot3-17\\
5\cdot(6-7) &= 12-17\\
5\cdot(-1) &= -5\\
-5 &= -5
\end{aligned}
$$

Da für $v=3$ beide Seiten das gleiche Ergebnis liefern, ist die Gleichung richtig gelöst.

Zusammenfassung

Gleichungen löst man mithilfe von Äquivalenzumformungen.
Äquivalenzumformungen sind:
- beide Seiten mit der gleichen Zahl oder dem gleichen Term addieren bzw. subtrahieren,
- beide Seiten mit der gleichen Zahl (ungleich null) multiplizieren bzw. dividieren.

Ungleichungen werden bis auf eine Ausnahme mit den gleichen Äquivalenzumformungen gelöst wie Gleichungen.
Ausnahme:
Multipliziert oder dividiert man eine Ungleichung mit einer negativen Zahl, so muss man das **Ungleichheitszeichen umdrehen**.

Ungleichungen können mehrere Lösungen besitzen. Diese Lösungen schreibt man als Lösungsmenge. Eine Lösungsmenge kann man an einer Zahlengeraden veranschaulichen.

Beispiel

Bestimme die Lösungen der Ungleichungen und veranschauliche die Lösungsmenge an einer Zahlengeraden.

$$\begin{aligned} 22a+21-20a &< -13+20-5a && \mid \text{Zusammenfassen} \\ 2a+21 &< 7-5a && \mid +5a \\ 7a+21 &< 7 && \mid -21 \\ 7a &< -14 && \mid :7 \\ a &< -2 \end{aligned}$$

Lösungsmenge: $L = \{a \in \mathbb{Q} \mid a < -2\}$
Lösungen sind alle rationalen Zahlen kleiner als −2.

Zusammenfassung

Ungleichungen löst man wie Gleichungen mittels Äquivalenzumformungen. Dabei ist Folgendes zu beachten: Multipliziert oder dividiert man beide Seiten der Ungleichung mit einer negativen Zahl, so dreht sich das Ungleichheitszeichen um.

15 Funktionen

Lern-Video

Beide Schaubilder zeigen eine Zuordnung, aber nur links ist der Graph einer Funktion dargestellt.

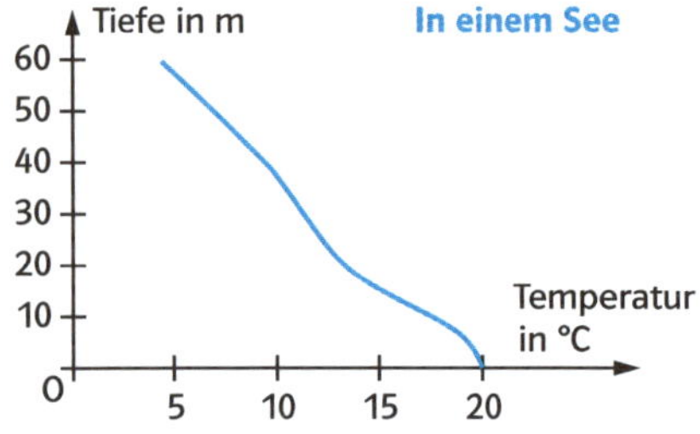

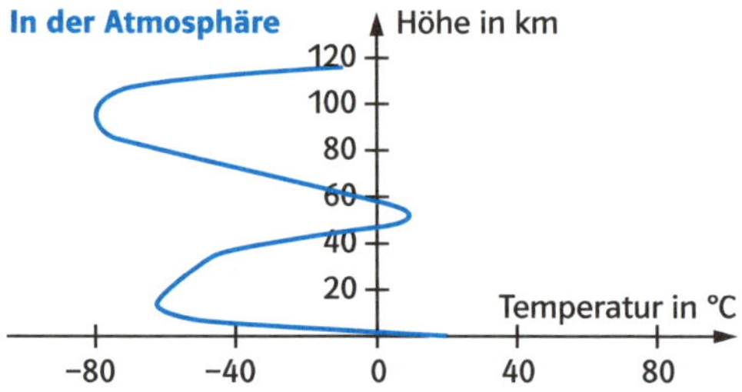

Wird bei einer Zuordnung x → y jeder Größe (Zahl) x **genau eine** Größe (Zahl) y zugeordnet, so nennt man diese Zuordnung auch **Funktion f**.
Die Menge aller Größen x nennt man **Definitionsmenge D**.
Die einer Größe x zugeordnete Größe y heißt **Funktionswert**.
Die Menge aller Funktionswerte nennt man **Wertemenge W**.

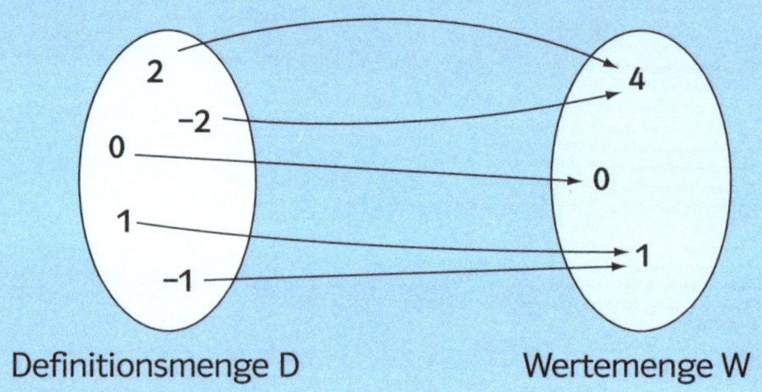

Die Darstellung einer Funktion kann auf unterschiedliche Weise erfolgen:

- Zuordnungsvorschrift oder Funktionsgleichung
  Dabei sollte immer die Definitionsmenge angegeben werden.
- Wertetabelle
- Diagramm
  Die Funktion wird durch einen Graphen im Koordinatensystem dargestellt.

Beispiel

Zuordnungsvorschrift: $x \rightarrow 2x$
Funktionsgleichung: $y = 2x$
Definitionsmenge D: $D = \mathbb{Q}$

Wertetabelle:

x	**−2**	**−1**	**0**	**1**	**2**	**3**
y	**−4**	**−2**	**0**	**2**	**4**	**6**

Graph der Funktion y = 2x:

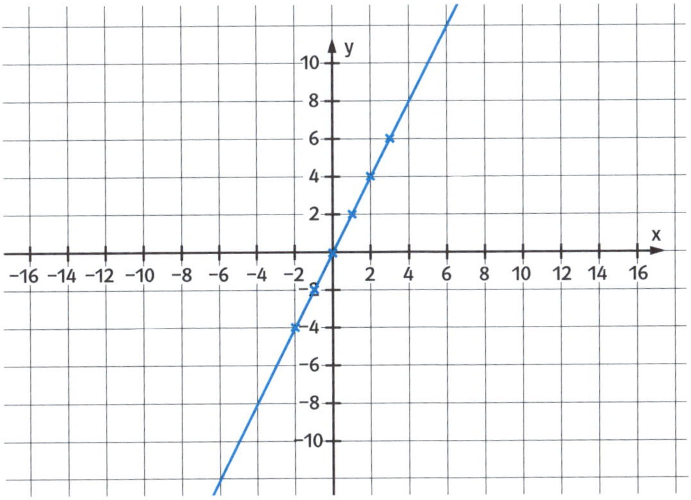

Zusammenfassung

Bei einer Funktion wird jeder Größe x aus der Definitionsmenge D genau eine Größe y aus der Wertemenge W zugeordnet.
Funktionen kann man durch eine Zuordnungsvorschrift, eine Funktionsgleichung, eine Wertetabelle oder einen Graphen darstellen.

Proportionale Funktionen kennst du schon als proportionale Zuordnungen. Im Folgenden erfährst du, wie man sie als Zuordnungsvorschrift oder Funktionsgleichung darstellt.
Proportionale Funktionen haben die gleichen Eigenschaften wie proportionale Zuordnungen:

- Verdoppelt (verdreifacht, vervierfacht, …) man den x-Wert, so verdoppelt (verdreifacht, vervierfacht, …) sich auch der y-Wert.
- Halbiert (drittelt, viertelt, …) man den x-Wert, so halbiert (drittelt, viertelt, …) sich auch der y-Wert.
- Dividiert man einen y-Wert durch den zugehörigen x-Wert (x darf nicht 0 sein), so hat der Quotient immer den gleichen Wert. Man sagt auch, die Wertepaare sind **quotientengleich.**

Funktionsgleichung

$$y = m \cdot x \qquad (m \neq 0)$$

Definitionsmenge: $D = \mathbb{Q}$

m heißt **Proportionalitätskonstante** und berechnet sich, indem man den y-Wert durch den zugehörigen x-Wert dividiert $\left(m = \frac{y}{x}\right)$.

Zeichnen des Graphen einer proportionalen Funktion

Der Graph einer proportionalen Funktion der Form $y = mx$ ist eine Gerade durch den Ursprung. Die Proportionalitätskonstante m nennt man auch die Steigung der Geraden.

a) Ist m positiv, so steigt die Gerade, z. B. $m = 4$, also $y = 4x$

Ausgangspunkt für deine Gerade ist der Ursprung. Von dort läufst du einen Schritt nach rechts und m Schritte nach oben.

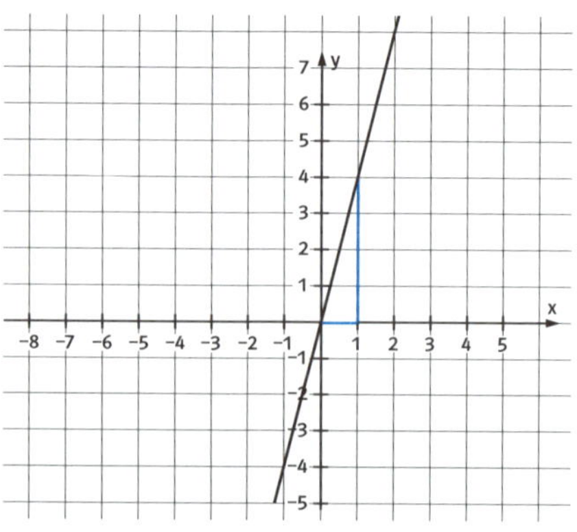

b) Ist m negativ, so fällt die Gerade, z. B. m = −2, also y = −2x

Auch hier ist der Ausgangspunkt der Ursprung. Nun läufst du einen Schritt nach rechts und m Schritte nach unten.

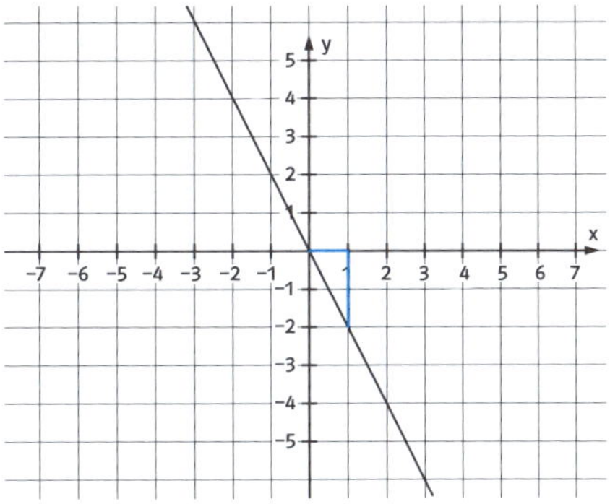

Zeichne folgende Graphen in ein Koordinatensystem:

Beispiel

a) $y = 5x$
b) $y = -3x$
c) $y = \frac{1}{4}x$
d) $y = -2{,}5x$

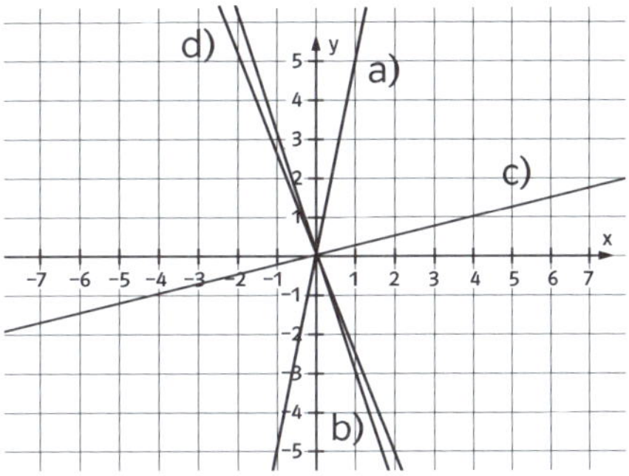

Zusammenfassung

Proportionale Funktionen haben die gleichen Eigenschaften wie proportionale Zuordnungen.
Die Funktionsgleichung lautet $y = m \cdot x$, wobei m die Steigung der Geraden ist.
m gibt an, ob die Gerade steigt ($m > 0$) oder fällt ($m < 0$).

Addiert man bei einer proportionalen Funktion zu jedem Funktionswert die gleiche Zahl c, so wird die Gerade parallel zur Geraden durch den Ursprung nach oben oder unten verschoben. Man erhält dann eine **lineare Funktion.**

Funktionsgleichung

$$y = m \cdot x + c$$

m ist die Steigung.
c heißt y-Achsenabschnitt, da die Gerade die y-Achse im Punkt P(0|c) schneidet.
Definitionsmenge: $D = \mathbb{Q}$

Zeichnen des Graphen einer linearen Funktion

Steigende Gerade: $y = 3x + 2$

Wir starten am Punkt P(0|2), der durch den y-Achsenabschnitt gegeben ist.
Von dort gehen wir einen Schritt nach rechts und m Schritte, also 3 Schritte, nach oben.

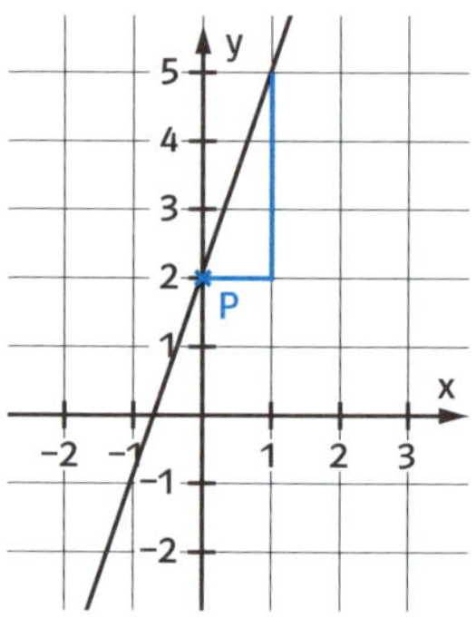

Bei einer proportionalen Funktion geht die Gerade immer durch den Ursprung. Bei einer linearen Funktion kann die Gerade durch den Ursprung laufen, muss es aber nicht. Also ist die proportionale Funktion ein Spezialfall der linearen Funktionen.

Zusammenfassung

Funktionsgleichung einer linearen Funktion:

$y = m \cdot x + c$

m ist die Steigung.
c heißt y-Achsenabschnitt, da die Gerade die y-Achse im Punkt P(0|c) schneidet.
Definitionsmenge: $D = \mathbb{Q}$

Geraden, welche die x- bzw. y-Achse beschreiben oder parallel zu einer der beiden Achsen sind, haben besondere Gleichungen.

Gleichung, die die x- bzw. y-Achse beschreibt:

- x-Achse: $y = 0$
  Jedem x-Wert wird der Funktionswert 0 zugeordnet.
- y-Achse: $x = 0$
  Die Gerade $x=0$ beschreibt keine Funktion, da zu dem x-Wert $x=0$ unendlich viele y-Werte gehören.

Gleichung der Geraden, die parallel zu einer der beiden Achsen sind:

- Gerade parallel zur x-Achse: $y = n$
  Jedem x-Wert wird der gleiche Funktionswert n zugeordnet.
- Gerade parallel zur y-Achse: $x = n$.

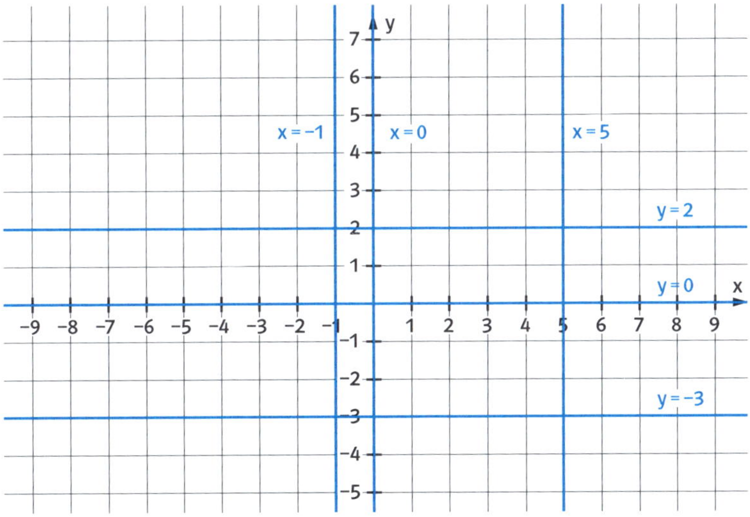

Zusammenfassung

Eine Gerade mit der Gleichung:
$y=0$ beschreibt die x-Achse.
$x=0$ beschreibt die y-Achse.
$y=n$ ist parallel zur x-Achse.
$x=n$ ist parallel zur y-Achse.

Eine Gleichung der Form $a \cdot x + b = 0$ oder $a \cdot x = c$ $(a \neq 0)$ heißt **lineare Gleichung**. Eine lineare Gleichung kann man rechnerisch mit Äquivalenzumformungen oder zeichnerisch mithilfe des Graphen einer linearen Funktion lösen.

Lösen einer linearen Gleichung: $3x - 4 = 2$

a) rechnerisch:

$3x - 4 = 2 \quad |+4$
$3x = 6 \quad |:3$
$x = 2$

b) zeichnerisch:

1. Schritt: Bringe die Gleichung auf die Form $a \cdot x + b = 0$.
   $3x - 4 = 2 \quad |-2$
   $3x - 6 = 0$

2. Schritt: Zeichne die lineare Funktion $y = a \cdot x + b$ in ein Koordinatensystem:

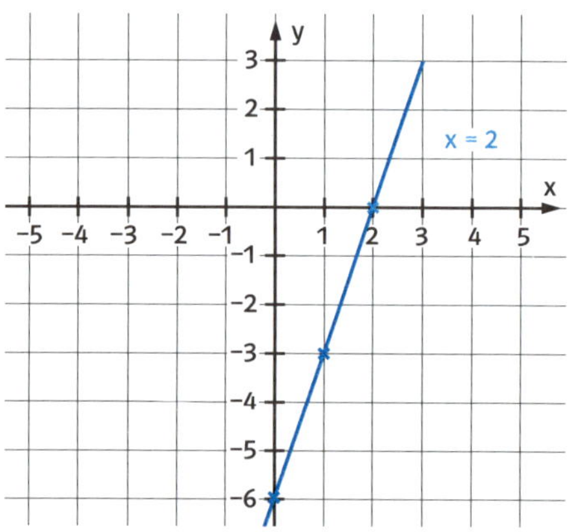

3. Schritt: Bestimme die Stelle x, an der die Gerade die x-Achse schneidet.
   Hier $x = 2$.

Zusammenfassung

Gleichungen der Form $a \cdot x + b = 0$ oder $a \cdot x = c$ $(a \neq 0)$ heißen lineare Gleichungen. Man kann sie mittels Äquivalenzumformungen oder mittels des Graphen einer linearen Funktion lösen.

Eine Gleichung der Form $a \cdot x + b \cdot y = c$ heißt **lineare Gleichung mit 2 Variablen.**

Eigenschaften:
- Die Lösung ist nicht eine einzelne Zahl, sondern ein Zahlenpaar (x; y).
- Es gibt unendlich viele Zahlenpaare als Lösung.
- Alle Zahlenpaare der Lösung sind Punkte in einem Koordinatensystem und liegen auf einer Geraden.

Lösungen einer linearen Gleichung mit 2 Variablen: $5x - 7y = 35$

1. Schritt: Bringe die Gleichung durch Äquivalenzumformungen auf die Form: $y = a \cdot x + b$
   Auf dieser Geraden liegen alle Lösungspaare der linearen Gleichung.

$5x - 7y = 35 \quad | -5x$
$-7y = -5x + 35 \quad | :(-7)$
$y = \frac{5}{7}x - 5$

2. Schritt: Setze für x eine beliebige Zahl ein und berechne den zugehörigen y-Wert. Dieses Zahlenpaar ist dann ein mögliches Lösungspaar.

Setzt man für x z. B. 7 ein, so lautet ein mögliches Zahlenpaar der Lösung: $y = \frac{5}{7} \cdot 7 - 5 = 0$; also (7; 0).

Setzt man für $x = 2$ ein, so gilt: $y = \frac{5}{7} \cdot 2 - 5 = \frac{10}{7} - \frac{35}{7} = -\frac{25}{7}$, also $(2; -\frac{25}{7})$.

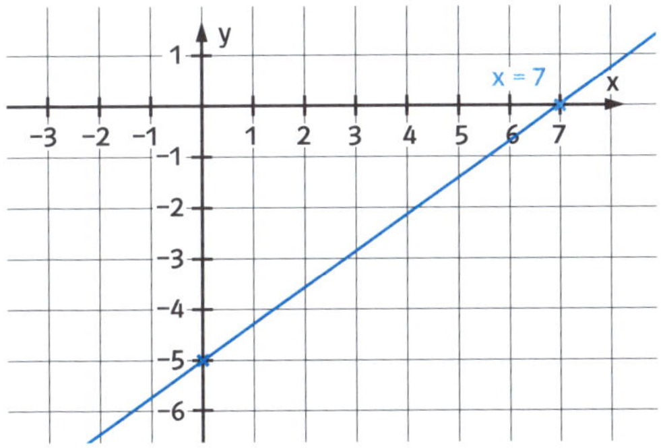

Die Gerade, auf der alle Lösungspaare liegen, lautet: $y = \frac{5}{7}x - 5$.

Zusammenfassung

Gleichungen der Form $a \cdot x + b \cdot y = c$ heißen lineare Gleichungen mit zwei Variablen.
Die Lösungsmenge besteht aus unendlich vielen Zahlenpaaren.
Alle Zahlenpaare liegen auf einer Geraden.

Zwei lineare Gleichungen mit denselben Variablen bilden ein **lineares Gleichungssystem**.

Zeichnerisches Verfahren zum Lösen eines linearen Gleichungssystems

1. Schritt: Stelle beide linearen Gleichungen in der Form $y = a \cdot x + b$ dar.

I. $5y - x = 5$
II. $4y - x - 2 = 0$

I. $y = \frac{1}{5}x + 1$
II. $y = \frac{1}{4}x + \frac{1}{2}$

2. Schritt: Zeichne beide Geraden in das Koordinatensystem ein.

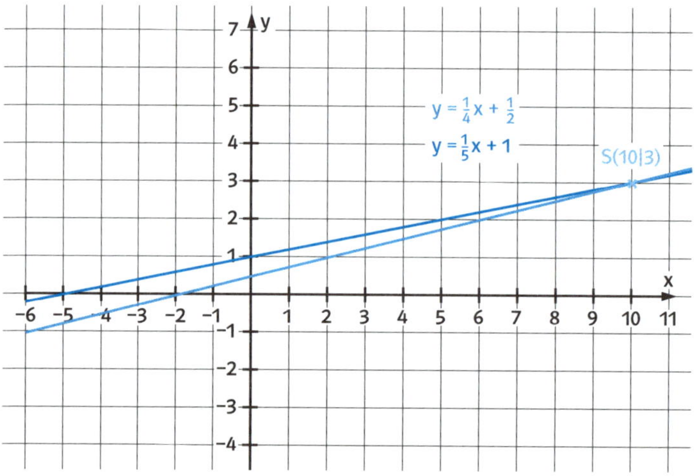

3. Schritt: Der Schnittpunkt S der beiden Geraden ist das gesuchte Zahlenpaar. Der obigen Zeichung entnimmt man: S (10|3).

4. Schritt: Führe eine Probe durch, indem du das Zahlenpaar in beide Gleichungen einsetzt.

Probe: Einsetzen von $x = 10$ und $y = 3$ in Gleichung I. $5y - x = 5$:

$$5 \cdot 3 - 10 = 5$$
$$15 - 10 = 5$$
$$5 = 5$$

Einsetzen von $x = 10$ und $y = 3$ in Gleichung II. $4y - x - 2 = 0$

$$4 \cdot 3 - 10 - 2 = 0$$
$$12 - 10 - 2 = 0$$
$$0 = 0$$

In beiden Fällen ist die Probe erfüllt, damit ist (10; 3) die Lösung des linearen Gleichungssystems.

Hinweis: Schneiden sich die beiden Geraden nicht, d. h. sind sie parallel, so hat das lineare Gleichungssystem keine Lösung.
Sind die beiden Geraden identisch, so hat das lineare Gleichungssystem unendlich viele Lösungen.

Zusammenfassung

Ein lineares Gleichungssystem besteht aus zwei linearen Gleichungen, die ein Zahlenpaar als Lösung haben können.
Graphisches Lösungsverfahren: Zeichne die Graphen der zugehörigen linearen Funktionen in ein Koordinatensystem. Der Schnittpunkt der beiden Graphen ist die gesuchte Lösung.
Ein lineares Gleichungssystem kann auch keine Lösung oder unendlich viele Lösungen besitzen.

Oft lassen sich die Lösungen von linearen Gleichungssystemen beim zeichnerischen Verfahren nicht exakt bestimmen.

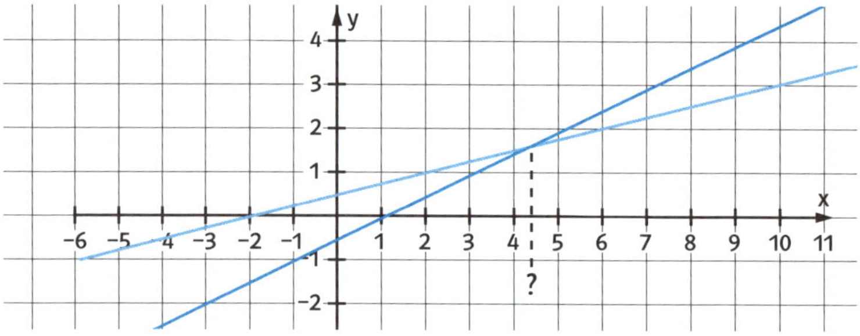

Um eine exakte Lösung zu bekommen, benutzt man rechnerische Methoden. Es gibt drei Verfahren, mit denen man lineare Gleichungssysteme lösen kann: **das Gleichsetzungs-, Einsetzungs- oder Additionsverfahren.**

Das Gleichsetzungsverfahren
Beim **Gleichsetzungsverfahren** löst man beide Gleichungen nach der gleichen Variablen auf und setzt die rechten Seiten dann gleich. Die so bestimmte Variable setzt man dann in eine der beiden ursprünglichen Gleichungen ein und bestimmt die zweite Variable.

Beispiel

I. $x - y = 6$
II. $\frac{2}{3}x - y = 1$

1. Schritt: Löse beide Gleichungen nach y auf.

I. $y = x - 6$
II. $y = \frac{2}{3}x - 1$

2. Schritt: Setze die beiden rechten Seiten gleich und löse sie nach x auf.

$x - 6 = \frac{2}{3}x - 1 \quad | -\frac{2}{3}x + 6$

$\frac{1}{3}x = 5 \quad |:\frac{1}{3}$

$x = 15$

3. Schritt: Setze $x = 15$ in Gleichung I ein und löse nach y auf.

$15 - y = 6$

$y = 9$ Lösungspaar: (15; 9)

Das Einsetzungsverfahren
Beim **Einsetzungsverfahren** löst du eine der beiden Gleichungen nach einer der beiden Variablen auf.
Dann setzt du den so erhaltenen Term für die Variable in die andere Gleichung ein und erhältst eine Gleichung mit nur einer Variablen.
Diese löst du nun nach der übrigen Variablen auf und setzt den erhaltenen Wert in eine der beiden ursprünglichen Gleichungen ein. So bestimmst du den Wert der zweiten Variablen.

Beispiel

I. $y - 3x = 8$
II. $x + y = 12$

1. Schritt: Löse Gleichung I nach y auf.

I. $y = 3x + 8$
II. $x + y = 12$

2. Schritt: Setze $y = 3x + 8$ in Gleichung II ein und löse sie nun nach x auf.

$$\begin{aligned} x + y &= 12 \\ x + (3x + 8) &= 12 \\ 4x + 8 &= 12 \\ x &= 1 \end{aligned}$$

3. Schritt: Setze $x = 1$ in Gleichung II ein und löse nach y auf.

$$\begin{aligned} 1 + y &= 12 \\ y &= 11 \end{aligned}$$

Lösungspaar: (1; 11)

Das Additionsverfahren

Beim **Additionsverfahren** addierst du die beiden Gleichungen so, dass eine der beiden Variablen dabei wegfällt. Dazu musst du manchmal vorher eine oder beide Gleichungen mit einer Zahl multiplizieren oder dividieren.
Nach der Addition erhältst du eine neue Gleichung mit nur einer Variablen, nach der du die Gleichung auflöst. Den erhaltenen Wert setzt du in eine der beiden ursprünglichen Gleichungen ein und bestimmst den Wert der zweiten Variablen.

Beispiel

I. $x + 1{,}5y = 2$
II. $-2x + 9y = 20$

1. Schritt: Multipliziere Gleichung I mit 2, damit bei der Addition die x-Variable wegfällt.
I. $2x + 3y = 4$
II. $-2x + 9y = 20$

2. Schritt: Addiere die beiden Gleichungen.
I. $2x + 3y = 4$
II. $-2x + 9y = 20$
$12y = 24$; also $y = 2$

3. Schritt: Setze $y = 2$ in Gleichung I ein und löse nach x auf.
$x + 1{,}5 \cdot 2 = 2$
$x + 3 = 2$; also $x = -1$

Lösungspaar: $(-1; 2)$

Bei allen drei Verfahren ist es sinnvoll, am Ende eine Probe zu machen.

Natürlich liefern diese drei Verfahren nicht immer eine Lösung, da es auch Gleichungssysteme ohne Lösung gibt.

Beispiel

I. $x - 2y = -4$
II. $2x = 4y + 2$

1. Schritt: Löse Gleichung I nach x auf.
I. $x = 2y - 4$
II. $2x = 4y + 2$

2. Schritt: Setze $x = 2y - 4$ in Gleichung II ein und löse sie nach y auf.

$$2(2y - 4) = 4y + 2$$
$$4y - 8 = 4y + 2 \quad | -4y$$
$$-8 = +2$$

Da es sich bei der letzten Gleichung um eine falsche Aussage handelt ($-8 \neq +2$), besitzt das lineare Gleichungssystem keine Lösung.

Zusammenfassung

Beim **Gleichsetzungsverfahren** löst man die rechten Seiten nach der gleichen Variablen auf und setzt sie anschließend gleich.
Die zweite Variable bestimmt man, indem man die zuerst berechnete Variable in eine der Ursprungsgleichungen einsetzt.

Beim **Einsetzungsverfahren** löst man eine der beiden Gleichungen nach einer Variablen auf und setzt den Term in die andere Gleichung ein. Dies führt zu einer Gleichung mit einer Variablen. Die so entstandene Gleichung löst man nach dieser Variablen auf.
Die zweite Variable bestimmt man, indem man die berechnete Variable in eine der Ursprungsgleichungen einsetzt.

Beim **Additionsverfahren** multipliziert oder dividiert man eine der beiden Gleichungen mit einer Zahl (ungleich 0), sodass bei Addition der Gleichungen eine der beiden Variablen wegfällt.
Danach löst man die neue Gleichung nach ihrer Variablen auf. Den Wert der Variablen setzt man in eine der beiden ursprünglichen Gleichungen ein und löst nach der anderen Variablen auf.

Das Gleichungssystem kann auch keine oder unendlich viele Lösungen besitzen.

Lern-Video

Die Normalparabel

Eine Funktion f mit der Gleichung $f(x) = ax^2 + bx + c \quad (a \neq 0)$ nennt man **quadratische Funktion**. Ihr Schaubild ist eine **Parabel**.

Die Definitionsmenge ist, wenn nicht anders angegeben, die Menge der reellen Zahlen $\mathbb{R}$.

Für a = 1 und b = 0 erhält man eine spezielle quadratische Funktion f mit der Gleichung $f(x) = x^2$ bzw. $y = x^2$, ihr Schaubild nennt man Normalparabel.

x	−4	−3	−2	−1	0	1	2	3	4
$y = x^2$	16	9	4	1	0	1	4	9	16

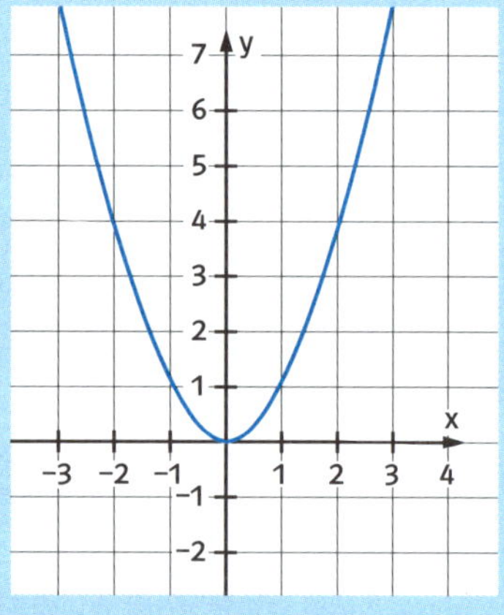

Eigenschaften der Normalparabel

- Das Schaubild der Normalparabel ist symmetrisch zur y-Achse.
- Der tiefste Punkt der Normalparabel hat die Koordinaten (0|0). Alle anderen Punkte der Normalparabel liegen oberhalb der x-Achse.
  Man nennt diesen tiefsten Punkt auch den **Scheitel der Normalparabel.**
- Für negative x-Werte ($x < 0$) fällt das Schaubild der Normalparabel.
  Für positive x-Werte ($x > 0$) steigt das Schaubild.
- Dem 2-, 3- bzw. n-fachen x-Wert wird der 4-, 9- bzw. n^2-fache y-Wert zugeordnet.

Für das Zeichnen einer Normalparabel existieren Schablonen. Hat man keine Schablone zur Hand, so kann man die Normalparabel ganz einfach zeichnen:

1. Zeichne ein Koordinatensystem.
2. Markiere den Scheitelpunkt S(0|0).
3. Gehe vom Scheitel aus eine Einheit nach rechts und eine Einheit nach oben. Das Gleiche machst du links vom Scheitel.
4. Gehe vom Scheitel aus zwei Einheiten nach rechts und vier Einheiten nach oben. Das Gleiche nach links.
5. Gehe vom Scheitel aus drei Einheiten nach rechts und neun Einheiten nach oben. Das Gleiche nach links.
6. …

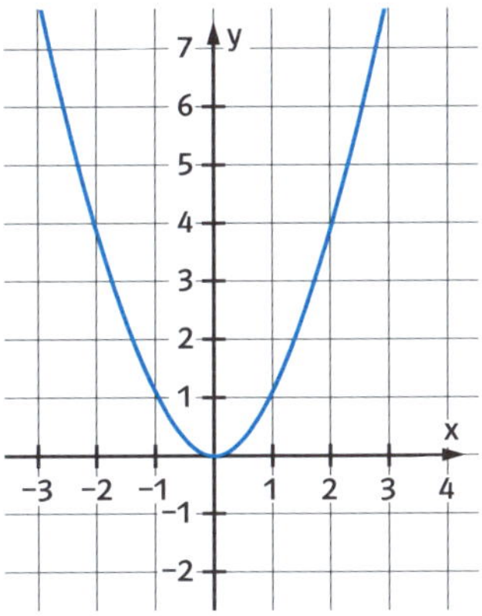

Zusammenfassung

Die Funktionsgleichung einer Normalparabel lautet: $y = x^2$.
Eigenschaften:
- Die Normalparabel ist symmetrisch zur y-Achse.
- Der Scheitel ist der tiefste Punkt S(0|0).
- Links vom Scheitel fällt das Schaubild, rechts vom Scheitel steigt es.

Verschieben der Normalparabel entlang der y-Achse

Der Graph der Funktionsgleichung $y = x^2 + e$ entsteht durch Verschieben der Normalparabel $y = x^2$ um die Strecke e entlang der y-Achse.

Ist **e positiv ($e > 0$)**, so wird die Normalparabel um e Einheiten **nach oben** verschoben.

Ist **e negativ ($e < 0$)**, so wird die Normalparabel um e Einheiten **nach unten** verschoben.

Die Parabel $y = x^2 + e$ hat die y-Achse als Symmetrieachse und den Punkt S(0|e) als Scheitel.

x	−4	−3	−2	−1	0	1	2	3	4
$y = x^2 + 2$	18	11	6	3	2	3	6	11	18
$y = x^2 - 2$	14	7	2	−1	−2	−1	2	7	14

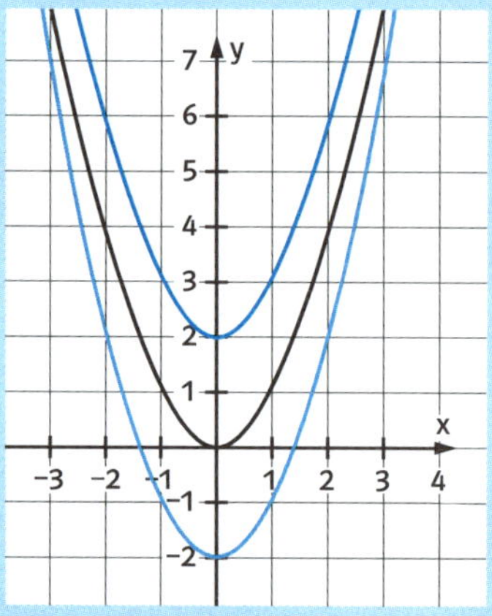

Hinweis: Verschiebt man eine Parabel in y-Richtung, so verändert sich der x-Wert des Scheitels nicht.

Verschieben der Normalparabel entlang der x-Achse
Der Graph der Funktionsgleichung $y = (x - d)^2$ entsteht durch Verschieben der Normalparabel $y = x^2$ um die Strecke d entlang der x-Achse.
Ist **d positiv ($d > 0$)**, so wird die Normalparabel um e Einheiten **nach links** verschoben.
Ist **d negativ ($d < 0$)**, so wird die Normalparabel um e Einheiten **nach rechts** verschoben.
Die Parabel $y = (x - d)^2$ hat die Gerade $x = d$ (Parallele zur y-Achse) als Symmetrieachse und den Punkt S(d|0) als Scheitel.

x	−4	−3	−2	−1	0	1	2	3	4
$y = (x - (-2))^2$	4	1	0	1	4	9	16	25	36
$y = (x - 2)^2$	36	25	16	9	4	1	0	1	4

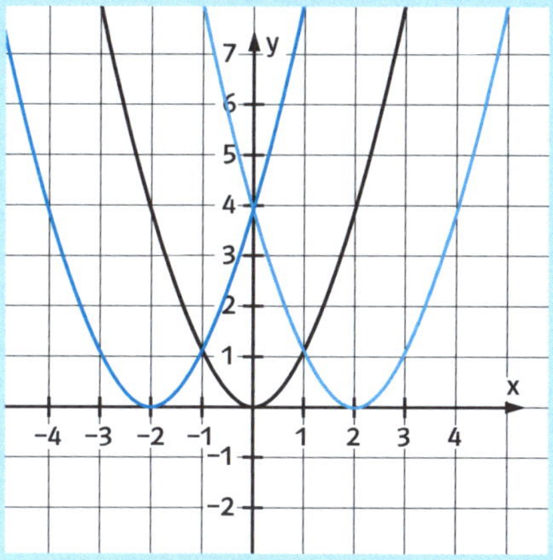

Hinweis: Verschiebt man eine Parabel in x-Richtung, so verändert sich der y-Wert des Scheitels nicht.

Zusammenfassung

Der Graph der Funktionsgleichung $y = x^2 + e$ entsteht durch Verschieben der Normalparabel entlang der y-Achse: bei positivem e nach oben, bei negativem e nach unten.
Der Graph der Funktionsgleichung $y = (x - d)^2$ entsteht durch Verschieben der Normalparabel entlang der x-Achse: bei positivem d nach rechts, bei negativem d nach links.

Strecken der Normalparabel

Der Graph der Funktionsgleichung $y = a \cdot x^2$ mit $(a > 0)$ entsteht durch Streckung mit dem Faktor a aus der Normalparabel.

Ist $a > 1$, so wird die Normalparabel **enger**.

Ist $0 < a < 1$, so wird die Normalparabel **weiter**.

Die Parabel $y = ax^2$ hat die y-Achse als Symmetrieachse und den Punkt S(0|0) als Scheitel.

x	−4	−3	−2	−1	0	1	2	3	4
$y = 2x^2$	32	18	8	2	0	2	8	18	32
$y = 0{,}5x^2$	8	4,5	2	0,5	0	0,5	2	4,5	8

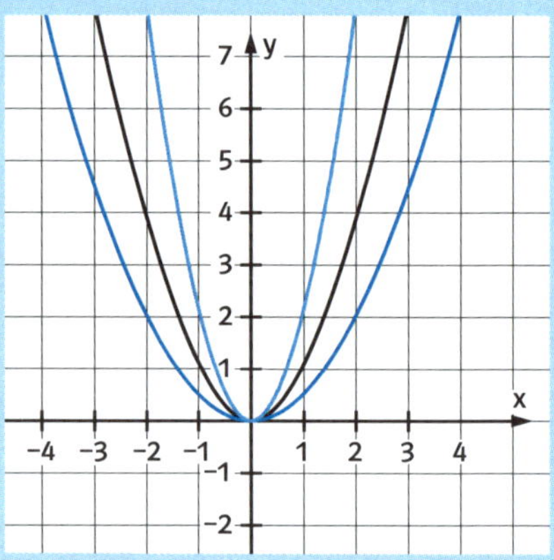

Spiegeln der Normalparabel
Ist bei einer Parabel $y = ax^2$ der Faktor a negativ, so entsteht ihr Schaubild durch Spiegelung der Parabel $y = ax^2$ an der x-Achse.

Eigenschaften der Parabel $y = ax^2$ ($a < 0$)
- Die Parabel ist nach unten geöffnet.
- Für **negative x-Werte steigt** die Parabel, für **positive x-Werte fällt** die Parabel.
- Der Scheitel S(0|0) ist der höchste Punkt der Parabel.

x	−4	−3	−2	−1	0	1	2	3	4
$y = 2x^2$	32	18	8	2	0	0	8	18	32
$y = -2x^2$	−32	−18	−8	−2	0	−2	−8	−18	−32

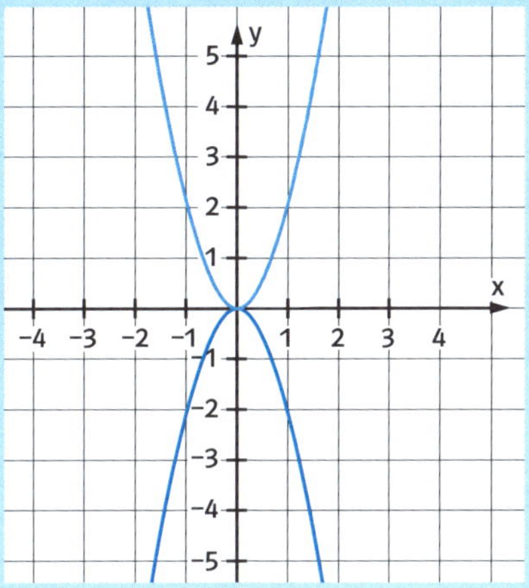

Zusammenfassung

Für den Graphen der Funktion $y = ax^2$ ($a \neq 0$) gilt:
- $a > 0$: Der Graph ist nach oben geöffnet. Für negative x-Werte fällt er, für positive x-Werte steigt er; der Scheitel ist der tiefste Punkt der Parabel; für $a < 1$ ist die Parabel weiter, für $a > 1$ ist sie enger als die Normalparabel.
- $a < 0$: Der Graph ist nach unten geöffnet. Für negative x-Werte steigt er, für positive x-Werte fällt er; der Scheitel ist der höchste Punkt der Parabel; für $a < -1$ ist die Parabel enger, für $a > -1$ ist sie weiter als die Normalparabel.

Parabeln

Das Schaubild der Funktion $y = a(x-d)^2 + e$ beschreibt eine **Parabel**.

Ist $a=1$, $d=0$ und $e=0$, so ist der Graph die Normalparabel.
Den Graphen der Gleichung $\mathbf{y=a(x-d)^2+e}$ erhält man aus der Normalparabel, indem man sie nacheinander
- um d Einheiten entlang der x-Achse verschiebt,
- mit dem Faktor a streckt bzw. spiegelt,
- um e Einheiten entlang oder parallel zur y-Achse verschiebt.

Den Scheitel der Parabel kann man an der Gleichung ablesen: **S(d|e)**.
Deshalb nennt man sie auch Scheitelform.

Beispiel Zeichne den Graphen $y=(x-4)^2+3{,}5$.

Der Scheitel des Graphen lautet S(4|3,5).
Es handelt sich um eine Normalparabel, die um 4 Einheiten nach rechts und um 3,5 Einheiten nach oben verschoben ist.

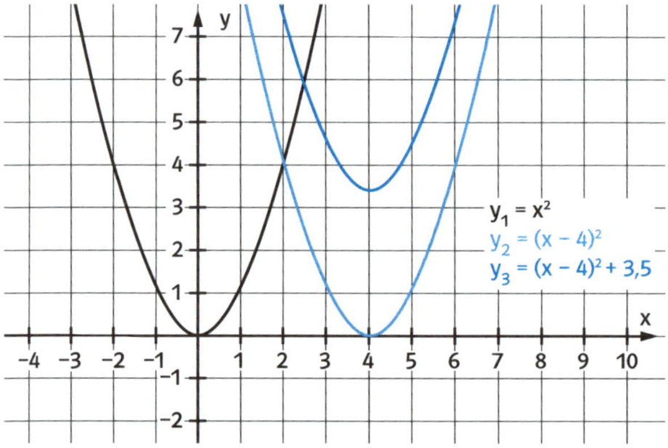

Die Scheitelform $y=a(x-d)^2+e$ liefert die gleiche Parabel wie die **Normalform**, $y = ax^2 + bx + c$ ($a \neq 0$). Will man bei der Normalform den Scheitel ablesen, muss man sie erst in die Scheitelform umwandeln.

Die Umwandlung geht ganz leicht, wenn man das Ergebnis der Umwandlung der Scheitelform in die Normalform kennt.

Umwandeln der Scheitelform in die Normalform

$$\begin{aligned} y &= a(x-d)^2+e \\ &= a(x^2-2dx+d^2)+e \qquad \text{(Binomische Formel!)} \\ &= ax^2-2adx+ad^2+e \\ &= ax^2 + bx + c \end{aligned}$$

Mit $b=-2ad$ und $c=ad^2+e$ kann man immer die Normalform in die Scheitelform umwandeln.

Beispiel

a) **Umwandeln der Scheitelform in die Normalform**

$$\begin{aligned} y &= 2\left(x-\tfrac{1}{2}\right)^2+\tfrac{3}{4} = 2\left(x^2-x+\tfrac{1}{4}\right)+\tfrac{3}{4} \\ &= 2x^2-2x+\tfrac{1}{2}+\tfrac{3}{4} = 2x^2-2x+\tfrac{5}{4} \end{aligned}$$

b) **Umwandeln der Normalform in die Scheitelform**

$y= 3x^2-6x+9$; $a=3$; $b=-6$; $c=9$

mit $b=-2ad$ folgt $-6=-2\cdot 3\cdot d$ und damit $d=1$
mit $c=ad^2+e$ folgt $9=3\cdot 1^2+e$ und damit $e=6$

$y=3(x-1)^2+6$

Zusammenfassung

Die Funktion f mit der Gleichung $f(x)=a(x-d)^2+e$ nennt man quadratische Funktion. Ihr Graph ist eine Parabel. Die Normalparabel ist ein Sonderfall einer quadratischen Funktion.
Den Graphen mit der Gleichung $y=a(x-d)^2+e$ erhält man aus der Normalparabel, indem man sie nacheinander
- um d Einheiten entlang der x-Achse verschiebt,
- mit dem Faktor a streckt, staucht bzw. spiegelt,
- um e Einheiten entlang oder parallel zur y-Achse verschiebt.
- Der Scheitel lautet S(d|e).

Eine Funktionn f mit der Gleichung $f(x) = x^n$ ($x \in R$; $n \in N$) heißt **Potenzfunktion.** Der Parameter n gibt den Grad der Potenzfunktion an.

Potenzfunktionen mit geraden Hochzahlen

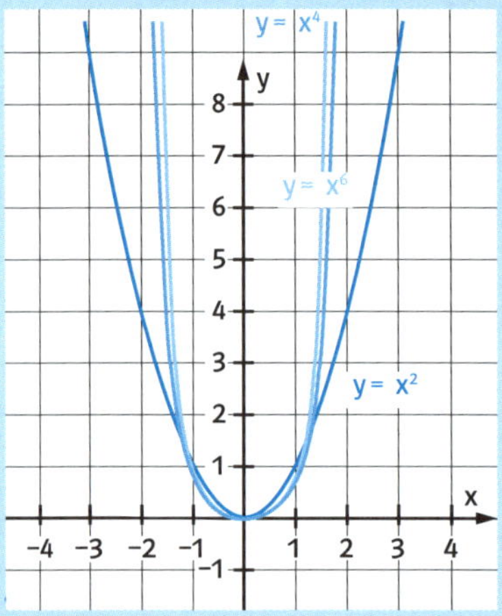

Eigenschaften:
- Scheitel S(0|0)
- gemeinsame Punkte P(−1|1) und Q(1|1)
- y-Achse ist Symmetrieachse

Potenzfunktionen mit ungeraden Hochzahlen

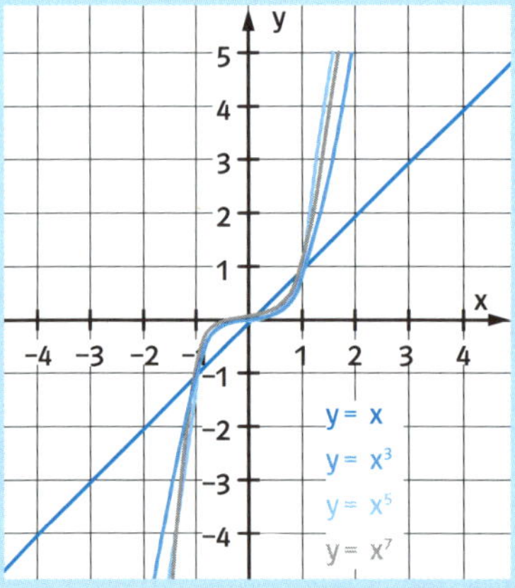

Eigenschaften:
- gemeinsame Punkte O(0|0), P(−1|1) und Q(1|1)
- punktsymmetrisch zum Ursprung

Zusammenfassung

Eine Funktion f mit der Gleichung $f(x) = x^n$ ($x \in R$; $n \in N$) heißt Potenzfunktion n-ten Grades. Man unterscheidet zwischen Potenzfunktionen mit geraden und ungeraden Hochzahlen.

Eine Funktion f mit der Gleichung **$f(x) = \sqrt{x}$** $(x \geq 0)$ heißt **Quadratwurzelfunktion.**

Anstelle $y = \sqrt{x}$ kann man die Quadratwurzelfunktion auch in Potenzschreibweise angeben. Die Potenzschreibweise lautet dann $y = x^{\frac{1}{2}}$

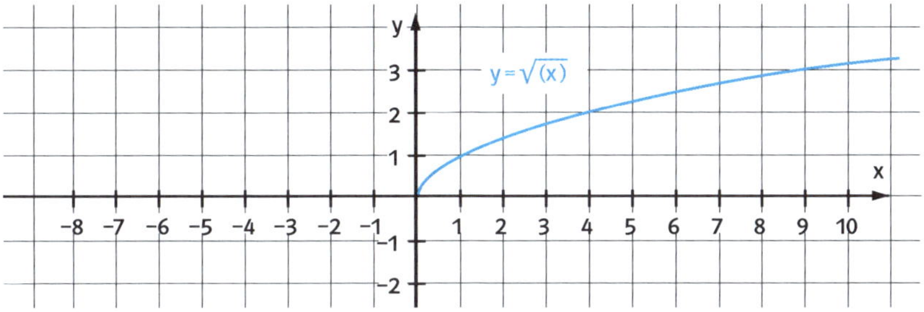

Die Quadratwurzelfunktion entsteht, indem man den rechten Ast der Normalparabel an der Geraden $y = x$ (auch 1. Winkelhalbierende genannt) spiegelt.

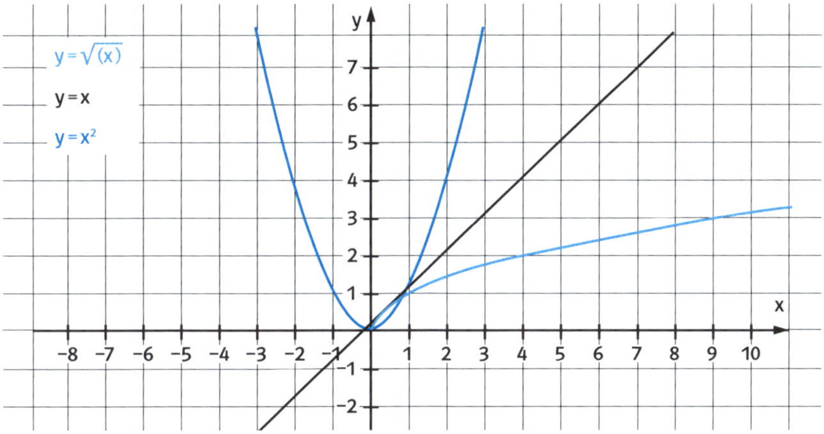

Zusammenfassung

Eine Funktion mit der Gleichung $f(x) = \sqrt{x}$ $(x \geq 0)$ heißt Quadratwurzelfunktion. Sie entsteht aus der Normalparabel, indem man den rechten Ast an der 1. Winkelhalbierenden spiegelt.

18 Quadratische Gleichungen

Eine Gleichung, die man mittels Umformungen auf die Form $ax^2+bx+c=0$ ($a \neq 0$) bringen kann, nennt man **quadratische Gleichung.**
ax^2 heißt quadratisches Glied, bx lineares Glied und c konstantes Glied.
Fehlt bei einer quadratischen Gleichung das lineare Glied, so nennt man sie **reinquadratische Gleichung:** $ax^2+c=0$.
Eine quadratische Gleichung mit linearem Glied nennt man auch **gemischtquadratische Gleichung:** $ax^2+bx+c=0$

Eine quadratische Gleichung kann keine, eine oder zwei Lösungen besitzen. Bisher können wir quadratische Gleichungen nur durch systematisches Probieren lösen.

Beispiel

Löse durch Probieren:
$x^2+x-2=0$

1. Umformen der Gleichung: $x^2+x-2=0 \quad |-x+2$
   $x^2=-x+2$

2. Gesucht ist eine Zahl x, deren Quadrat den gleichen Wert annimmt wie $-x+2$.

3. Tabelle:

x	−3	−2	−1	0	1	2
x^2	9	4	1	0	1	4
$-x+2$	5	4	3	2	1	0

4. Für $x=-2$ und $x=1$ nimmt x^2 den gleichen Wert an wie $-x+2$.

Zusammenfassung

Eine Gleichung $ax^2+bx+c=0$ heißt quadratische oder gemischtquadratische Gleichung.
Eine Gleichung $ax^2+c=0$ heißt reinquadratische Gleichung.
Beide Gleichungen kann man durch systematisches Probieren lösen.

Zum Lösen einer quadratischen Gleichung durch Zeichnen gibt es zwei Möglichkeiten:

1. Man zeichnet die zur quadratischen Gleichung gehörende quadratische Funktion und bestimmt ihre Nullstellen.
   Nullstellen sind die Stellen, an denen der Graph die x-Achse schneidet.

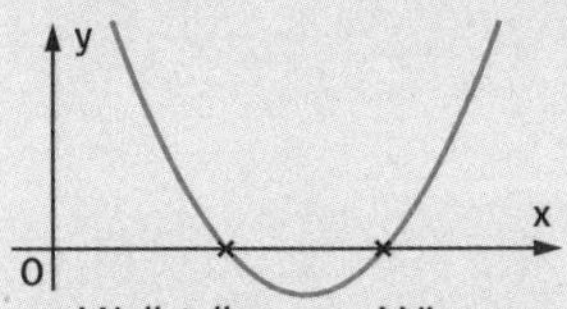

zwei Nullstellen – zwei Lösungen

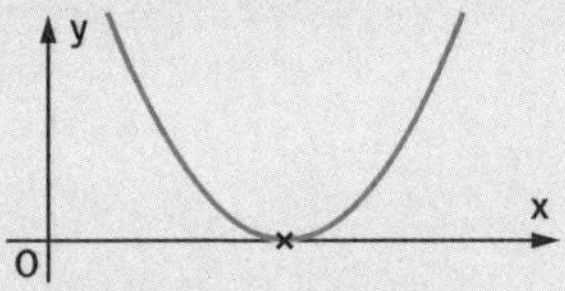

eine Nullstelle – eine Lösung

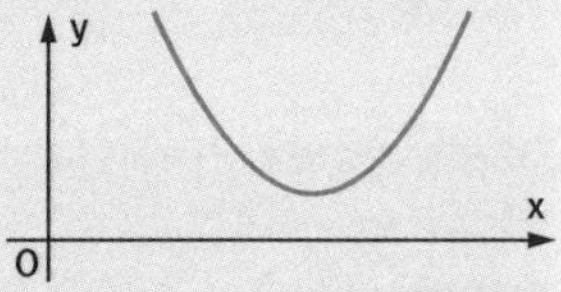

keine Nullstelle – keine Lösung

2. Man formt die quadratische Gleichung so um, dass auf der einen Seite x^2 alleine steht. So erhält man zwei Funktionen, die Normalparabel und eine lineare Funktion (Gerade). Nun zeichnet man beide Funktionen in ein Koordinatensystem. Die x-Werte der Punkte, an denen sich die Normalparabel und die Gerade schneiden, sind die gesuchten Lösungen.

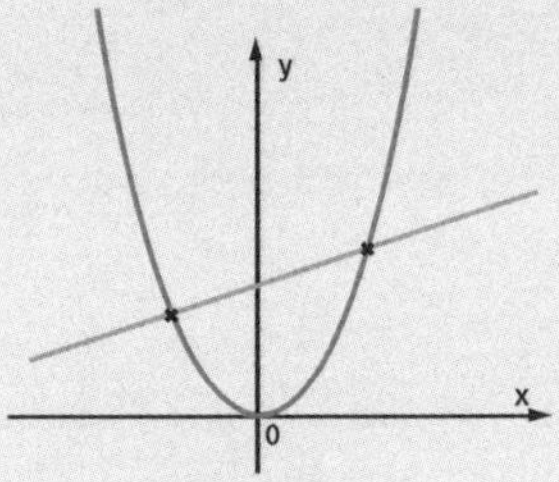

zwei Schnittpunkte – zwei Lösungen

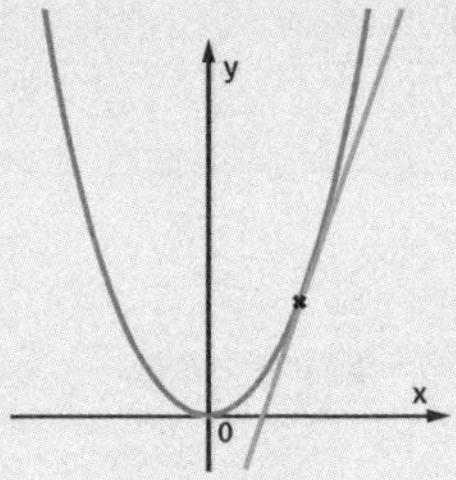

ein Schnittpunkt – eine Lösung

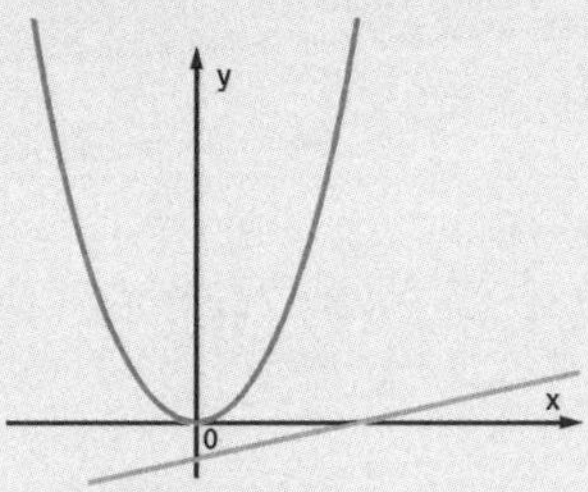

kein Schnittpunkt – keine Lösung

Zusammenfassung

Eine quadratische Gleichung kann auf zwei Arten zeichnerisch gelöst werden:
1. Man zeichnet die zugehörige quadratische Funktion und bestimmt die Nullstellen.
2. Man formt die Gleichung so um, dass auf der einen Seite die Gleichung der Normalparabel und auf der anderen Seite eine lineare Funktion steht. Dann zeichnet man beide Funktionen in ein Koordinatensystem. Der x-Wert der Schnittpunkte der beiden Funktionen ist die Lösung der Gleichung.

Zweigliedrige Terme, z. B. $a+b$ oder $a-b$, nennt man **Binome.** Multipliziert man mithilfe des Distributivgesetzes zwei Binome miteinander, so kann man diese zu einem quadratischen Term zusammenfassen.
Dies führt uns zu den **binomischen Formeln:**

1. binomische Formel: $(a+b)^2 = a^2 + 2ab + b^2$

Beweis:

$(a+b)^2 = (a+b)\cdot(a+b) = a^2 + ab + ba + b^2 = a^2 + 2ab + b^2$

2. binomische Formel: $(a-b)^2 = a^2 - 2ab + b^2$

Beweis:

$(a-b)^2 = (a-b)\cdot(a-b) = a^2 - ab - ba + b^2 = a^2 - 2ab + b^2$

3. binomische Formel: $(a+b)\cdot(a-b) = a^2 - b^2$

Beweis:

$(a+b)\cdot(a-b) = a^2 - ab + ba - b^2 = a^2 - b^2$

Beachte: Folgende Formeln gelten **nicht**:

$(a+b)^2 \neq a^2 + b^2$
$(a-b)^2 \neq a^2 - b^2$

Beispiel

a) $(x+3)^2 = x^2 + 2\cdot x\cdot 3 + 3^2 = x^2 + 6x + 9$
b) $2x^2 - 32x + 128 = 2\,(x^2 - 16x + 64) = 2\cdot(x-8)^2$
c) $21^2 = (20+1)^2 = 20^2 + 2\cdot 20\cdot 1 + 1^2 = 400 + 40 + 1 = 441$

Zusammenfassung

1. binomische Formel: $(a+b)^2 = a^2 + 2ab + b^2$
2. binomische Formel: $(a-b)^2 = a^2 - 2ab + b^2$
3. binomische Formel: $(a+b)\cdot(a-b) = a^2 - b^2$

Lösen einer quadratischen Gleichung der Form $x^2 = r$, wobei $r \in \mathbb{R}$

Eine quadratische Gleichung kann keine, eine oder zwei Lösungen besitzen.
Die Gleichung $x^2 = r$ hat

- zwei Lösungen, wenn r positiv ist ($r > 0$). Die Lösungen sind $-\sqrt{r}$ und $+\sqrt{r}$, da $(-\sqrt{r})^2 = r$ und $\sqrt{r}^2 = r$.
- eine Lösung, wenn $r = 0$. Es gilt $x^2 = 0$ und damit $x = 0$.
- keine Lösung, wenn r negativ ist ($r < 0$). Die Lösungsmenge ist die leere Menge $L = \{\}$.

Beispiel

$x^2 = 4$

$x = -2$ und $x = 2$
$L = \{-2; 2\}$

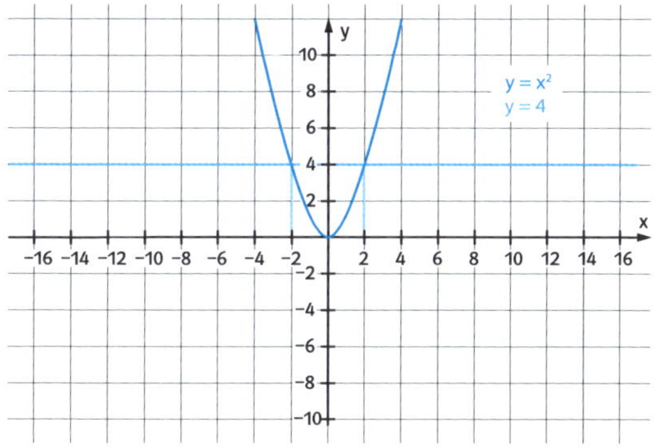

Zusammenfassung

Eine quadratische Gleichung $x^2 = r$ kann keine, eine oder zwei Lösungen besitzen.

- Für $r > 0$ hat die Gleichung zwei Lösungen: $-\sqrt{r}$ und $\sqrt{r}$.
- Für $r = 0$ hat die Gleichung eine Lösung: $x = 0$.
- Für $r < 0$ hat die Gleichung keine Lösung.

Lösen einer quadratischen Gleichung der Form $(x-d)^2=r$
Auch diese Form der quadratischen Gleichung kann zwei, eine oder keine Lösung besitzen. Um die Gleichung zu lösen, können wir unser Wissen über das Lösen von Gleichungen der Form $x^2=r$ zu Hilfe nehmen.

Dazu betrachten wir die Gleichung $(x-d)^2=r$ als reinquadratische Gleichung. Die Gleichung hat

- zwei Lösungen, wenn $r>0$:
  $x_1-d=-\sqrt{r}$ und $x_2-d=\sqrt{r}$
  $x_1=-\sqrt{r}+d$ und $x_2=\sqrt{r}+d$

- eine Lösung, wenn $r=0$:
  $x=d$

- keine Lösung, wenn $r<0$:
  $L=\{\}$

Tipp: Manchmal kann man eine quadratische Gleichung der Form $ax^2+bx+c=r$ mittels der binomischen Formeln auf eine quadratische Gleichung der Form $(x-d)^2=r$ zurückführen. Zum Lösen kann sie dann wie eine reinquadratische Gleichung behandelt werden.

Löse die folgenden quadratischen Gleichungen.

Beispiel

a) $(x+6)^2 = 36$

$x_1 + 6 = 6$ und $x_2 + 6 = -6$

$x_1 = 0$ und $x_2 = -12$

$L = \{0; -12\}$

b) $x^2 - 6x + 9 = 36$ | binomische Formel

$(x-3)^2 = 36$

$x_1 - 3 = 6$ und $x_2 - 3 = -6$

$x_1 = 9$ und $x_2 = -3$

$L = \{9; -3\}$

c) $x^2 - 8x + 4 = -12$ | +12

$x^2 - 8x + 16 = 0$ | binomische Formel

$(x-4)^2 = 0$

$x - 4 = 0$

$x = 4$

$L = \{4\}$

Zusammenfassung

Eine Gleichung der Form $(x-d)^2 = r$ wird zum Lösen als reinquadratische Gleichung betrachtet. Sie kann keine, eine oder zwei Lösungen besitzen.

- Für $r > 0$ hat die Gleichung zwei Lösungen: $-\sqrt{r} + d$ und $\sqrt{r} + d$.
- Für $r = 0$ hat die Gleichung eine Lösung: $x = d$.
- Für $r < 0$ hat die Gleichung keine Lösung.

Lösen einer quadratischen Gleichung mittels quadratischer Ergänzung
Jede quadratische Gleichung $ax^2+bx+c=0$ kann auf die Form $(x-d)^2=r$ zurückgeführt werden. Dazu dividiert man zuerst die Gleichung durch a $(a \neq 0)$ und bringt sie damit auf die Form $x^2+\frac{b}{a}x+\frac{c}{a}=0$ bzw. $x^2+px+q=0$, wobei $p=\frac{b}{a}$ und $q=\frac{c}{a}$. Dann bringt man die Gleichung auf die Form $x^2+px=-q$.

Schließlich ergänzt man den Term x^2+px durch $\left(\frac{p}{2}\right)^2$, sodass man den neuen

Term mit einer binomischen Formel als Quadrat schreiben kann. Dieses Verfahren heißt **quadratische Ergänzung.**

Es gilt dann: $x^2+px+\left(\frac{p}{2}\right)^2=-q+\left(\frac{p}{2}\right)^2$
mit $x^2+px+\left(\frac{p}{2}\right)^2=\left(x+\frac{p}{2}\right)^2$

Beachte: Auf beiden Seiten der Gleichung muss mit der gleichen Zahl ergänzt werden!

Hat die Gleichung die Form $x^2+px=0$, so ist die Gleichung einfach zu lösen:

$x^2+px=0$
$x(x+p)=0$ | Ausklammern von x
$x_1=0$ und $x_2=-p$
$L=\{-p; 0\}$

Beispiel

$x^2+4x=0$
$x(x+4)=0$
$x_1=0$ und $x_2=-4$
$L=\{-4; 0\}$

Beispiel

a) $x^2+8x+7=0 \quad |-7$

$x^2+8x=-7$

Quadratische Ergänzung:

$x^2+8x+4^2=-7+4^2$

$(x+4)^2=9$

$x_1+4=3$ und $x_2+4=-3$

$x_1=-1$ und $x_2=-7$

$L=\{-7; -1\}$

b) $-\frac{3}{2}x^2+6x-6=0 \quad |\cdot\left(-\frac{2}{3}\right)$

$x^2-4x+4=0 \quad |-4$

$x^2-4x=-4$

$x^2-4x+2^2=-4+2^2$

$(x-2)^2=0$

$x-2=0$

$x=2$

$L=\{2\}$

Zusammenfassung

Mithilfe der quadratischen Ergänzung kann man jede gemischtquadratische Gleichung auf die Form $(x-d)^2=r$ bringen und sie mit bekannten Verfahren lösen. Bei der quadratischen Ergänzung ergänzt man den Term x^2+px so, dass man den neuen Term mit einer binomischen Formel als Quadrat schreiben kann.

Lern-Video

Erste Lösungsformel für quadratische Gleichungen

Die quadratische Gleichung ist in allgemeiner Form $ax^2+bx+c=0$ gegeben:

$x_{1,2}=\frac{-b\pm\sqrt{b^2-4ac}}{2a}$ wobei $b^2-4ac=D$ Diskriminante heißt.

Die quadratische Gleichung hat

- zwei Lösungen, wenn $D>0$:
  $x_1=\frac{-b+\sqrt{b^2-4ac}}{2a}$ und $x_2=\frac{-b-\sqrt{b^2-4ac}}{2a}$
- eine Lösung, wenn $D=0$: $x=-\frac{b}{2a}$
- keine Lösung, wenn $D<0$.

Diese Lösungsformel kann für jede quadratische Gleichung benutzt werden. Sie ist auch als **Mitternachtsformel** bekannt.

Beispiel

a) $3x^2-4x-4=0$

$a=3;\ b=-4;\ c=-4$

$$x_1=\frac{4+\sqrt{4^2-4\cdot3\cdot(-4)}}{2\cdot3}=\frac{4+\sqrt{16+48}}{6}=\frac{4+8}{6}=2$$

$$x_2=\frac{4-\sqrt{4^2-4\cdot3\cdot(-4)}}{2\cdot3}=\frac{4-\sqrt{16+48}}{6}=\frac{4-8}{6}=-\frac{2}{3}$$

$L=\{-\frac{2}{3};\ 2\}$

b) $4x^2+32x+144=0$

$a=4;\ b=32;\ c=144$

$D=b^2-4ac=32^2-4\cdot4\cdot144=1024-2304=-1280$

Da die Diskriminante negativ ist, hat die quadratische Gleichung keine Lösung.

$L=\{\ \}$

Zweite Lösungsformel für quadratische Gleichungen
Die quadratische Gleichung ist in Normalform $x^2 + px + q = 0$ gegeben:

$x_{1,2} = -\frac{p}{2} \pm \sqrt{\left(\frac{p}{2}\right)^2 - q}$ wobei $\left(\frac{p}{2}\right)^2 - q = D$ Diskriminante heißt.

Die quadratische Gleichung hat

- zwei Lösungen, wenn $D > 0$:
  $x_1 = -\frac{p}{2} + \sqrt{\left(\frac{p}{2}\right)^2 - q}$ und $x_2 = -\frac{p}{2} - \sqrt{\left(\frac{p}{2}\right)^2 - q}$
- eine Lösung, wenn $D = 0$: $x = -\frac{p}{2}$
- keine Lösung, wenn $D < 0$.

Tipp: Diese Lösungsformel kann für quadratische Gleichungen benutzt werden, bei denen vor dem quadratischen Teil eine 1 steht. Um dies zu erreichen, muss man die quadratische Gleichung durch die Zahl, die vor dem x^2 steht, teilen. Diese Lösungsformel ist auch als p-q-Formel bekannt.

Beispiel

$x^2 + 8x - 9 = 0$
$p = 8;\ q = -9$
$x_1 = -\frac{8}{2} + \sqrt{\left(\frac{8}{2}\right)^2 + 9} = -4 + \sqrt{16 + 9} = -4 + 5 = 1$

$x_2 = -\frac{8}{2} - \sqrt{\left(\frac{8}{2}\right)^2 + 9} = -4 - \sqrt{16 + 9} = -4 - 5 = -9$

$L = \{-9;\ 1\}$

Zusammenfassung

Zum Lösen einer quadratischen Gleichung $ax^2 + bx + c = 0$ $(a \neq 0)$ existiert eine Lösungsformel.
Für $b^2 - 4ac = D \geq 0$ gilt: $x_{1,2} = \frac{-b \pm \sqrt{b^2 - 4ac}}{2a}$

Ist eine quadratische Gleichung in der Form $x^2 + px + q = 0$ gegeben, so kann man sie mit folgender Formel lösen:
Für $\left(\frac{p}{2}\right)^2 - q = D \geq 0$ gilt: $x_{1,2} = -\frac{p}{2} \pm \sqrt{\left(\frac{p}{2}\right)^2 - q}$

19 Reelle Zahlen

Reelle Zahlen

Rationale Zahlen kann man als Bruch oder als abbrechende oder periodische Dezimalzahl darstellen. Dezimalzahlen, die weder abbrechen noch periodisch sind, nennt man **irrationale Zahlen.** Irrationale Zahlen kann man nicht als Bruch darstellen. Sie haben unendlich viele Nachkommastellen.
Die rationalen Zahlen zusammen mit den irrationalen Zahlen bilden die Menge der **reellen Zahlen** $\mathbb{R}$.

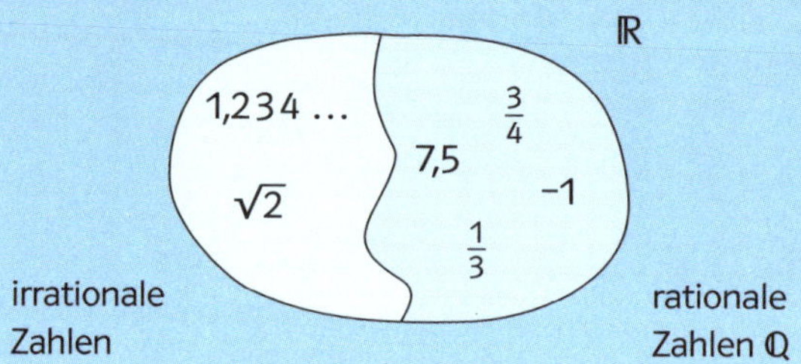

Darstellung reeller Zahlen auf der Zahlengeraden

Jede reelle Zahl kann als Punkt auf der Zahlengeraden dargestellt werden. Zwischen zwei reellen Zahlen auf der Zahlengeraden liegen unendlich viele reelle Zahlen.

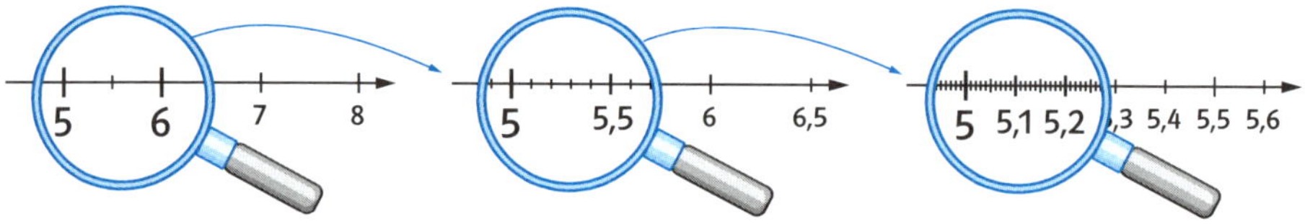

Zahlenbereiche

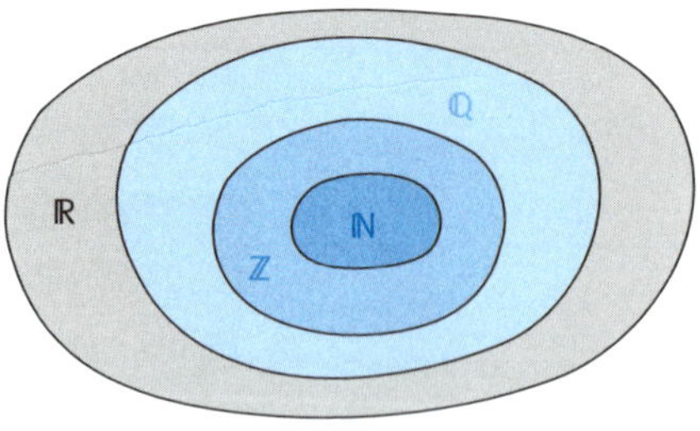

ℝ: reelle Zahlen
ℚ: rationale Zahlen
ℤ: ganze Zahlen
ℕ: natürliche Zahlen

Unter der **Quadratwurzel von a** versteht man eine nicht negative Zahl, die quadriert a ergibt.

Schreibweise: $\sqrt{a}$ Sprich: „Wurzel aus a"

Wurzelzeichen

$\sqrt{a}$

Radikant

Das Bestimmen der Quadratwurzel nennt man auch **Wurzelziehen** oder Radizieren.

Hinweise:

- Die Quadratwurzel ist nie negativ, d.h. $\sqrt{16} = +4$, obwohl $(-4) \cdot (-4) = +16$ ist.
- Da das Produkt zweier negativer Zahlen wieder positiv ist, kann man die Quadratwurzel nicht aus einer negativen Zahl ziehen. Es geht **nicht**: $\sqrt{-16}$.
- Es gilt: $\sqrt{0} = 0$.

Beispiel

$\sqrt{64} = \sqrt{8^2} = 8$

Es gilt:

Quadrieren →

1	1
1,5	2,25
2	4
3	9

← Wurzelziehen

Zusammenfassung

Unter der **Quadratwurzel von a** versteht man eine nicht negative Zahl, die quadriert a ergibt.

$$\sqrt{4} = \sqrt{2^2} = 2$$

Rechenregeln für Terme mit Quadratwurzeln

1. Produkte von Wurzeln:
$\sqrt{a} \cdot \sqrt{b} = \sqrt{a \cdot b}$

2. Quotienten von Wurzeln:
$\frac{\sqrt{a}}{\sqrt{b}} = \sqrt{\frac{a}{b}}$

3. Ausmultiplizieren:
$\sqrt{a} \cdot (\sqrt{b} + \sqrt{c}) = \sqrt{a} \cdot \sqrt{b} + \sqrt{a} \cdot \sqrt{c} = \sqrt{a \cdot b} + \sqrt{a \cdot c}$
$\sqrt{a} \cdot (\sqrt{b} - \sqrt{c}) = \sqrt{a} \cdot \sqrt{b} - \sqrt{a} \cdot \sqrt{c} = \sqrt{a \cdot b} - \sqrt{a \cdot c}$

4. Ausklammern:
$a \cdot \sqrt{b} + c \cdot \sqrt{b} = (a + c) \cdot \sqrt{b}$
$a \cdot \sqrt{b} - c \cdot \sqrt{b} = (a - c) \cdot \sqrt{b}$

Achtung, folgende Regeln gibt es **nicht:**

$\sqrt{a} + \sqrt{b} \neq \sqrt{a + b}$

$\sqrt{a} - \sqrt{b} \neq \sqrt{a - b}$

Beispiel

Vereinfache durch Zusammenfassen.

a) $\sqrt{3} \cdot \sqrt{27} = \sqrt{3 \cdot 27} = \sqrt{81} = 9$

b) $\sqrt{375} : \sqrt{15} = \sqrt{\frac{375}{15}} = \sqrt{25} = 5$

c) $6 \cdot \sqrt{5} + 8 \cdot \sqrt{5} = (6+8) \cdot \sqrt{5} = 14 \cdot \sqrt{5}$

Vereinfache durch teilweises Wurzelziehen.

a) $\sqrt{2} + \sqrt{8} = \sqrt{2} + \sqrt{2 \cdot 4} = \sqrt{2} + \sqrt{2} \cdot \sqrt{4} = \sqrt{2} + \sqrt{2} \cdot 2 = \sqrt{2} \cdot (1+2) = \sqrt{2} \cdot 3 = 3 \cdot \sqrt{2}$

b) $3 \cdot \sqrt{6} \cdot (\sqrt{3} + 5) = 3 \cdot \sqrt{18} + 15 \cdot \sqrt{6} = 3 \cdot \sqrt{9 \cdot 2} + 15 \cdot \sqrt{6} = 3 \cdot 3 \cdot \sqrt{2} + 15 \cdot \sqrt{6} =$
$9 \cdot \sqrt{2} + 15 \cdot \sqrt{6}$

Mache den Nenner rational.

a) $\frac{3}{\sqrt{2}} = 3 \cdot \frac{\sqrt{2}}{\sqrt{2} \cdot \sqrt{2}} = 3 \cdot \frac{\sqrt{2}}{4} = \frac{3 \cdot \sqrt{2}}{2} = \frac{3}{2}\sqrt{2}$

b) $\frac{4}{\sqrt{15}} - \frac{\sqrt{3}}{\sqrt{5}} = 4 \cdot \frac{\sqrt{15}}{\sqrt{15} \cdot \sqrt{15}} - \sqrt{3} \cdot \frac{\sqrt{5}}{\sqrt{5} \cdot \sqrt{5}}$

$= \frac{4 \cdot \sqrt{15}}{15} - \frac{\sqrt{15}}{5} = \frac{4}{15} \cdot \sqrt{15} - \frac{3}{15} \cdot \sqrt{15}$

$= \frac{1}{15} \cdot \sqrt{15}$

Zusammenfassung

Für Produkte gilt:
$\sqrt{a} \cdot \sqrt{b} = \sqrt{a \cdot b}$ wobei a, b nicht negativ sein dürfen und $a \neq b$ und $b \neq 0$.

Für Quotienten gilt:
$\frac{\sqrt{a}}{\sqrt{b}} = \sqrt{\frac{a}{b}}$ wobei a, b nicht negativ sein dürfen und $b \neq 0$.

Scheitel- und Nebenwinkel

Schneiden sich zwei Geraden, so entstehen dabei 4 Winkel.

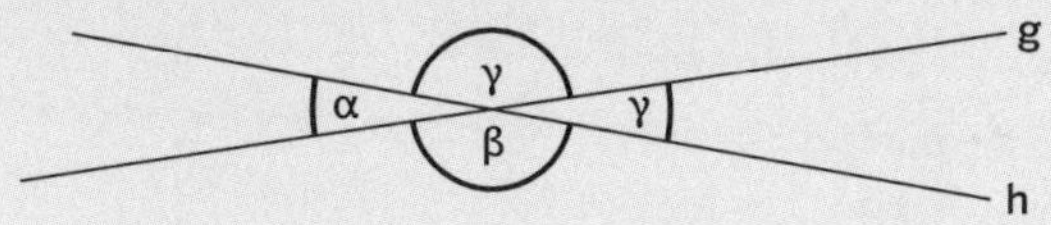

Die Winkel α und γ sowie die Winkel β und δ sind **Scheitelwinkel** zueinander.
Die Winkel α und β, β und γ, γ und δ, sowie δ und α sind **Nebenwinkel.**
Es gilt:

- Scheitelwinkel sind gleich groß, sie sind kongruent.
- Nebenwinkel ergeben zusammen 180°.

Stufen- und Wechselwinkel

Werden zwei Geraden g und h von einer dritten Geraden i geschnitten, so entstehen weitere Winkel.
Die Winkel α und β sind **Stufenwinkel**, da sie auf derselben Seite der Geraden i und auf den entsprechenden Seiten der Geraden g und h liegen.

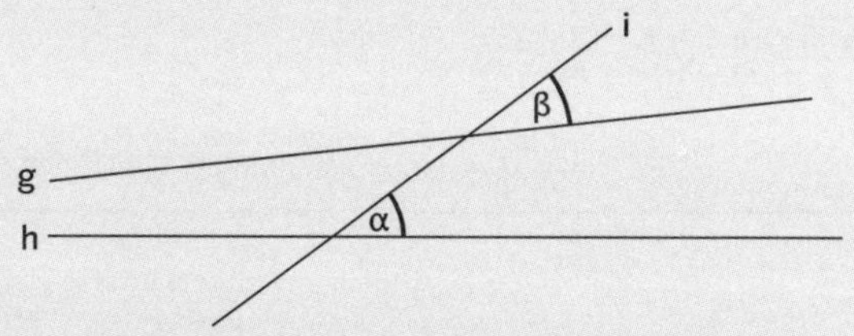

Die Winkel δ und γ sind **Wechselwinkel,** da sie auf verschiedenen Seiten der Geraden i und entgegengesetzten Seiten der Geraden g und h liegen.

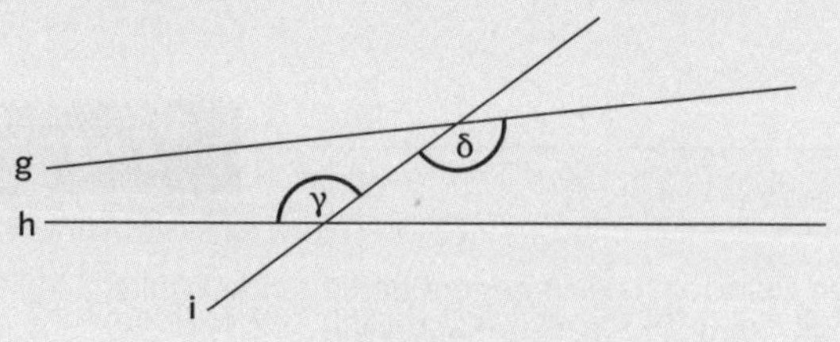

Sind die Geraden g und h parallel zueinander, so gelten der Stufen- und der Wechselwinkelsatz.

Stufenwinkelsatz
Ist g || h, dann sind α und β gleich groß.
Oder:
Sind α und β gleich groß, dann ist g || h.

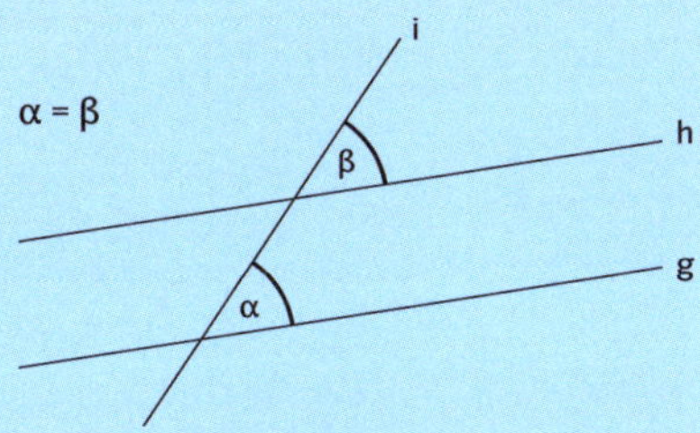

Wechselwinkelsatz
Ist g || h, dann sind δ und γ gleich groß.
Oder:
Sind δ und γ gleich groß, dann ist g || h.

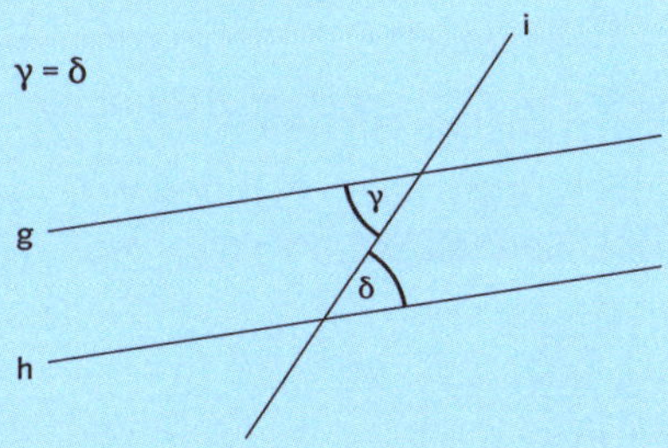

Zusammenfassung

Bei sich schneidenden Geraden heißen gegenüberliegende Winkel Scheitelwinkel.
Nebeneinanderliegende Winkel heißen Nebenwinkel.
An parallelen Geraden sind Stufen- und Wechselwinkel gleich groß.
Es gilt auch umgekehrt:
Sind Stufen- und Wechselwinkel gleich groß, dann sind die Geraden parallel.

Winkelsumme im Dreieck
Im Dreieck beträgt die Summe aller innenliegenden Winkel 180°.

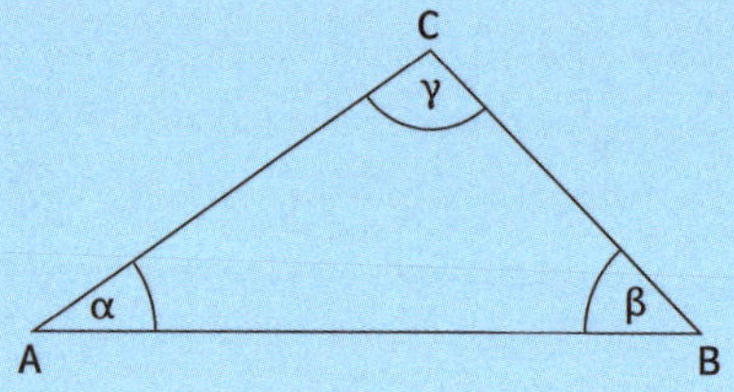

$\alpha + \beta + \gamma = 180°$

Dreiecke werden aufgrund der Größe der Innenwinkel in drei Kategorien zusammengefasst:

- **spitzwinklige Dreiecke:**
  Jeder Innenwinkel α, β und γ ist kleiner als 90°.

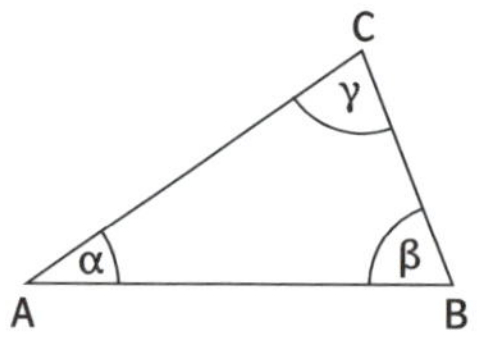

- **stumpfwinklige Dreiecke:**
  Ein Innenwinkel ist größer als 90°.

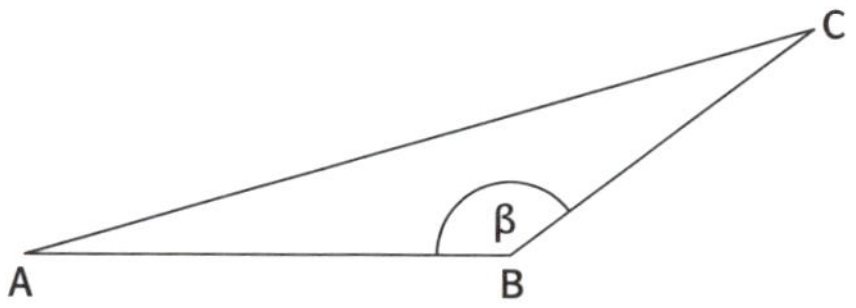

- **rechtwinklige Dreiecke:**
  Ein Innenwinkel ist 90°.

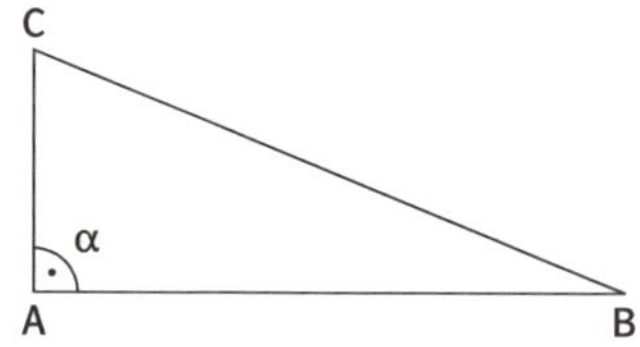

Winkelsumme im Viereck

Im Viereck beträgt die Summe aller innenliegenden Winkel 360°.

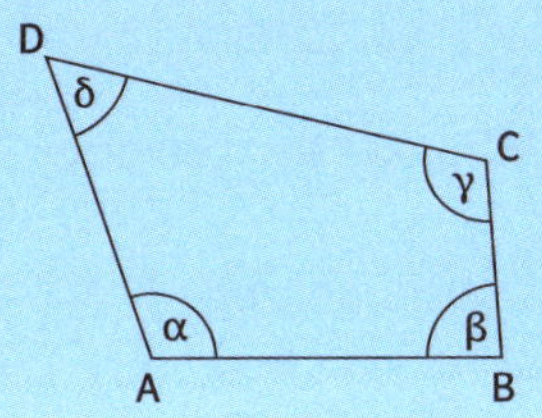

$\alpha + \beta + \gamma + \delta = 360°$

Beispiel

Bestimme die fehlenden Winkel.

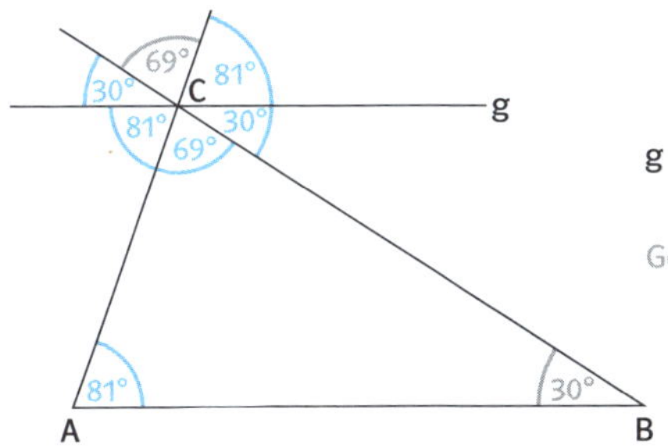

$g \parallel a$

Geg: $\beta = 30°$ und $\gamma = 69°$

Zusammenfassung

Die Summe der Innenwinkel im Dreieck beträgt 180°.
Die Summe der Innenwinkel im Viereck beträgt 360°.
Sind alle Innenwinkel kleiner als 90°, so ist das Dreieck spitzwinklig.
Ist ein Innenwinkel größer als 90°, so ist das Dreieck stumpfwinklig.
Ist ein Innenwinkel gleich 90°, so ist das Dreieck rechtwinklig.

Gleichschenklige Dreiecke
Sind bei einem Dreieck zwei Seiten gleich lang, so nennt man es ein **gleichschenkliges Dreieck**.
Man hat folgende Bezeichnungen eingeführt:
- Die beiden gleich langen Seiten heißen **Schenkel** des Dreiecks.
- Die andere Seite heißt **Basis.**
- Die beiden Winkel, die an der Basis anliegen, nennt man **Basiswinkel.**

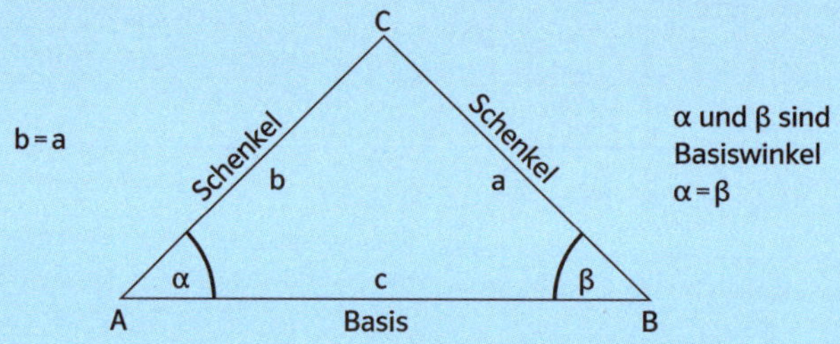

Es gilt:
- Die Basiswinkel sind gleich groß.
- Ein gleichschenkliges Dreieck ist symmetrisch zur Geraden durch C und M.

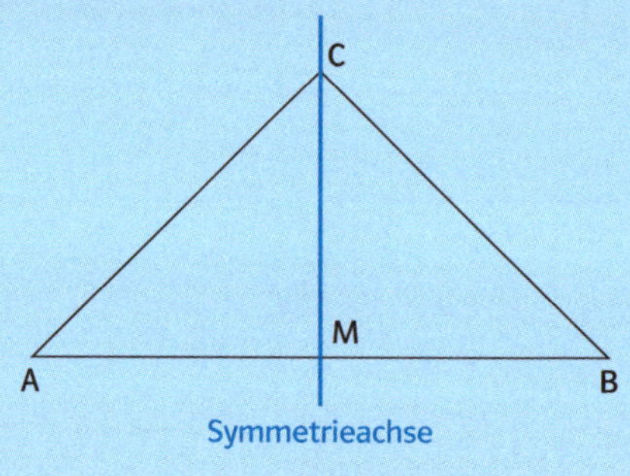

Gleichseitige Dreiecke
Sind bei einem Dreieck alle Seiten gleich lang, so nennt man das Dreieck **gleichseitig.**

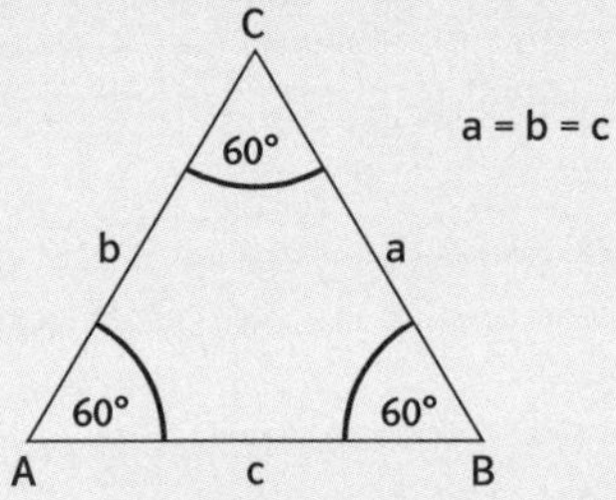

Es gilt:

- In einem gleichseitigen Dreieck sind die Innenwinkel gleich weit und betragen 60°.
- Ein gleichseitiges Dreieck hat 3 Symmetrieachsen.

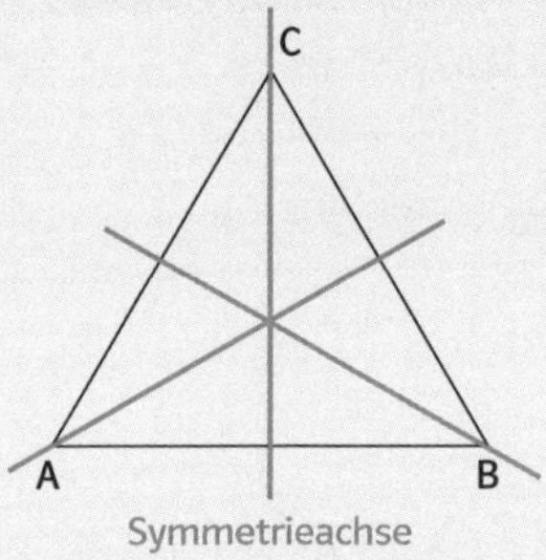

Achtung: Jedes gleichseitige Dreieck ist auch gleichschenklig. Jedoch ist nicht jedes gleichschenklige Dreieck auch gleichseitig.

Zusammenfassung

Sind bei einem Dreieck mindestens zwei Seiten gleich lang, so ist es gleichschenklig.
Sind alle Seiten gleich lang, so ist es gleichseitig.
Jedes gleichschenklige Dreieck hat eine Symmetrieachse. Jedes gleichseitige Dreieck hat drei Symmetrieachsen.

Zusammenhänge im beliebigen Dreieck

- Zur längeren Seite gehört immer der größere Gegenwinkel.
- Umkehrung: Zum größeren Winkel gehört immer die längere gegenüberliegende Seite.

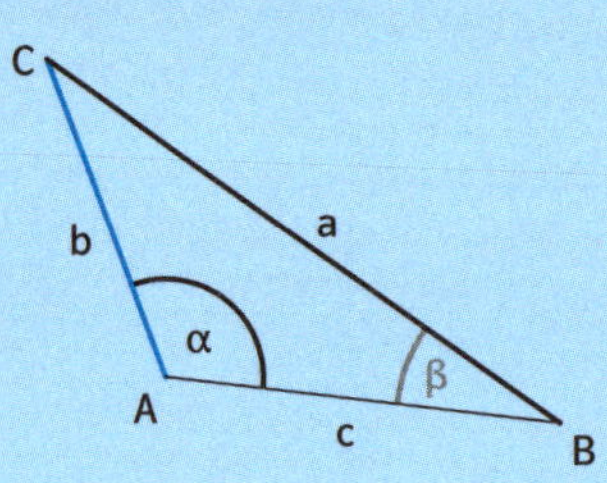

Ist $\alpha > \beta$, so ist $a > b$.

Ist $a > b$, so ist $\alpha > \beta$.

Bei einem Dreieck ist die Summe zweier Seiten immer größer als die dritte Seite.

$a+b>c$; $b+c>a$; $a+c>b$

Diese 3 Ungleichungen nennt man **Dreiecksungleichungen**.

Sind diese nicht erfüllt, so kann das Dreieck nicht konstruiert werden.

$a = 2{,}5\,cm$; $b = 3{,}1\,cm$; $c = 6\,cm$

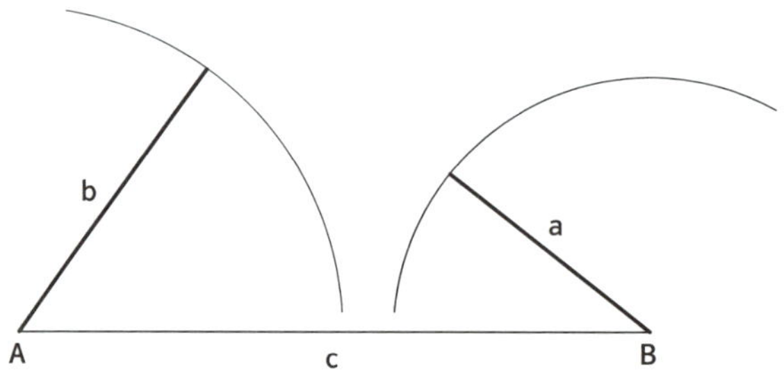

$a+b = 2{,}5\,cm + 3{,}1\,cm = 5{,}6\,cm < 6\,cm$

Zusammenfassung

- Zur längeren Seite gehört immer der größere Gegenwinkel.
- Zum größeren Winkel gehört immer die längere gegenüberliegende Seite.
- Damit ein Dreieck konstruierbar ist, müssen die Dreiecksungleichungen erfüllt sein:

$$a+b>c;\; b+c>a;\; a+c>b$$

Abstand eines Punktes A zu einem Punkt B

Hat die Strecke $\overline{AB}$ die Länge l, so sagt man auch: Die Punkte A und B haben den Abstand d.

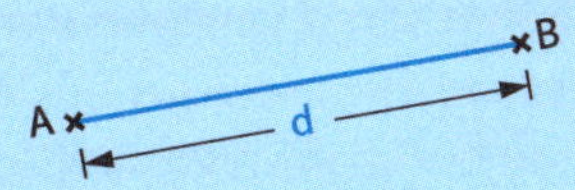

Abstand eines Punktes A von einer Geraden g

Der Abstand von A zu g ist die kürzeste Verbindung zwischen A und g.
Bestimmung des Abstandes:

- Zeichne eine senkrechte Gerade h zu g durch den Punkt A.
- h schneidet g im Punkt B.
- Die Strecke $\overline{AB}$ ist der gesuchte Abstand.

Man nennt die Gerade h auch das **Lot von A auf g.**

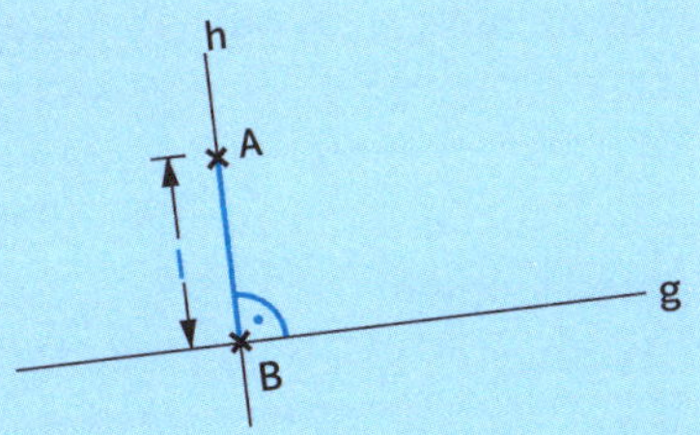

Abstand zweier paralleler Geraden g und h

Der Abstand zwischen g und h ist der Abstand eines Punktes auf g von h und umgekehrt.
Es gilt: Jeder Punkt auf g hat den gleichen Abstand zu h und umgekehrt.

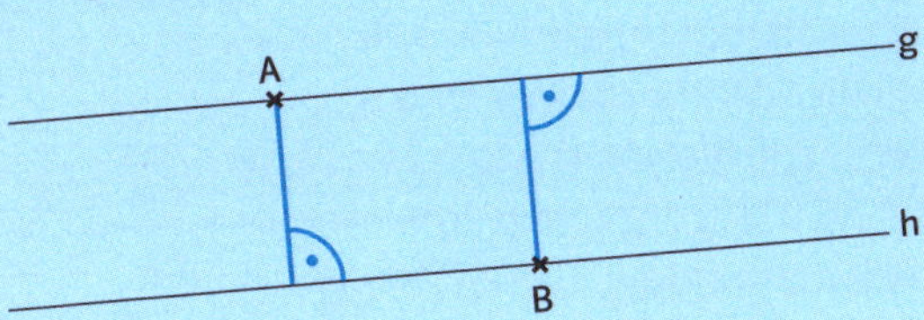

Gleicher Abstand von einem Punkt

Bei einem Kreis haben alle Punkte auf der Kreislinie den gleichen Abstand zum Mittelpunkt M. Dieser Abstand r ist der Radius des Kreises.

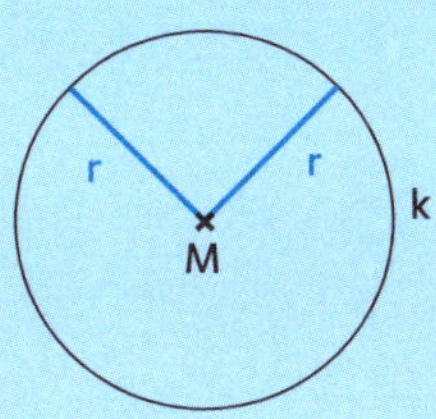

Gleicher Abstand von zwei Punkten A und B
Alle Punkte, die von A und B den gleichen Abstand besitzen, liegen auf einer Geraden m. Die Gerade m ist senkrecht zur Strecke AB und geht durch die Mitte von AB. Die Gerade m heißt auch **Mittelsenkrechte von AB.**

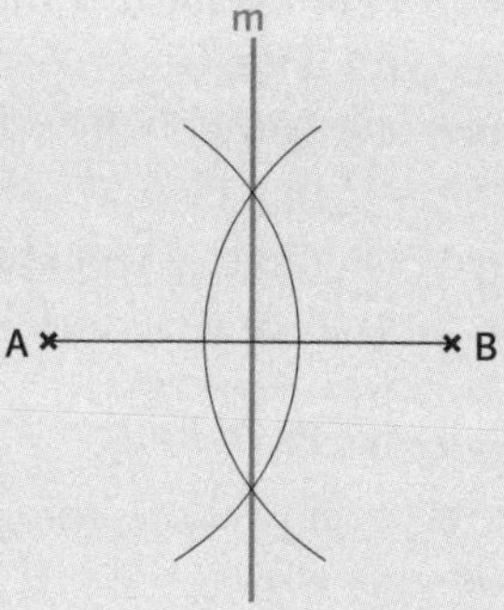

Gleicher Abstand von zwei parallelen Geraden g und h
Alle Punkte, die von g und h den gleichen Abstand besitzen, liegen auf einer zu g und h parallelen Geraden m. Diese Gerade m liegt in der Mitte zwischen g und h und heißt **Mittelparallele.**

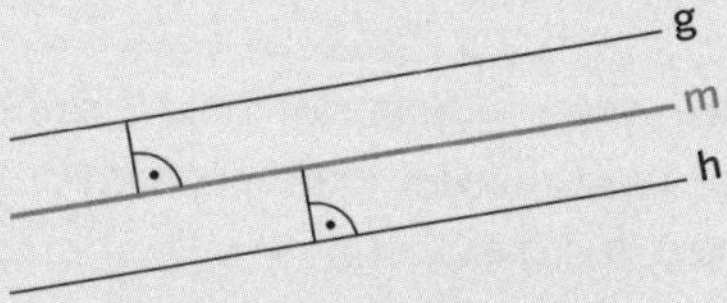

Gleiche Abstände von zwei sich schneidenden Geraden g und h
Alle Punkte, die von g und h den gleichen Abstand besitzen, liegen auf zwei Geraden w_1 und w_2. Diese Geraden heißen **Winkelhalbierende,** da sie die Winkel α und β zwischen g und h halbieren.

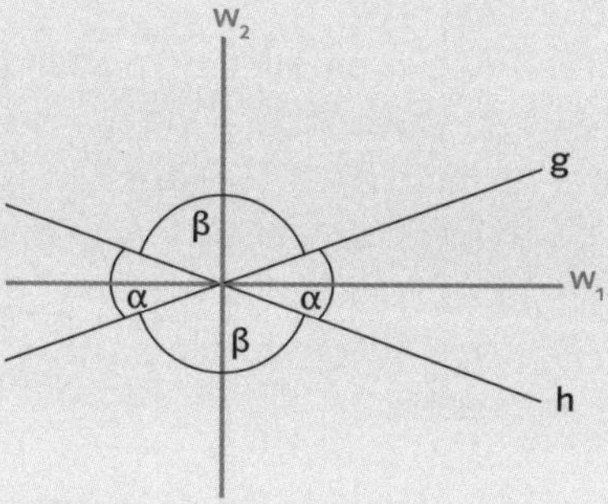

Zusammenfassung

- Der Abstand zweier Punkte ist die Länge ihrer Verbindungsstrecke.
- Der Abstand eines Punktes von einer Geraden ist die Länge seines Lotes.
- Der Abstand zweier paralleler Geraden ist der Abstand eines Punktes auf einer Geraden zur anderen Geraden.
- Alle Punkte auf der Mittelsenkrechten zu einer Strecke haben den gleichen Abstand von den Endpunkten der Strecke.
- Alle Punkte, die den gleichen Abstand zu zwei parallelen Geraden haben, liegen auf einer Mittelparallelen.
- Alle Punkte, die den gleichen Abstand zu zwei sich schneidenden Geraden haben, liegen auf zwei Winkelhalbierenden.

Eigenschaften der Mittelsenkrechte m einer Strecke $\overline{AB}$

- m halbiert die Strecke $\overline{AB}$ und geht durch ihren Mittelpunkt M.
- m steht senkrecht (orthogonal) auf der Strecke $\overline{AB}$.
- m ist die Symmetrieachse der Strecke $\overline{AB}$.
- Alle Punkte auf m haben zu A und B den gleichen Abstand.

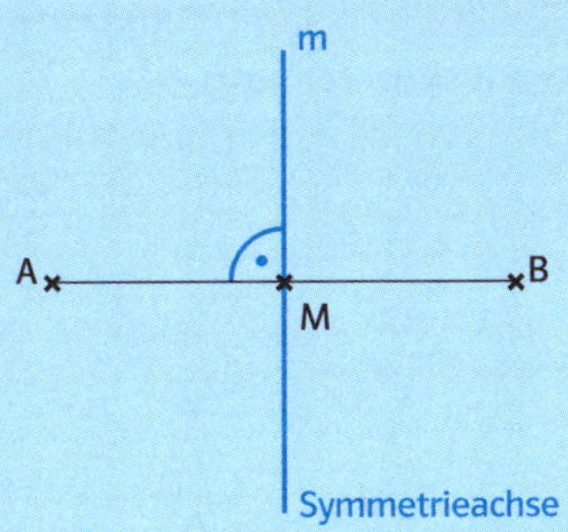

Konstruktion der Mittelsenkrechten m einer Strecke $\overline{AB}$

Konstruktionsbeschreibung:

1. Ohne Zirkel mit Geodreieck

Ermittle mittels des Geodreiecks die Mitte M der Strecke $\overline{AB}$. Zeichne die Orthogonale zu $\overline{AB}$ durch M.

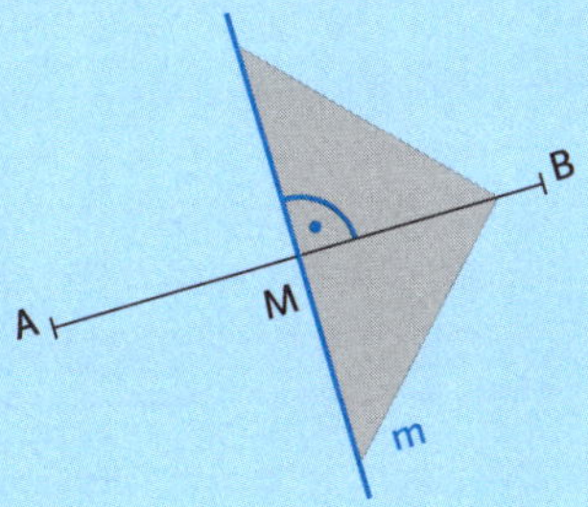

2. Mit Zirkel

Zeichne um A und B zwei Kreise mit gleichem Radius, die sich schneiden. Dabei sind A und B jeweils die Mittelpunkte.
Zeichne die Gerade m durch die Schnittpunkte der beiden Kreise.

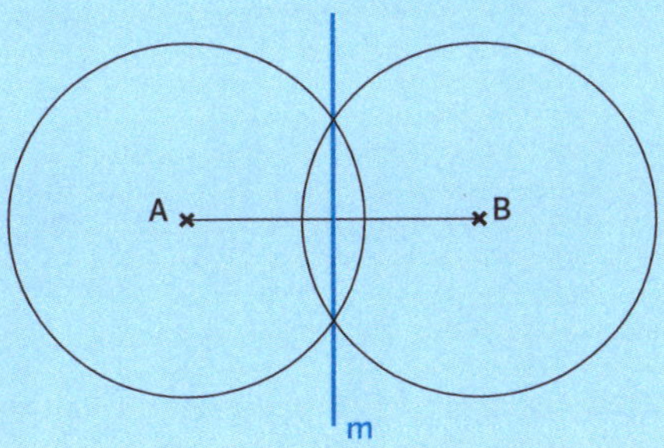

In einem gleichschenkligen Dreieck ist die Mittelsenkrechte der Basis die Symmetrieachse des Dreiecks.

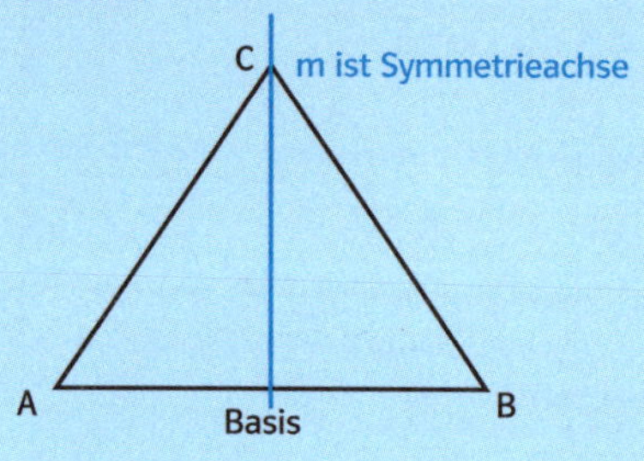

In einem gleichseitigen Dreieck ist die Mittelsenkrechte jeder Seite eine Symmetrieachse des Dreiecks.

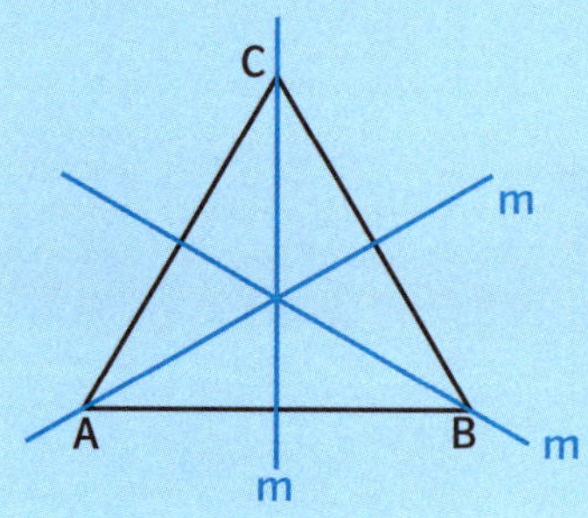

m ist Symmetrieachse

Zusammenfassung

Die Mittelsenkrechte einer Strecke $\overline{AB}$ ist der geometrische Ort aller Punkte, die von A und B den gleichen Abstand haben.
Man kann sie mit und ohne Zirkel konstruieren. In der Geometrie wird jedoch meistens die Variante mit Zirkel verwendet.

Konstruktion der Senkrechten zu einer Geraden g durch den Punkt P

1. P liegt auf g ($P \in g$)

Konstruktionsbeschreibung:

- Zeichne einen Kreis um P mit beliebigem Radius r. Er schneidet g in A und B.
- Konstruiere die Mittelsenkrechte m zur Strecke $\overline{AB}$.

Da die Mittelsenkrechte senkrecht zur Strecke $\overline{AB}$ und damit zur Geraden g ist, ist sie die gesuchte senkrechte Gerade.

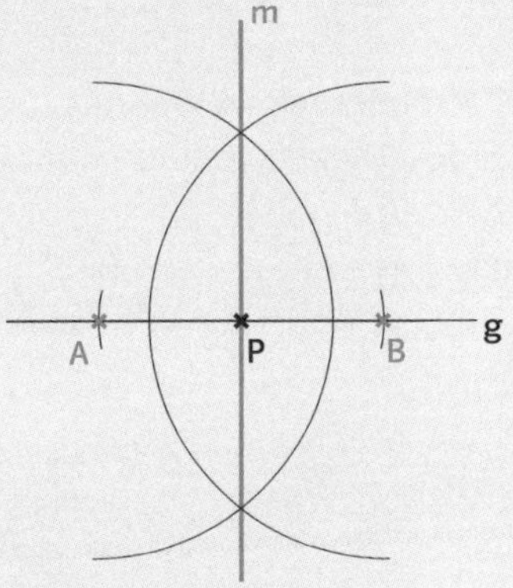

2. P liegt nicht auf g ($P \notin g$)

Konstruktionsbeschreibung:

- Zeichne einen Kreis um P mit beliebigem Radius r, der die Gerade g schneidet. Die Schnittpunkte heißen A und B.
- Konstruiere die Mittelsenkrechte m zur Strecke $\overline{AB}$.

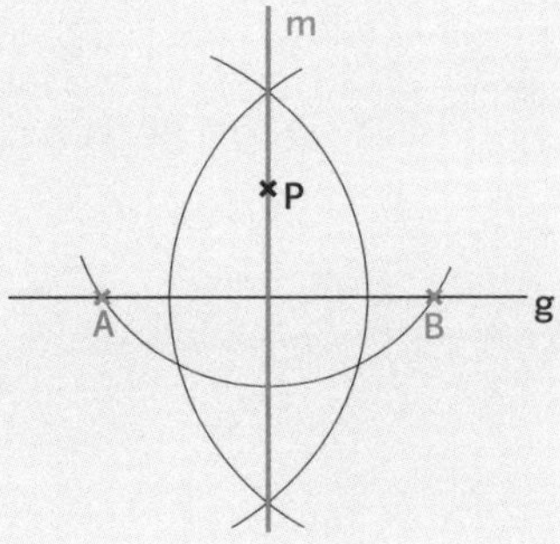

Zusammenfassung

Um eine Senkrechte zu einer Geraden g zu konstruieren, nutzt man die Eigenschaften der Mittelsenkrechten einer Strecke.

Eigenschaften der Winkelhalbierenden w eines Winkels

- w halbiert den Winkel α.
- Alle Punkte auf w haben von den beiden Schenkeln des Winkels den gleichen Abstand.

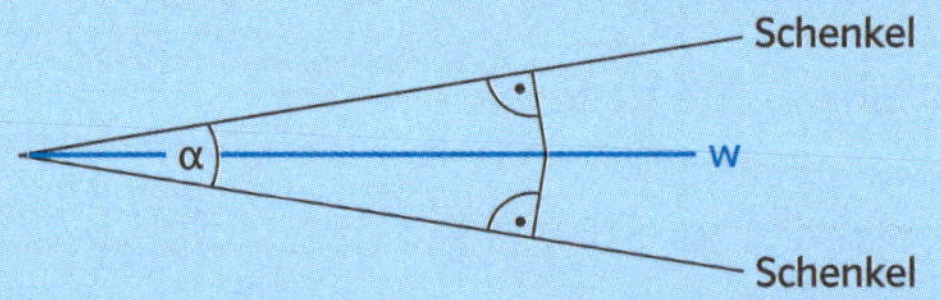

Konstruktion der Winkelhalbierenden eines Winkels

- Zeichne um den Scheitel S des Winkels α einen Kreis. Dieser schneidet die beiden Schenkel in den Punkten A und B.
- Konstruiere die Mittelsenkrechte der Strecke $\overline{AB}$.
- Die Mittelsenkrechte der Strecke $\overline{AB}$ ist die Winkelhalbierende des Winkels α.

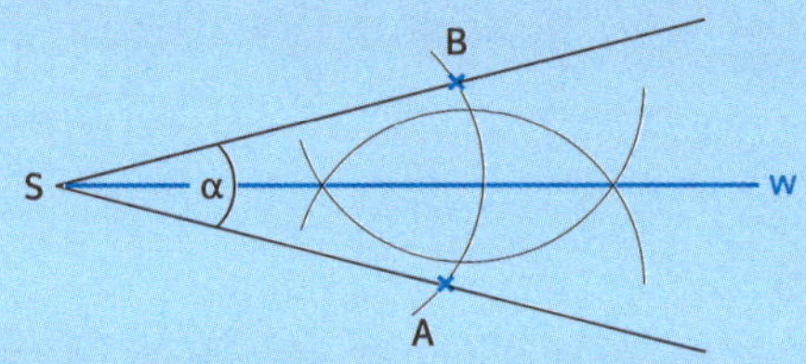

In einem gleichschenkligen Dreieck ist die Mittelsenkrechte der Basis c auch gleichzeitig Winkelhalbierende des Winkels γ.

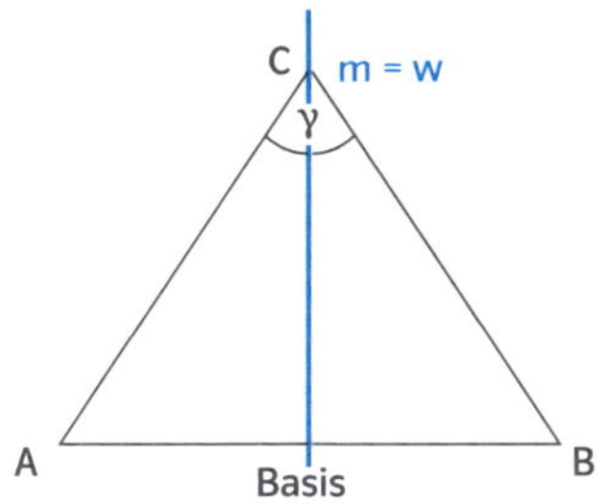

In einem gleichseitigen Dreieck ist die Mittelsenkrechte jeder Seite gleichzeitig Winkelhalbierende des gegenüberliegenden Winkels.

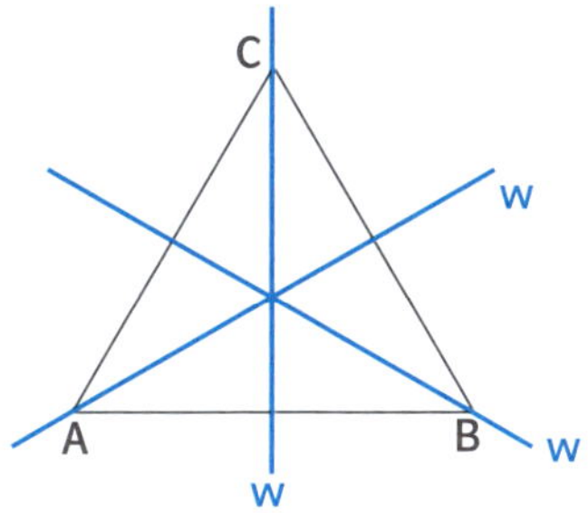

Zusammenfassung

Die Winkelhalbierende ist der geometrische Ort aller Punkte, die von den beiden Schenkeln den gleichen Abstand haben.

Umkreis
Der **Umkreis** ist der Kreis, der durch alle Eckpunkte eines Dreiecks verläuft.
In jedem Dreieck schneiden sich die drei **Mittelsenkrechten** in einem Punkt, dem Mittelpunkt U des Umkreises.
Die Eckpunkte des Dreiecks haben vom Mittelpunkt des Umkreises den gleichen Abstand.

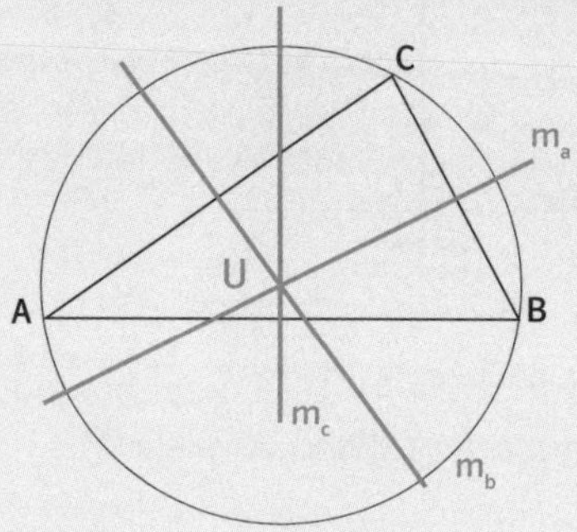

Inkreis
Der **Inkreis** ist der Kreis im Inneren eines Dreiecks, der alle drei Seiten berührt.
In jedem Dreieck schneiden sich die drei **Winkelhalbierenden** in einem Punkt, dem Mittelpunkt I des Inkreises.
Der Mittelpunkt I hat von den drei Seiten den gleichen Abstand.

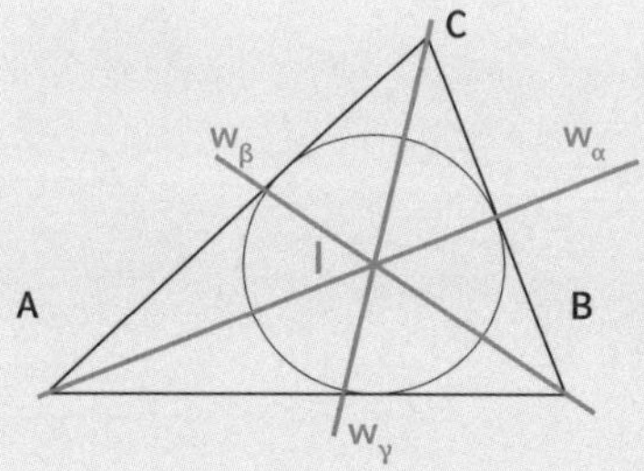

Zusammenfassung

Alle Mittelsenkrechten eines Dreiecks schneiden sich in einem Punkt, dem Mittelpunkt U des Umkreises. U hat von den drei Eckpunkten den gleichen Abstand.
Alle Winkelhalbierenden eines Dreiecks schneiden sich in einem Punkt, dem Mittelpunkt I des Inkreises. I hat von den drei Seiten den gleichen Abstand.

Satz des Thales

Ein Dreieck ABC, dessen Grundseite $\overline{AB}$ der Durchmesser eines Halbkreises ist und dessen Spitze C auf der Kreislinie liegt, ist ein rechtwinkliges Dreieck.
Andere Formulierung:
Ein Winkel, dessen Scheitel auf einer Kreislinie liegt und dessen Schenkel durch die Endpunkte des Durchmessers des Kreises verlaufen, ist ein rechter Winkel.

Umkehrung:
Ist ein Dreieck ABC rechtwinklig, so liegt die Ecke C auf dem Halbkreis über seinem Durchmesser $\overline{AB}$.

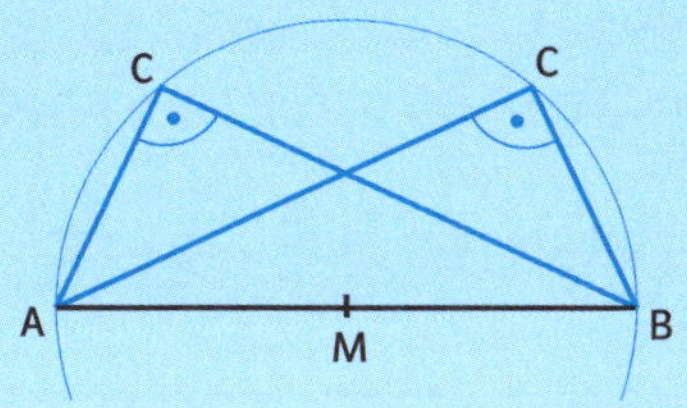

Konstruiere vom Punkt P aus die Tangenten an den Kreis k.

Beispiel

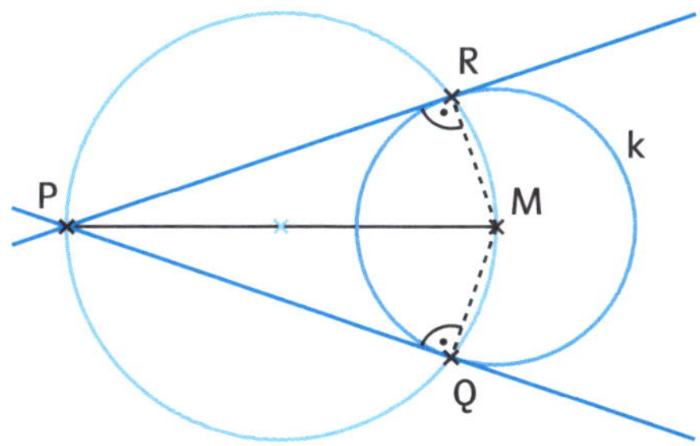

Zusammenfassung

Ein Dreieck ABC, dessen Grundseite $\overline{AB}$ der Durchmesser eines Kreises ist und dessen Ecke C auf der Kreislinie liegt, ist ein rechtwinkliges Dreieck.
Umkehrung:
Ist ein Dreieck ABC rechtwinklig, so liegt die Ecke C auf dem Halbkreis über seinem Durchmesser $\overline{AB}$.

Definition
Zwei Figuren heißen **kongruent (deckungsgleich)**, wenn sie in Form und Größe übereinstimmen. Kongruente Figuren passen nach dem Ausschneiden genau aufeinander.

Schreibweise: **A ≅ B** sprich: A ist kongruent zu B

Eigenschaften
Stimmen zwei Vielecke in den Längen entsprechender Seiten und der Größe entsprechender Winkel überein, so sind sie kongruent.
Umgekehrt:
Sind zwei Vielecke zueinander kongruent, dann stimmen sie in den Längen entsprechender Seiten und den Größen entsprechender Winkel überein.

Durch Achsen- oder Punktspiegelung kann man kongruente Figuren erzeugen.

Beispiel Erzeuge durch Achsenspiegelung eine kongruente Figur:

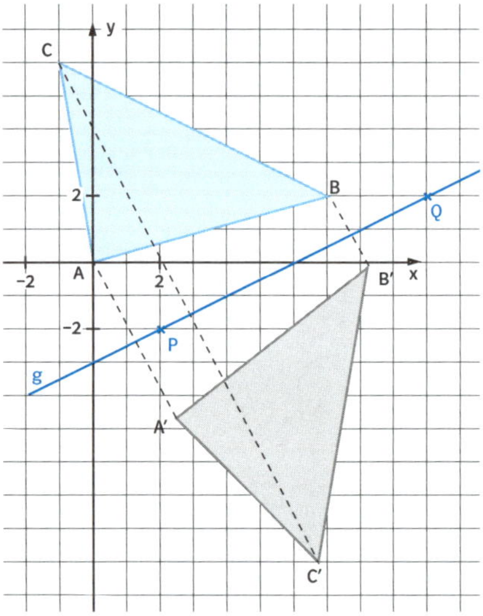

Zusammenfassung

Figuren, die in den entsprechenden Seiten und Winkeln übereinstimmen, sind kongruent zueinander.

A ≅ B sprich: A ist kongruent zu B

Kongruenzsatz sss
Sind bei zwei Dreiecken alle drei entsprechenden Seiten gleich lang, so sind die beiden Dreiecke kongruent.

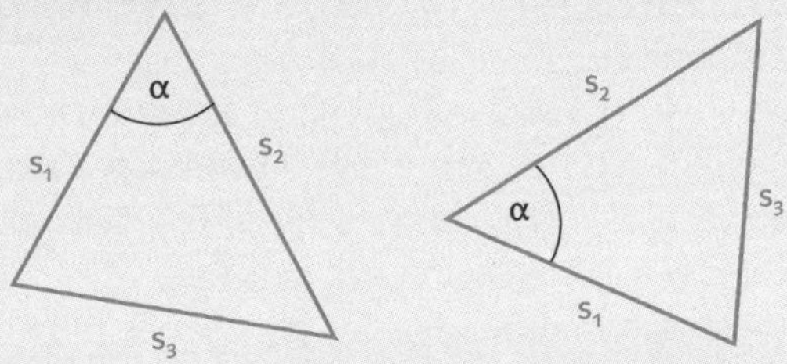

Kongruenzsatz sws
Sind bei zwei Dreiecken zwei entsprechende Seiten gleich lang und ist der eingeschlossene Winkel gleich groß, dann sind die beiden Dreiecke kongruent.

Kongruenzsatz Ssw
Sind bei zwei Dreiecken zwei entsprechende Seiten gleich lang und ist der Winkel, welcher der größeren Seite gegenüberliegt, gleich groß, dann sind die beiden Dreiecke kongruent.

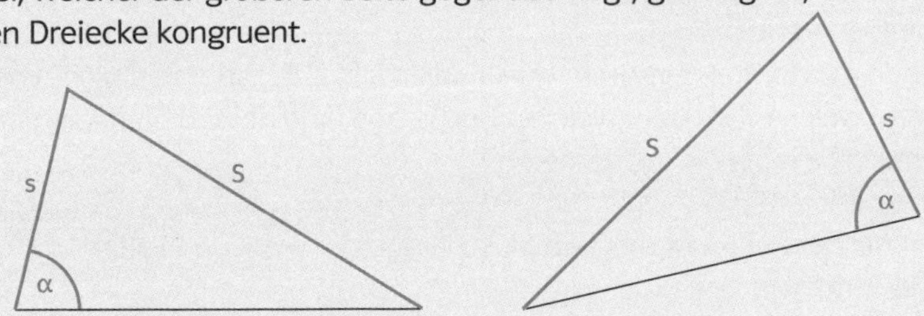

Kongruenzsatz wsw
Ist bei zwei Dreiecken eine entsprechende Seite gleich lang und sind die beiden anliegenden Winkel gleich groß, dann sind die Dreiecke kongruent.

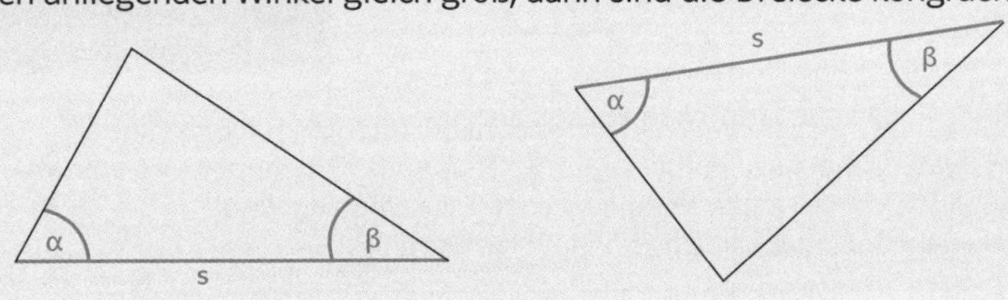

Zufallsexperimente

Das Werfen eines Würfels oder das Ziehen eines Loses sind **Zufallsexperimente**. Diese werden durch folgende Eigenschaften gekennzeichnet:

- Es gibt mehrere Ergebnisse.
- Man weiß vor dem Versuch, welche **Ergebnisse** eintreten können. Diese möglichen Ergebnisse fasst man in der **Ergebnismenge S** zusammen.
- Man weiß vor dem Versuch nicht, welches dieser Ergebnisse eintreten wird.
- Es können nie zwei Ergebnisse gleichzeitig eintreten.
- Man kann das Zufallsexperiment unter den gleichen Voraussetzungen beliebig oft wiederholen.

Eine Teilmenge der Ergebnismenge heißt **Ereignis A.** Ein Ereignis kann man in Worten oder durch eine Menge beschreiben.

Hinweis: Mengen werden mit einem Großbuchstaben bezeichnet und die Ergebnisse in geschweiften Klammern dargestellt: $A = \{1; 2; 3\}$.

Beispiel Entscheide, ob es sich hierbei um ein Zufallsexperiment handelt.

a) Drehen eines Glücksrades
b) Der Wecker klingelt um 6 Uhr.
c) Werfen eines Reißnagels

a) Zufallsexperiment: ja
(Alle oben genannten Eigenschaften sind erfüllt, z. B. kann man nicht vorhersagen, welche Zahl oder welcher Buchstabe eintritt, und man kann das Experiment beliebig oft wiederholen.)
b) Zufallsexperiment: nein
(Ist der Wecker auf 6 Uhr eingestellt, so klingelt er auf jeden Fall.)
c) Zufallsexperiment: ja
(Man kann nicht vorhersagen, wie der Reißnagel fällt, und man kann ihn beliebig oft werfen.)

Zusammenfassung

Das Werfen eines Würfels ist ein Zufallsexperiment. Man kennt die möglichen Ergebnisse, kann aber nicht vorhersagen, welches dieser Ergebnisse eintreten wird. Alle Ergebnisse werden in der Ergebnismenge S zusammengefasst. Eine Teilmenge der Ergebnismenge nennt man Ereignis A.

Bei manchen Zufallsexperimenten kann man die **Wahrscheinlichkeit** nicht sofort angeben. Man muss dazu das Experiment wiederholt durchführen. Dabei zählt man, wie oft das gewünschte Ereignis eintritt. Diese Anzahl nennt man **absolute Häufigkeit.** Dividiert man die absolute Häufigkeit durch die Gesamtanzahl der Versuche, so erhält man die **relative Häufigkeit.**
Bei einer sehr großen Anzahl von Versuchen erkennt man, dass sich die relative Häufigkeit einem stabilen Wert annähert. Dieser stabile Wert ist ein guter Schätzwert für die Wahrscheinlichkeit.

Die Wahrscheinlichkeit für das Ereignis A gibt man so an: P(A)

Hinweis: Die Wahrscheinlichkeit kann nie größer als 1 sein. Die Summe der Wahrscheinlichkeiten aller möglichen Ergebnisse ist immer 1.

Beispiel

Werfen eines Reißnagels

10-mal werfen	1. Durchgang		2. Durchgang	
Ergebnis	Kopf	Seite	Kopf	Seite
Absolute Häufigkeit	4	6	7	3
Relative Häufigkeit	$\frac{4}{10} = 0{,}4$	$\frac{6}{10} = 0{,}6$	$\frac{7}{10} = 0{,}7$	$\frac{3}{10} = 0{,}3$

1000-mal werfen	1. Durchgang		2. Durchgang	
Ergebnis	Kopf	Seite	Kopf	Seite
Absolute Häufigkeit	595	405	601	399
Relative Häufigkeit	$\frac{595}{1000} = 0{,}595$	$\frac{405}{1000} = 0{,}405$	$\frac{601}{1000} = 0{,}601$	$\frac{399}{1000} = 0{,}399$

Die relative Häufigkeit nähert sich mit der größeren Anzahl von Versuchen in beiden Durchgängen immer näher einem Wert an. Deshalb schätzt man die Wahrscheinlichkeit für das Eintreten von Kopf auf $0{,}6 = 60\,\%$ und für das Eintreten von Seite auf $0{,}4 = 40\,\%$.

Zusammenfassung

Wahrscheinlichkeit: gibt die Chance an, mit der ein gewünschtes Ereignis eintritt.
Absolute Häufigkeit: Anzahl, wie oft das gewünschte Ereignis eingetreten ist.
Relative Häufigkeit: Absolute Häufigkeit dividiert durch die Anzahl der durchgeführten Versuche. Bei einer sehr großen Anzahl an Versuchen stabilisiert sich dieser Wert. Dieser Wert wird Wahrscheinlichkeit genannt.

Treten bei einem Zufallsexperiment alle Ergebnisse mit der gleichen Wahrscheinlichkeit auf, so nennt man es ein **Laplace-Experiment.**
Hat das Laplace-Experiment n mögliche Ergebnisse, so beträgt die Wahrscheinlichkeit eines Ergebnisses $\frac{1}{n}$.
Gibt es für ein Ereignis A mehrere Ergebnisse, so gilt:

$$P(A) = \frac{\text{Anzahl der Ergebnisse, bei denen A eintritt}}{\text{Anzahl aller möglichen Ergebnisse}}$$

Beispiel

1. Würfeln mit einem Tetraeder

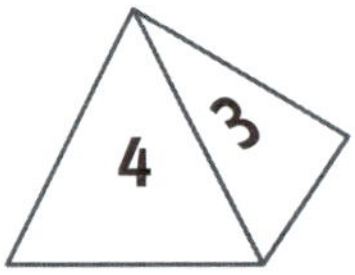

Ein Tetraeder wird einmal geworfen.

a) Mit welcher Wahrscheinlichkeit tritt dabei die Zahl 2 auf?
b) Mit welcher Wahrscheinlichkeit tritt das Ereignis A „Die Augenzahl ist ungerade" ein?

a) Ergebnismenge: $S = \{1; 2; 3; 4\}$, also existieren 4 mögliche Ergebnisse und damit beträgt die Wahrscheinlichkeit für das Eintreten der Zahl 2:

$P(2) = \frac{1}{4}$

b) Ergebnismenge: $S = \{1; 2; 3; 4\}$, also existieren 4 mögliche Ergebnisse. Das Ereignis A „Die Augenzahl ist ungerade" tritt bei den Augenzahlen 1 und 3 ein. Es existieren also 2 mögliche Ergebnisse für das Ereignis $A = \{1; 3\}$. Somit beträgt die Wahrscheinlichkeit:

$P(A) = \frac{2}{4} = \frac{1}{2}$

2. Ziehen aus einer Urne

In einer Urne befinden sich 10 Kugeln: 3 rote, 3 blaue, 3 grüne und 1 gelbe. Mit welcher Wahrscheinlichkeit ziehst du eine rote Kugel?

Hier gibt es zwei Möglichkeiten für eine Ergebnismenge:
S = {rot, blau, grün, gelb}. Da in diesem Fall nicht jede Farbe mit der gleichen Wahrscheinlichkeit auftritt, handelt es sich nicht um ein Laplace-Experiment. Geben wir dagegen jeder Kugel eine Nummer, so lautet die Ergebnismenge: S = {1; 2; 3; 4; 5; 6; 7; 8; 9; 10}. Die roten Kugeln tragen die Nummern 1; 2; 3, die blauen 4; 5; 6, die grünen 7; 8; 9 und die gelbe 10. Jede Nummer tritt mit der gleichen Wahrscheinlichkeit, nämlich $\frac{1}{10}$ auf. Für das Ereignis A „Ziehen einer roten Kugel" gibt es 3 Ergebnisse A = {1; 2; 3}. Somit berechnet sich die Wahrscheinlichkeit wie folgt:

$P(A) = \frac{3}{10}$

Zusammenfassung

Bei einem Laplace-Experiment treten alle Ergebnisse mit der gleichen Wahrscheinlichkeit auf. Bei n möglichen Ergebnissen ist die Wahrscheinlichkeit $\frac{1}{n}$.
Hat ein Ereignis A mehrere Ergebnisse, so berechnet sich die Wahrscheinlichkeit mithilfe der Laplace-Formel:

$$P(A) = \frac{\text{Anzahl der Ergebnisse, bei denen A eintritt}}{\text{Anzahl aller möglichen Ergebnisse}}$$

Summenregel
Um die Wahrscheinlichkeit von Ereignissen mit mehreren Ergebnissen zu berechnen, addiert man die Wahrscheinlichkeiten der einzelnen Ergebnisse. Die Summe der Wahrscheinlichkeiten aller Ergebnisse eines Zufallsversuchs beträgt immer 1.

Tipp: Diese Regel kannst du auch anstelle der Laplace-Formel verwenden.

Beispiel

Lisa hat für ihren Geburtstag ein Glücksrad gebastelt.

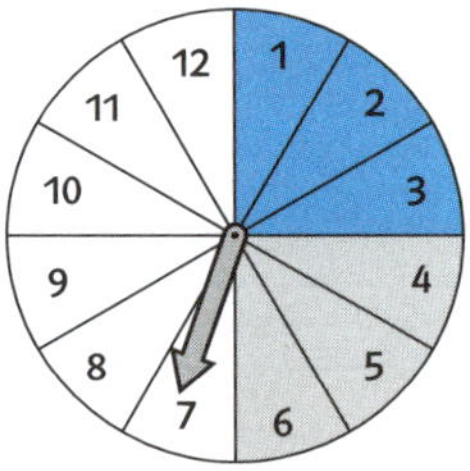

Jeder Gast darf einmal drehen. Zeigt der Zeiger auf die Zahl 7, so gewinnt der Gast den Hauptgewinn. Zeigt der Zeiger auf die Farbe Blau oder Grau, so erhält er eine Wundertüte.

a) Wie groß ist die Wahrscheinlichkeit für einen Hauptgewinn?
b) Wie groß ist die Wahrscheinlichkeit, eine Wundertüte zu bekommen?
c) Wie groß ist die Wahrscheinlichkeit, den Hauptgewinn oder eine Wundertüte zu gewinnen?

a) $P(\text{Hauptgewinn}) = \frac{1}{12}$
b) $P(\text{Wundertüte}) = P(\text{blau}) + P(\text{grau}) = \frac{3}{12} + \frac{3}{12} = \frac{6}{12} = \frac{1}{2}$
c) $P(\text{Gewinn}) = P(\text{Hauptgewinn}) + P(\text{Wundertüte}) = \frac{1}{12} + \frac{6}{12} = \frac{7}{12}$

Zusammenfassung

Um die Wahrscheinlichkeit von Ereignissen mit mehreren Ergebnissen zu berechnen, addiert man die Wahrscheinlichkeiten der einzelnen Ergebnisse. Die Summe der Wahrscheinlichkeiten aller Ergebnisse darf nicht größer als 1 sein.

Führt man einen Zufallsversuch mehrfach hintereinander aus, so spricht man von einem **mehrstufigen Zufallsexperiment**.
Solche mehrstufigen Zufallsexperimente kann man mithilfe eines **Baumdiagramms** veranschaulichen.

In einer Urne befinden sich 2 Kugeln (rot und grün). Es wird zweimal gezogen. Nach jedem Zug wird die Kugel wieder zurückgelegt.

S = {rot-rot; grün-grün; rot-grün; grün-rot}

Die Wahrscheinlichkeit eines Ereignisses bei einem mehrstufigen Zufallsexperiment berechnet man mithilfe der **Pfadregel.**

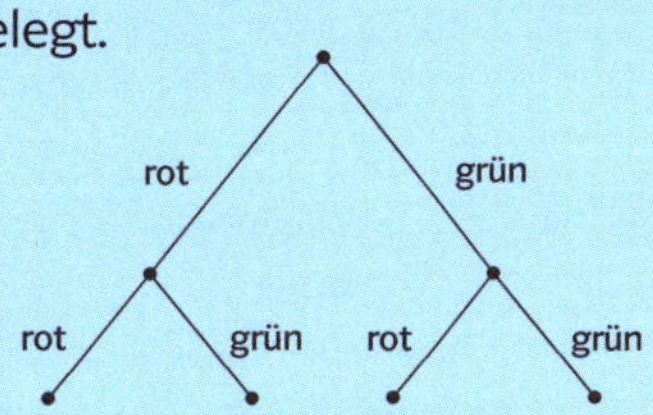

Die Wahrscheinlichkeit für ein Ereignis erhält man, indem man die Wahrscheinlichkeiten längs eines Pfades multipliziert.

Beispiel

Eine Münze wird 3-mal nacheinander geworfen.

a) Zeichne ein Baumdiagramm. Gib alle Ergebnisse und ihre Wahrscheinlichkeiten an.
b) Wie groß ist die Wahrscheinlichkeit, ohne Berücksichtigung der Reihenfolge einmal Wappen und zweimal Zahl zu werfen?

a) S = {WWW; WWZ; WZW; WZZ; ZWW; ZWZ; ZZW; ZZZ}
$P(WWW) = \frac{1}{2} \cdot \frac{1}{2} \cdot \frac{1}{2} = \frac{1}{8}$
$P(WWZ) = P(WZW) = P(WZZ) = P(ZWW) =$
$P(ZWZ) = P(ZZW) = P(ZZZ) = \frac{1}{8}$

b) P(einmal W und zweimal Z) =
$P(WZZ) + P(ZZW) = \frac{1}{8} + \frac{1}{8} = \frac{2}{8} = \frac{1}{4}$

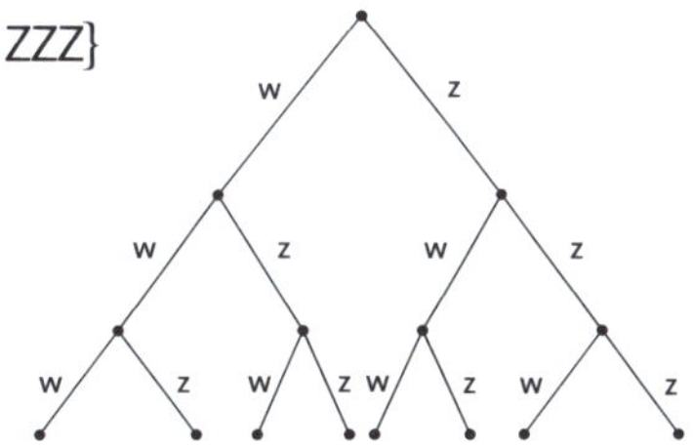

Zusammenfassung

Besteht ein Zufallsexperiment aus mehreren Stufen, so spricht man von einem mehrstufigen Zufallsexperiment. Mithilfe eines Baumdiagramms kann man ein mehrstufiges Zufallsexperiment anschaulich darstellen. Zur Berechnung der Wahrscheinlichkeit benutzt man die Pfad- und Summenregel.

Ähnlichkeitsabbildungen
Zwei Figuren F und G nennt man **ähnlich**, wenn man F durch eine zentrische Streckung oder eine Hintereinanderausführung einer zentrischen Streckung und einer Kongruenzabbildung (Verschiebung, Drehung, Spiegelung) auf G abbilden kann.
Man schreibt dafür: F ~ G (F ist ähnlich zu G)

Die Verkettung einer zentrischen Streckung und einer Kongruenzabbildung nennt man **Ähnlichkeitsabbildung**.

Hinweis: Kongruente Figuren sind stets ähnlich zueinander, aber ähnliche Figuren sind nicht immer kongruent.

Zentrische Streckung

Unter einer zentrischen Streckung versteht man eine Abbildung, die jede Strecke in einem bestimmten Verhältnis vergrößert oder verkleinert. Dabei ist die verkleinerte oder vergrößerte Strecke parallel zur ursprünglichen Strecke.

Eine **zentrische Streckung** mit dem **Streckzentrum S** und dem **Streckfaktor k** ordnet einem Punkt P einen Bildpunkt P' so zu, dass gilt:

- P, P' und S liegen auf einer Geraden.
- $\overline{SP'} = |k| \cdot \overline{SP}$

Ist $k > 0$, so liegen P und P' auf derselben Seite von S.
Ist $k < 0$, so liegen P und P' auf den entgegengesetzten Seiten von S.
Ist $|k| > 1$, so wird die Figur vergrößert. Ist $|k| < 1$, so wird die Figur verkleinert.
Ist $k = 1$, so bleibt die Figur unverändert.

Eigenschaften der zentrischen Streckung

- Eine Gerade g wird auf einer zu ihr parallelen Bildgeraden g' abgebildet, d.h. die Abbildung ist geradentreu.
- Die Bildstrecke ist k-mal so lang wie die ursprüngliche Strecke.
- Winkel und Bildwinkel sind gleich groß, d.h. die Abbildung ist winkeltreu.
- Der Flächeninhalt A' der Bildfigur ist das k^2-fache des Flächeninhaltes A der ursprünglichen Figur: $A' = k^2 \cdot A$.

Beispiel

a) Streckzentrum S; Streckfaktor k = 2

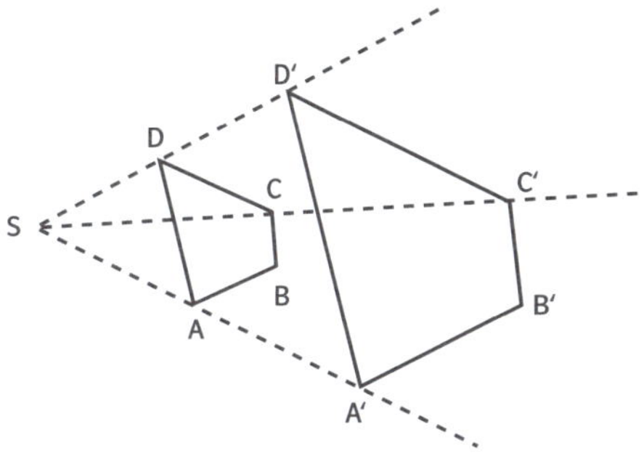

b) Streckzentrum S; Streckfaktor $k = \frac{2}{3}$

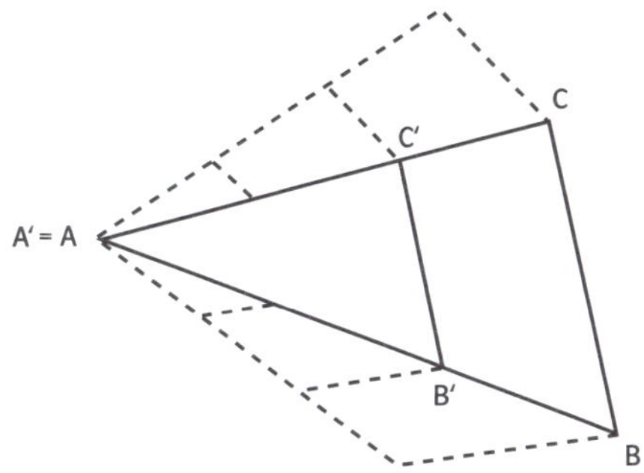

c) Die Figur A" B" C" D" ist aus der Figur A' B' C' D' durch eine Streckung mit dem Streckfaktor k = 0,5 und durch eine Geradenspiegelung an g entstanden.

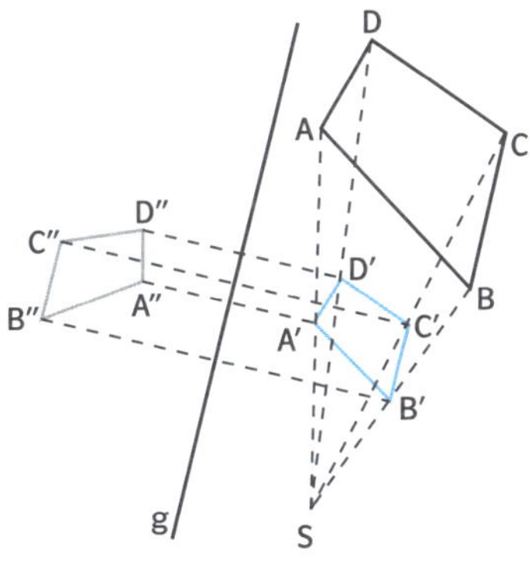

Zusammenfassung

Die Figuren F und G heißen ähnlich, wenn man F auf G abbilden kann durch eine zentrische Streckung oder die Verknüpfung einer zentrischen Streckung mit einer Kongruenzabbildung: F ~ G.

Mit einer zentrischen Streckung kann man Figuren vergrößern oder verkleinern. Sie wird gekennzeichnet durch das Streckzentrum S und den Streckfaktor k.
Es gilt:
- P, P' und S liegen auf einer Geraden.
- $\overline{SP'} = |k| \cdot \overline{SP}$

Die Abbildung ist geraden- und winkeltreu.
Der Flächeninhalt A' der Bildfigur berechnet sich aus dem Flächeninhalt A der ursprünglichen Figur durch: $A' = k^2 \cdot A$.

Eigenschaften ähnlicher Vielecke

- Ähnliche Figuren sind winkeltreu, d.h. $\alpha = \alpha'$; $\beta = \beta'$; …
- Entsprechende Seiten stehen im gleichen Längenverhältnis, d.h. $a : a' = b : b' = \ldots$

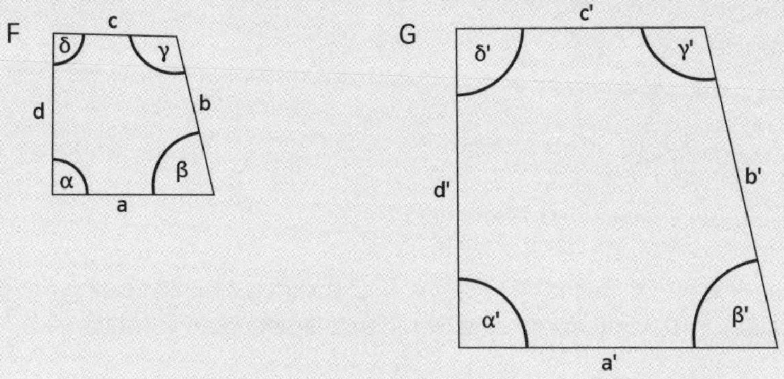

Hinweis: Sind die Seiten von G k-mal so lang wie die Seiten von F, so gilt für den Flächeninhalt von A von G: $A_G = k^2 \cdot A_F$

Ähnlichkeitssätze für Dreiecke

- Stimmen zwei Dreiecke paarweise in zwei Winkeln überein, so sind sie ähnlich.

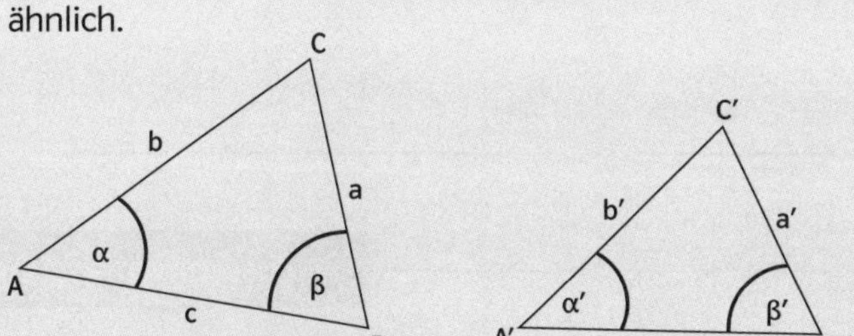

$\alpha = \alpha'$
$\beta = \beta'$

- Stimmen zwei Dreiecke paarweise in den Längenverhältnissen aller drei Seiten überein, so sind sie ähnlich.

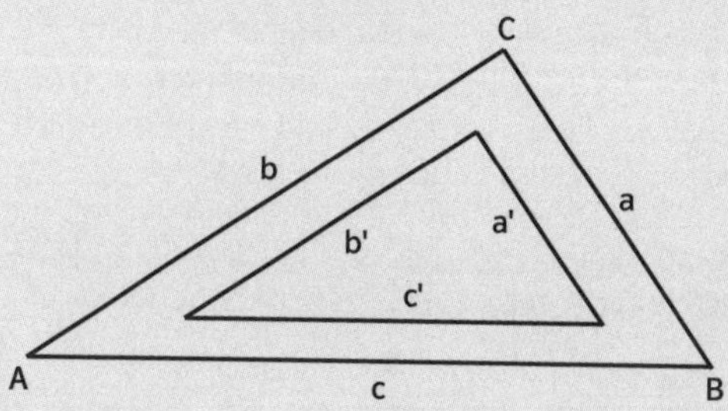

$\frac{a}{a'} = \frac{b}{b'} = \frac{c}{c'}$

Ähnliche Figuren

- Stimmen zwei Dreiecke paarweise im Längenverhältnis zweier Seiten und in der Größe des eingeschlossenen Winkels überein, so sind sie ähnlich.

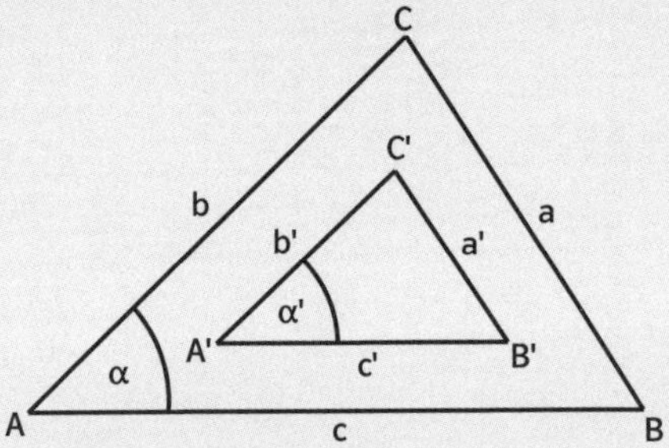

$\frac{c}{c'} = \frac{b}{b'}$

$\alpha = \alpha'$

- Stimmen zwei Dreiecke paarweise im Längenverhältnis zweier Seiten und in der Größe des Winkels, der der größeren Seite gegenüberliegt, überein, so sind sie ähnlich.

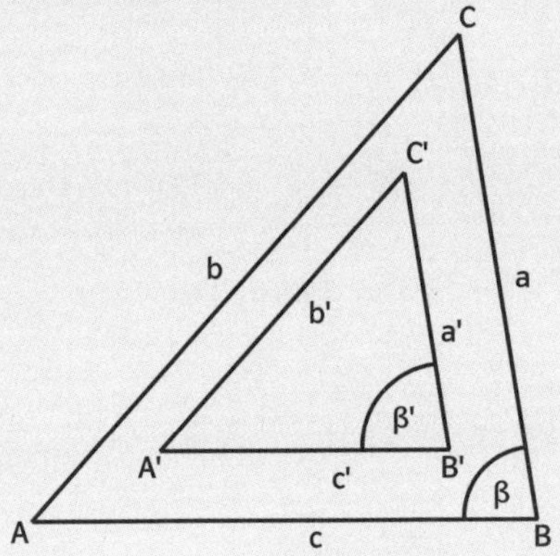

$\frac{a}{a'} = \frac{b}{b'}$

$\beta = \beta'$

Zusammenfassung

Ähnliche Vielecke sind winkeltreu und entsprechende Seiten stehen im gleichen Längenverhältnis.

Stimmen zwei Dreiecke paarweise in zwei Winkeln überein, so sind sie ähnlich. Die Längenverhältnisse entsprechender Seiten sind somit auch gleich groß.

Stimmen zwei Vielecke in entsprechenden Winkeln überein, so kann man dennoch nicht daraus schließen, dass die Vielecke ähnlich sind.

Lern-Video

Strahlensätze

1. Strahlensatz:

Werden zwei von einem Punkt S ausgehende Strahlen a und b von zwei zueinander parallelen Geraden g und h geschnitten, dann gilt:

Die Abschnitte auf dem einen Strahl verhalten sich wie die entsprechenden Abschnitte auf dem anderen Strahl.

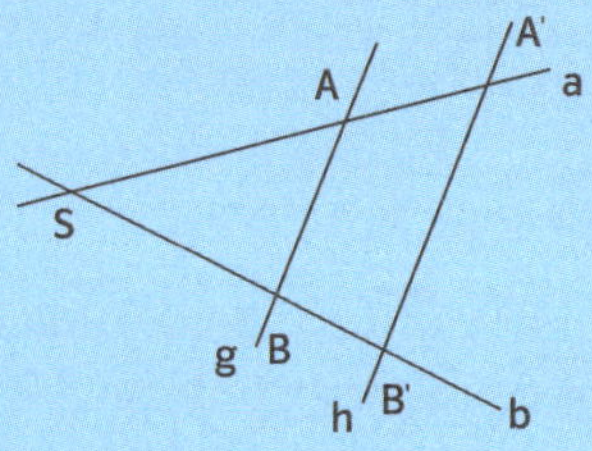

$$\frac{\overline{SA}}{\overline{AA'}} = \frac{\overline{SB}}{\overline{BB'}}$$

oder

$$\frac{\overline{SA}}{\overline{SA'}} = \frac{\overline{SB}}{\overline{SB'}}$$

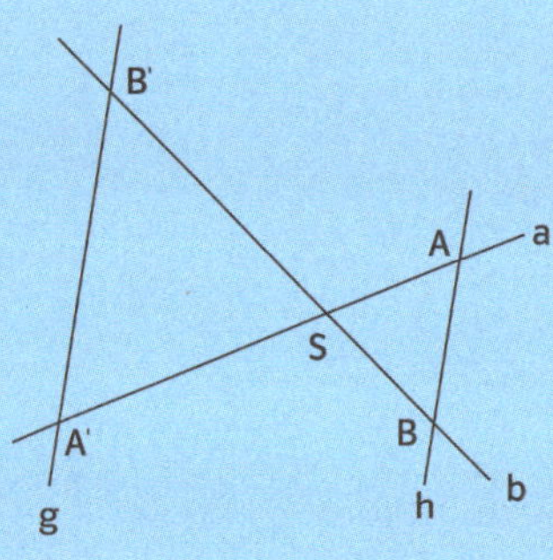

$$\frac{\overline{SA}}{\overline{SA'}} = \frac{\overline{SB}}{\overline{SB'}}$$

oder

$$\frac{\overline{SA}}{\overline{AA'}} = \frac{\overline{SB}}{\overline{BB'}}$$

2. Strahlensatz:
Werden zwei von einem Punkt S ausgehende Strahlen a und b von zwei zueinander parallelen Geraden g und h geschnitten, dann gilt:

Die Abschnitte auf den Parallelen verhalten sich wie die von S aus gemessenen entsprechenden Abschnitte auf jedem Strahl.

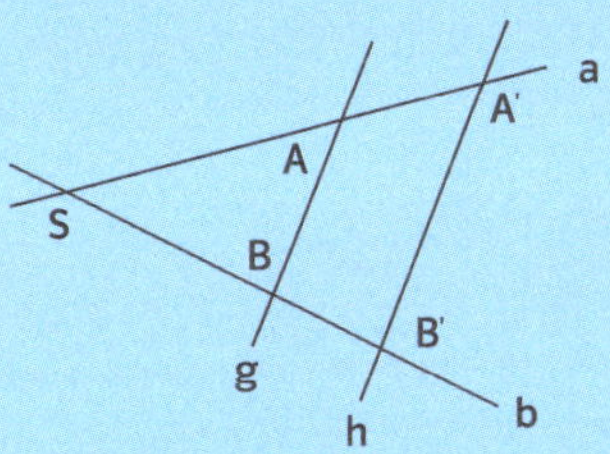

$$\frac{\overline{AB}}{\overline{A'B'}} = \frac{\overline{SA}}{\overline{SA'}} = \frac{\overline{SB}}{\overline{SB'}}$$

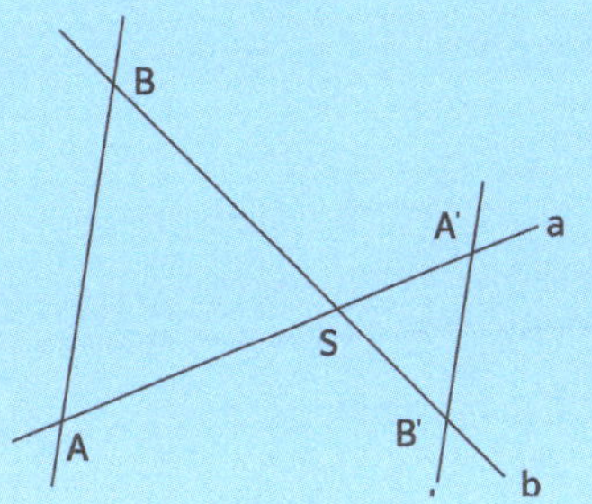

$$\frac{\overline{AB}}{\overline{A'B'}} = \frac{\overline{SA}}{\overline{SA'}} = \frac{\overline{SB}}{\overline{SB'}}$$

Zusammenfassung

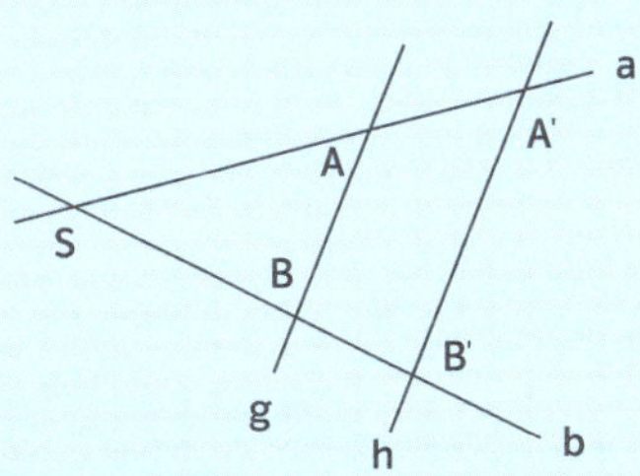

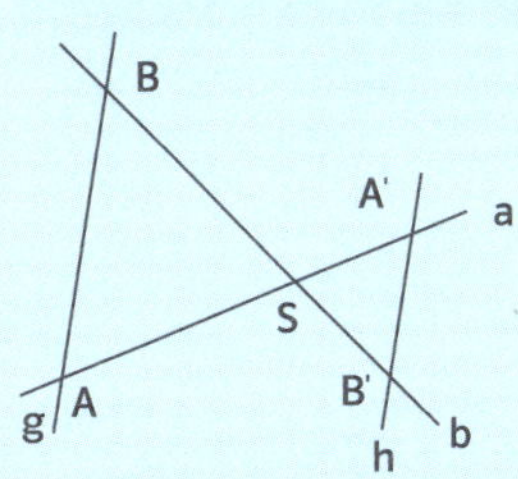

1. Strahlensatz: $\frac{\overline{SA}}{\overline{AA'}} = \frac{\overline{SB}}{\overline{BB'}}$ oder $\frac{\overline{SA}}{\overline{SA'}} = \frac{\overline{SB}}{\overline{SB'}}$

2. Strahlensatz: $\frac{\overline{AB}}{\overline{A'B'}} = \frac{\overline{SA}}{\overline{SA'}} = \frac{\overline{SB}}{\overline{SB'}}$

Bezeichnungen im rechtwinkligen Dreieck

In einem rechtwinkligen Dreieck nennt man die Seite, die dem rechten Winkel gegenüberliegt, **Hypotenuse**.
Die beiden anderen Seiten des Dreiecks nennt man **Katheten**.

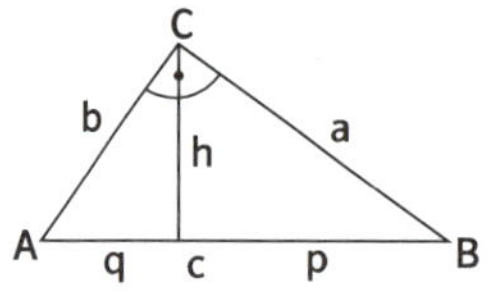

Hypotenuse: c
Katheten: a, b
Höhe: h
Hypotenusenabschnitte: p, q

Satz des Pythagoras

In einem rechtwinkligen Dreieck ist die Summe der Flächeninhalte der Quadrate über den Katheten gleich dem Flächeninhalt des Quadrates über der Hypotenuse.

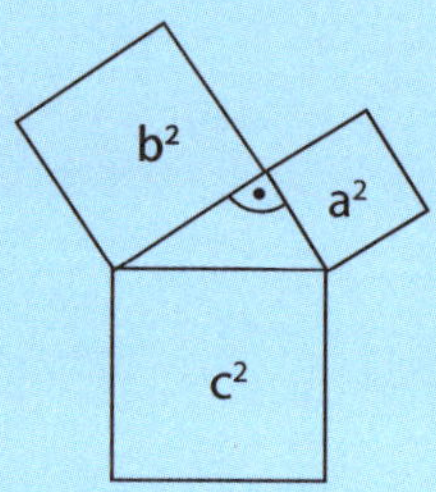

$$\mathbf{a^2 + b^2 = c^2}$$

Umkehrung des Satzes des Pythagoras

Gilt in einem Dreieck die Beziehung $a^2 + b^2 = c^2$, so ist das Dreieck rechtwinklig.

Der Satz des Pythagoras wird z. B. zur Berechnung von Streckenlängen im Raum und in der Ebene verwendet.

Zusammenfassung

Satz des Pythagoras:
In einem rechtwinkeligen Dreieck gilt: $a^2 + b^2 = c^2$

Katheten- und Höhensatz

Neben dem Satz des Pythagoras gibt es weitere Sätze, die im rechtwinkligen Dreieck zur Berechnung von Streckenlängen dienen.

Kathetensatz

In einem rechtwinkligen Dreieck ist der Flächeninhalt des Quadrates über der Kathete gleich dem Flächeninhalt des Rechteckes aus der Hypotenuse und dem anliegenden Hypotenusenabschnitt.

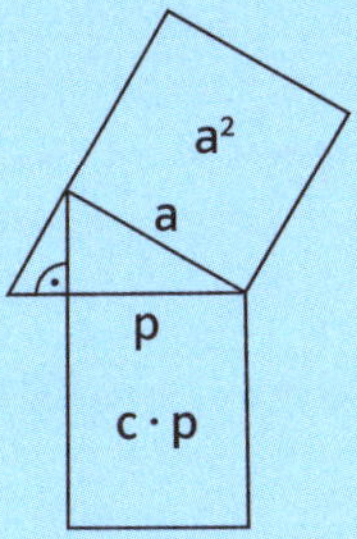

$a^2 = c \cdot p$

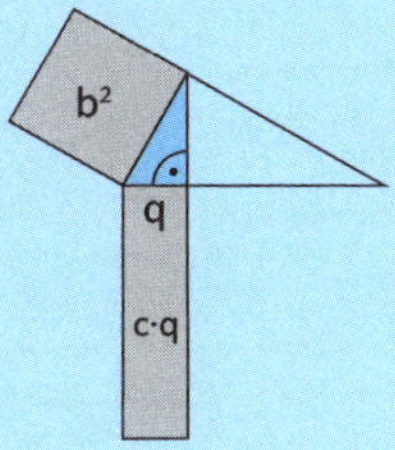

$b^2 = c \cdot q$

Höhensatz

In einem rechtwinkligen Dreieck ist der Flächeninhalt über der Höhe gleich dem Flächeninhalt des Rechteckes aus den beiden Hypotenusenabschnitten.

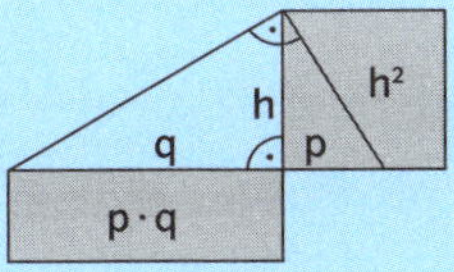

$h^2 = p \cdot q$

Zusammenfassung

In einem rechtwinkeligen Dreieck gilt
Kathetensatz: $a^2 = c \cdot p$ bzw. $b^2 = c \cdot q$
Höhensatz: $h^2 = p \cdot q$

Diagonalen

Quadrat

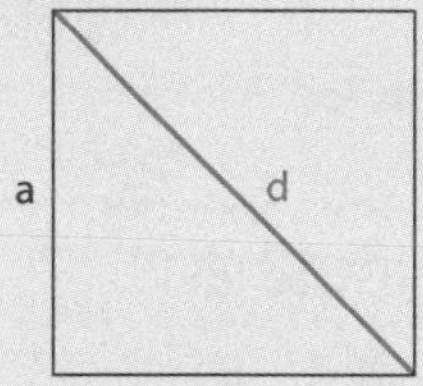

Diagonale d: $d = \sqrt{a^2 + a^2} = \sqrt{2a^2} = \sqrt{2} \cdot a$

Rechteck

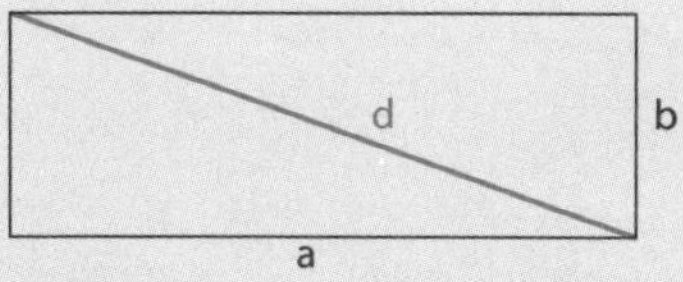

Diagonale d: $d = \sqrt{a^2 + b^2}$

Würfel

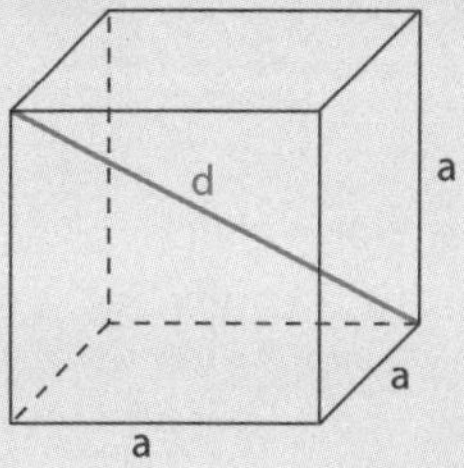

Raumdiagonale d: $d = \sqrt{3} \cdot a$

Quader

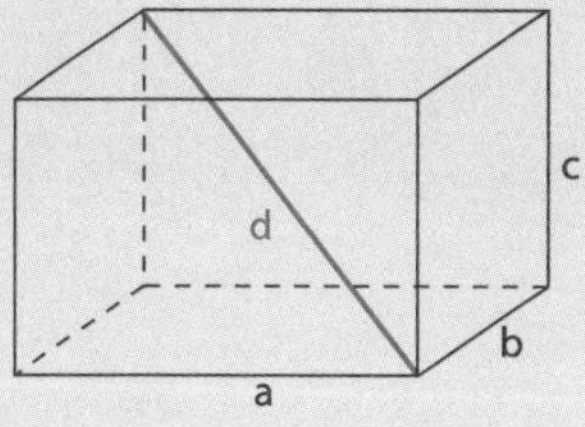

Raumdiagonale d: $d = \sqrt{a^2 + b^2 + c^2}$

Höhe und Flächeninhalt eines gleichseitigen Dreiecks

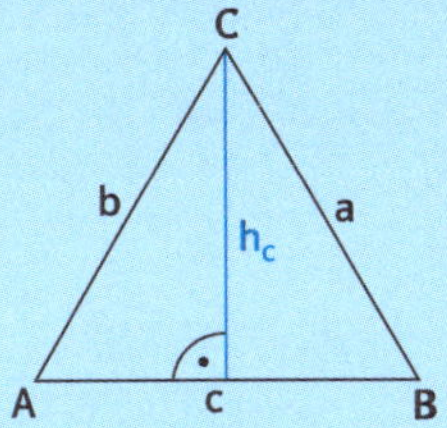

Höhe h_c: $h_c = \frac{1}{2}a\sqrt{3}$

Flächeninhalt A: $A = \frac{1}{4}a^2\sqrt{3}$

Höhe eines gleichschenkligen Dreiecks

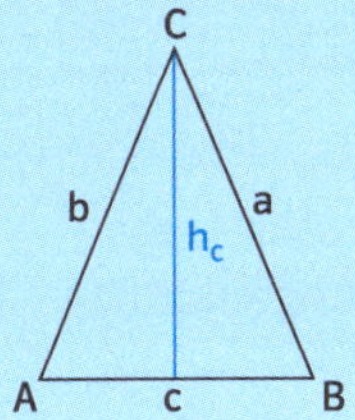

Höhe h_c: $h_c = \sqrt{a^2 - \left(\frac{c}{2}\right)^2}$

Zusammenfassung

Diagonalen
Quadrat: $d = \sqrt{2} \cdot a$
Rechteck: $d = \sqrt{a^2 + b^2}$
Würfel: $d = \sqrt{3} \cdot a$
Quader: $d = \sqrt{a^2 + b^2 + c^2}$
Höhe und Flächeninhalt im gleichseitigen Dreieck: $h = \frac{1}{2}a\sqrt{3}$; $A = \frac{1}{4}a^2\sqrt{3}$
Höhe eines gleichschenkligen Dreiecks: $h = \sqrt{a^2 - \left(\frac{c}{2}\right)^2}$

Seitenbeziehungen im rechtwinkligen Dreieck
Stimmen zwei rechtwinklige Dreiecke in einem spitzen Winkel überein, dann sind die Verhältnisse entsprechender Seiten gleich.

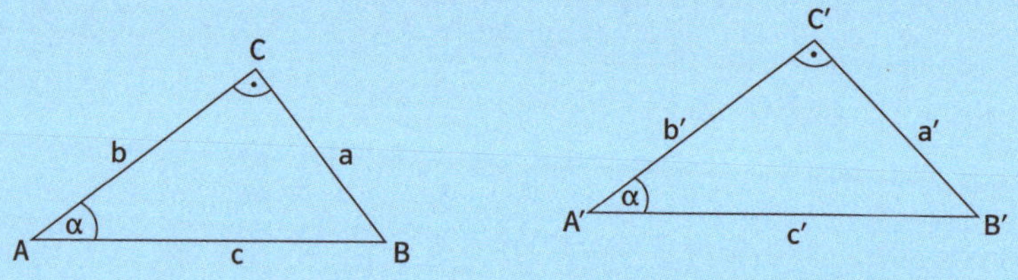

Es gilt: $\frac{a}{a'} = \frac{b}{b'} = \frac{c}{c'}$

Winkelbeziehungen im rechtwinkligen Dreieck
Um diese Beziehungen auszudrücken, hat man folgende Bezeichnungen eingeführt: Die Seite, die dem Winkel gegenüberliegt, heißt **Gegenkathete**, die Seite, die angrenzt, heißt **Ankathete**.

Es gilt:

$\sin\alpha = \frac{\text{Gegenkathete von } \alpha}{\text{Hypotenuse}} = \frac{a}{c}$ (lies: Sinus von α)

$\cos\alpha = \frac{\text{Ankathete von } \alpha}{\text{Hypotenuse}} = \frac{b}{c}$ (lies: Kosinus von α)

$\tan\alpha = \frac{\text{Gegenkathete von } \alpha}{\text{Ankathete von } \alpha} = \frac{a}{b}$ (lies: Tangens von α)

Wichtige Werte

α in °	0°	30°	45°	60°	90°
$\sin\alpha$	0	$\frac{1}{2}$	$\frac{1}{2}\sqrt{2}$	$\frac{1}{2}\sqrt{3}$	1
$\cos\alpha$	1	$\frac{1}{2}\sqrt{3}$	$\frac{1}{2}\sqrt{2}$	$\frac{1}{2}$	0
$\tan\alpha$	0	$\frac{1}{3}\sqrt{3}$	1	$\sqrt{3}$	nicht definiert

Beispiel

Berechne im rechtwinkligen Dreieck die fehlenden Seiten.
Gegeben: $c = 5{,}3\,\text{cm}$; $\alpha = 37°$; $\gamma = 90°$
Gesucht: a; b
Lösung:
Es gelten folgende Beziehungen im rechtwinkligen Dreieck:

$$\sin\alpha = \frac{\text{Gegenkathete von }\alpha}{\text{Hypotenuse}} = \frac{a}{c} \quad \text{und} \quad \cos\alpha = \frac{\text{Ankathete von }\alpha}{\text{Hypotenuse}} = \frac{b}{c}$$

Daraus bestimmen sich a und b wie folgt:
$a = c \cdot \sin\alpha = 5{,}3\,\text{cm} \cdot \sin(37°) \approx 3{,}2\,\text{cm}$
$b = c \cdot \cos\alpha = 5{,}3\,\text{cm} \cdot \sin(37°) \approx 4{,}2\,\text{cm}$

Zusammenfassung

$$\sin\alpha = \frac{\text{Gegenkathete von }\alpha}{\text{Hypotenuse}} = \frac{a}{c}$$

$$\cos\alpha = \frac{\text{Ankathete von }\alpha}{\text{Hypotenuse}} = \frac{b}{c}$$

$$\tan\alpha = \frac{\text{Gegenkathete von }\alpha}{\text{Ankathete von }\alpha} = \frac{a}{b}$$

Bezeichnungen am Kreis

Mittelpunkt M
Radius r
Durchmesser d

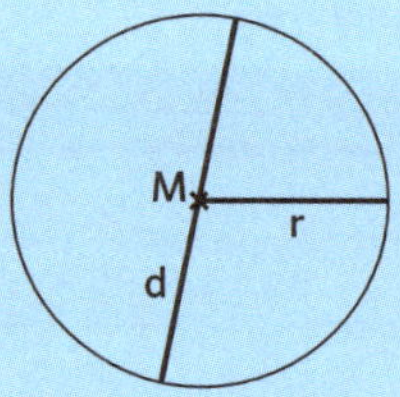

Umfang und Flächeninhalt
Für jeden Kreis mit dem Radius r gilt:
Umfang U: $u = 2\pi r = \pi d$
Flächeninhalt A: $A = \pi r^2$

In jedem Kreis gilt:
Der Quotient aus dem Flächeninhalt A und dem Quadrat des Radius r, also $\frac{A}{r^2}$ ist bei allen Kreisen gleich, nämlich π.
π ist eine irrationale Zahl. Es gilt: $\pi \approx 3{,}14$.

Kreisausschnitt
Aus einem Kreis kann ein Kreisausschnitt geschnitten werden. Die Größe wird durch den Mittelpunktswinkel bestimmt.

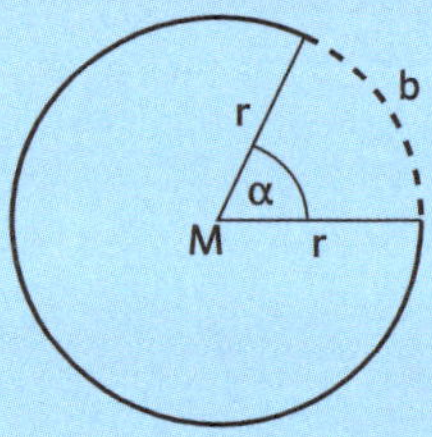

Mittelpunkt M
Radius r
Mittelpunktswinkel α
Kreisbogen b

Kreisbogen b
Für einen Kreisausschnitt mit dem Mittelpunktswinkel α gilt:

$$b = 2\pi r \cdot \frac{\alpha}{360°}$$

Flächeninhalt des Kreisausschnittes
Für einen Kreisausschnitt mit dem Mittelpunktswinkel α gilt:

$$A = \pi r^2 \cdot \frac{\alpha}{360°} \quad \text{oder} \quad A = \frac{1}{2} br$$

Prisma

Ein **Prisma** ist ein geometrischer Körper, der entsteht, wenn man ein Vieleck im Raum verschiebt.

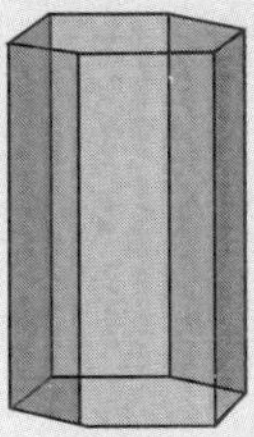

A

gerades Prisma

B

schiefes Prisma

Unter der **Höhe** eines Prismas versteht man den Abstand der beiden Grundflächen.
Die **Oberfläche** eines Prismas besteht aus 2 kongruenten Vielecken als Grundflächen und mehreren Parallelogrammen als Seitenflächen.
Der **Mantel** eines Prismas wird aus den Seitenflächen des Prismas gebildet.

Für das **Volumen** eines Prismas mit Grundfläche A_G und Höhe h gilt:

$V = A_G \cdot h$

Zylinder

Zylinder entstehen durch Verschiebung eines Kreises im Raum. Verschiebt man senkrecht zum Kreis, so erhält man einen **geraden Zylinder**. Im anderen Fall ist es ein **schiefer Zylinder**.

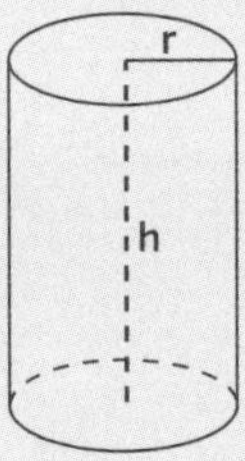

gerader Zylinder

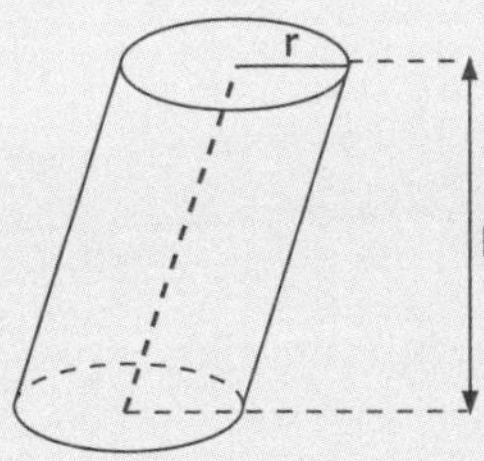

schiefer Zylinder

Für das **Volumen V** eines Zylinders mit Grundkreisradius r und Höhe h gilt:

$V = G \cdot h = \pi r^2 h$

Für den **Mantel M** und die **Oberfläche O** eines Zylinders gilt:

$M = u \cdot h = 2\pi r h \qquad O = 2\pi r^2 + M = 2\pi r(r+h)$

Pyramide
Eine Pyramide ist ein Körper, bei dem jede Ecke eines Vielecks mit einem Punkt S außerhalb des Vielecks verbunden ist.
Ist das Vieleck ein regelmäßiges n-Eck und liegt die Spitze S senkrecht über dem Mittelpunkt des n-Ecks, so nennt man die Pyramide eine **regelmäßige n-seitige Pyramide**.

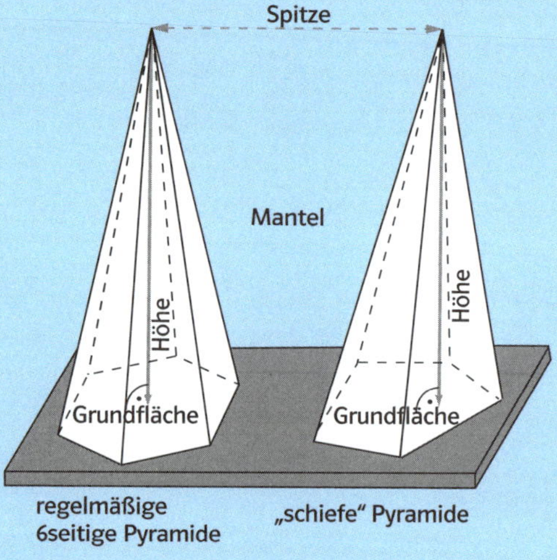

Für das **Volumen V** einer Pyramide mit der Grundfläche G und der Höhe h gilt:

$V = \frac{1}{3} \cdot G \cdot h$

Besondere Pyramiden

1. Regelmäßige vierseitige Pyramide

a)

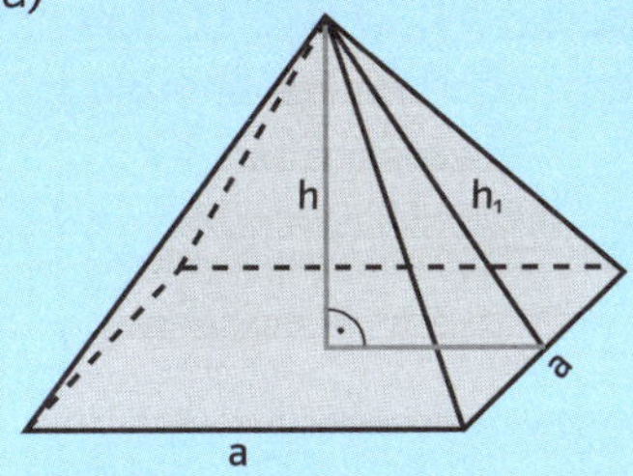

Alle Kanten sind gleich lang.
Grundfläche: Quadrat mit Seitenlänge a und Höhe h
Mantel: 4 gleichseitige Dreiecke mit der Seitenlänge a

b)

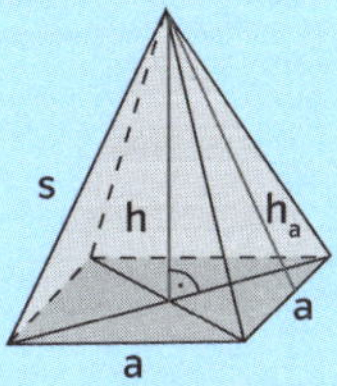

Grundfläche: Quadrat mit Seitenlänge a
Mantel: 4 gleichschenklige Dreiecke

2. Regelmäßige dreiseitige Pyramide: Tetraeder

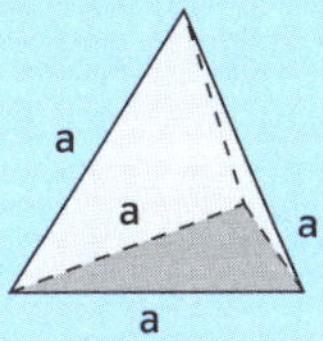

Alle Kanten sind gleich lang.
Grundfläche: gleichseitiges Dreieck mit Seitenlänge a
Mantel: 3 gleichseitige Dreiecke mit der Seitenlänge a

3. Regelmäßige sechsseitige Pyramide

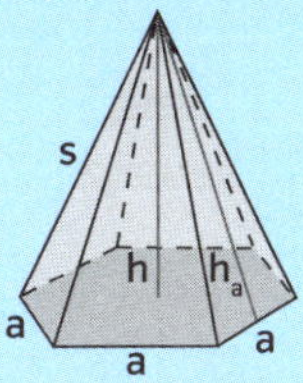

Grundfläche: regelmäßiges Sechseck
Mantel: 6 gleichschenklige Dreiecke

Kegel
Ein Kegel ist ein Körper, bei dem alle Punkte eines Kreises mit einem Punkt S außerhalb der Kreisebene verbunden sind.
Die Mantellinie s ist die Verbindungslinie zwischen einem Punkt auf dem Kreis und der Spitze S. Sind die Mantellinien gleich lang, so ist es ein **gerader Kegel**.

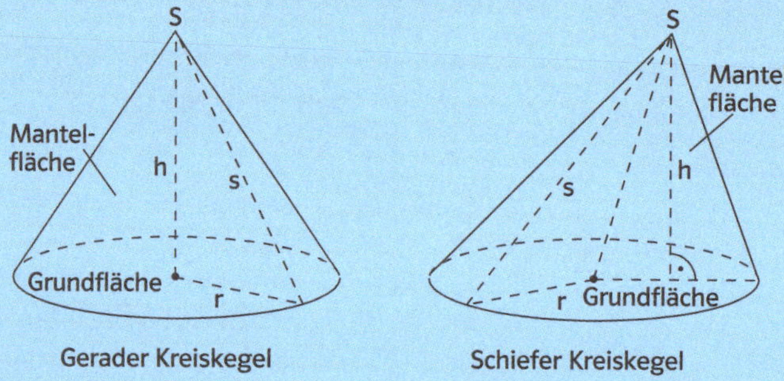

Für das **Volumen V** eines Kegels mit Grundkreisradius r und Höhe h gilt:

$$V=\frac{1}{3}G\cdot h=\frac{1}{3}\cdot\pi r^2 h$$

Für einen geraden Kegel mit der Mantellinie s gilt für den **Mantel M** und die **Oberfläche O:**

$$M=\pi r s \qquad O=\pi r^2+M=\pi r^2+\pi r s=\pi r(r+s)$$

Hinweis: Schneidet man einen geraden Kegel entlang einer Mantellinie auf, so erhält man einen Kreisausschnitt:

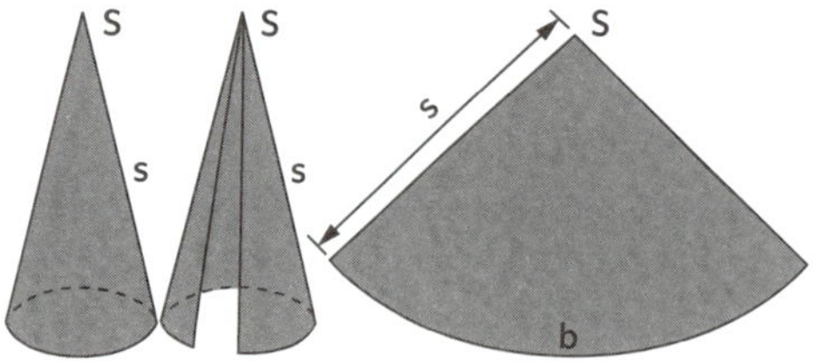

Der Radius r des Kreisausschnittes ist die Mantellinie s des Kegels.
Für den Kreisbogen b gilt: $b=2\pi r$
Für die Mantelfläche gilt: $M=\frac{1}{2}b\cdot s=\pi r s$

Kugel
Eine Kugel ist ein Körper, bei dem alle Punkte auf der Kugeloberfläche vom Mittelpunkt M gleich weit entfernt sind.

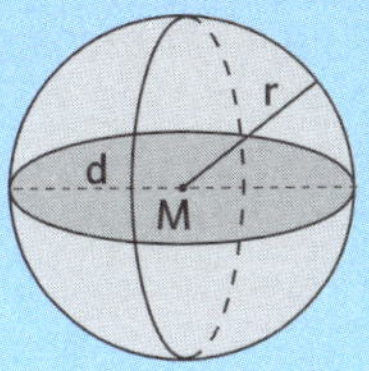

Radius der Kugel: r
Durchmesser: d
Mittelpunkt: M

Für das **Volumen V** einer Kugel mit dem Radius r gilt:

$V = \frac{4}{3} \cdot \pi r^3$

Für die **Oberfläche O** der Kugel mit dem Radius r gilt:

$O = 4 \cdot \pi r^2$

Hinweis: Die Oberfläche einer Kugel kann nicht wie beim Zylinder oder dem Kegel als ebene Fläche dargestellt werden. Deshalb hat die Kugel auch kein Netz.

Beispiel

Berechne die fehlenden der drei Größen r, V und O einer Kugel:

a) Gegeben: $r \approx 1{,}25\,m$

$V = \frac{4}{3} \cdot \pi r^3 = \frac{4}{3} \cdot \pi \cdot (1{,}25\,m)^3 \approx 8{,}18\,m^3$

$O = 4 \cdot \pi r^2 = 4 \cdot \pi \cdot (1{,}25\,m)^2 \approx 19{,}63\,m^2$

b) Gegeben: $O = 3{,}24\,cm^2$

Aus $O = 4 \cdot \pi r^2$ folgt $r^2 = \frac{O}{4\pi} = \frac{3{,}24\,cm^2}{4\pi} \approx 0{,}26\,cm^2$, also $r \approx 0{,}51\,cm$

$V = \frac{4}{3} \cdot \pi r^3 = \frac{4}{3} \cdot \pi \cdot (0{,}51\,cm)^3 \approx 0{,}56\,m^3$

c) Gegeben: $V = 4{,}24\,dm^3$

Mit $V = \frac{4}{3} \cdot \pi r^3$ folgt $r^3 = \frac{3 \cdot V}{4\pi} = \frac{3 \cdot 4{,}24\,dm^3}{4\pi} \approx 1{,}01\,dm^3$, also $r \approx 1{,}00\,dm$

$O = 4 \cdot \pi r^2 = 4 \cdot \pi (1{,}00\,dm)^2 \approx 12{,}57\,dm^2$

Ein Produkt aus lauter gleichen Faktoren **a** kann man als **Potenz** schreiben:

$$\underbrace{a \cdot a \cdot a \cdot \ldots \cdot a \cdot a}_{\text{n gleiche Faktoren}} = a^n \quad (n \in \mathbb{N};\ n > 1)$$

Basis, Exponent

$$2^4 = 2 \cdot 2 \cdot 2 \cdot 2 = 16$$

Potenz, Potenzwert

Zehnerpotenzen

Potenzen mit der Basis 10 nennt man **Zehnerpotenzen**.
Man benutzt sie, um sehr große oder sehr kleine Zahlen darzustellen.

$$10\,000\,000\,000\,000 = 10 \cdot 10 \cdot 10 \cdot 10 \cdot 10 \cdot 10 \cdot 10 \cdot 10 \cdot 10 \cdot 10 \cdot 10 \cdot 10 \cdot 10 = 10^{13}$$

$$0{,}000\,0000\,1 = \frac{1}{10\,000\,000} = \frac{1}{10} \cdot \frac{1}{10} \cdot \frac{1}{10} \cdot \frac{1}{10} \cdot \frac{1}{10} \cdot \frac{1}{10} \cdot \frac{1}{10} = \frac{1}{10^7} = 10^{-7}$$

Zehnerpotenzen verwendet man nicht nur alleine, sondern auch in Verbindung mit anderen Zahlen. So kann man z. B. die Zahl 85 000 000 000 mithilfe von Zehnerpotenzen darstellen:

$$85\,000\,000\,000 = 85 \cdot 10^9 = 8{,}5 \cdot 10^{10}$$

$8{,}5 \cdot 10^{10}$ nennt man auch **Normdarstellung** dieser Zahl. Sie ist das Produkt einer Zahl mit einer Zahl $0 < a < 10$ vor dem Komma und einer Zehnerpotenz.

Es gilt:

$$10^0 = 1; \qquad 10^{-n} = \frac{1}{10^n} = \underbrace{0{,}0\ldots}_{\text{n Nullen}}01 \ (n \in \mathbb{N})$$

Potenzen mit ganzen Exponenten

Es gilt:

$a^0 = 1$

$\frac{1}{a^n} = a^{-n}$ $(a \neq 0;\ n \in \mathbb{N})$

Potenzen mit rationalen Exponenten

Es gilt für $a > 0,\ p \in \mathbb{N};\ q \in \mathbb{N} \setminus \{0; 1\}$:

$a^{\frac{1}{q}} = \sqrt[q]{a};\ a^{-\frac{1}{q}} = \frac{1}{\sqrt[q]{a}}$ $a^{\frac{p}{q}} = \sqrt[q]{a^p};\ a^{-\frac{p}{q}} = \frac{1}{\sqrt[q]{a^p}}$

Für $q = 2$ ist $\sqrt[2]{a} = \sqrt{a}$ die Quadratwurzel.

Potenzen mit irrationalen Exponenten

Für positive Basen ($a \in \mathbb{R}^+$) ist das Ergebnis einer Potenz mit irrationalem Exponenten eine eindeutig bestimmte reelle Zahl.

$2^{\sqrt{2}} \approx 2{,}665144$

Hinweis: Die rationalen Zahlen zusammen mit den irrationalen Zahlen bilden die Menge der reellen Zahlen.

Zusammenfassung

Ein Produkt aus lauter gleichen Faktoren a kann man als Potenz schreiben:
$a \cdot a \cdot a \cdot \ldots \cdot a \cdot a = a^n$

Es gilt: $\frac{1}{a^n} = a^{-n}$, wenn $a \neq 0$.

Für Potenzen mit natürlichen Exponenten gilt:
$a^0 = 1$

$\frac{1}{a^n} = a^{-n}$ $(a \neq 0;\ n \in \mathbb{N})$

Für Potenzen mit rationalen Exponenten gilt:

$a^{\frac{1}{q}} = \sqrt[q]{a};$ $a^{-\frac{1}{q}} = \frac{1}{\sqrt[q]{a}};$ $a^{\frac{p}{q}} = \sqrt[q]{a^p};$ $a^{-\frac{p}{q}} = \frac{1}{\sqrt[q]{a^p}}$

Vereinfachen von Summen und Differenzen
Eine **Summe** bzw. **Differenz** von Potenzen lässt sich vereinfachen, wenn die Summanden **gleiche Basen und Exponenten** haben.

$r \cdot a^n + s \cdot a^n = (r+s) \cdot a^n$

Das erste Potenzgesetz:

a) Potenzen mit **gleicher Basis** werden **multipliziert**, indem man die Exponenten **addiert** und die Basis beibehält:
$a^n \cdot a^m = a^{n+m}$

b) Potenzen mit **gleicher Basis** werden **dividiert**, indem man die Exponenten **subtrahiert** und die Basis beibehält:
$a^n : a^m = a^{n-m}$

Das zweite Potenzgesetz:

a) Potenzen mit **gleichem Exponenten** werden **multipliziert**, indem man die Basen **multipliziert** und den Exponenten beibehält.
$a^n \cdot b^n = (a \cdot b)^n$

b) Potenzen mit **gleichem Exponenten** werden **dividiert**, indem man die Basen **dividiert** und den Exponenten beibehält.
$a^n : b^n = \left(\frac{a}{b}\right)^n$

Das dritte Potenzgesetz:

Eine Potenz wird **potenziert**, indem man die Exponenten **multipliziert** und die Basis beibehält.
$(a^n)^m = a^{n \cdot m}$

Hinweis: Diese Gesetze gelten für

a) reelle Basen ($a, b \in \mathbb{R}\setminus\{0\}$) und ganzzahlige Exponenten ($n, m \in \mathbb{Z}$)

b) positive Basen ($a, b \in \mathbb{R}^+$) und reelle Exponenten ($n, m \in \mathbb{R}$)

Gleichungen der Form $\mathbf{x^n = a}$ ($n \in \mathbb{N} \setminus \{0; 1\}$) nennt man **Potenzgleichungen.**

Bei der Lösung dieser Gleichungen muss man zwischen Gleichungen mit geradem und ungeradem Exponenten unterscheiden.

Beispiel

n gerade

n ungerade

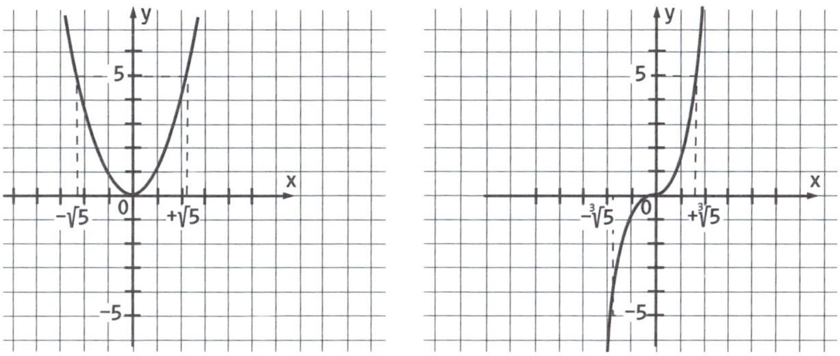

Die Gleichung $x^2 = 5$ hat die Lösungen $-\sqrt{5}$ und $+\sqrt{5}$.
Die Gleichung $x^2 = -5$ hat keine Lösung.

Die Gleichung $x^3 = 5$ hat die Lösung $\sqrt[3]{5}$.
Die Gleichung $x^3 = -5$ hat die Lösung $-\sqrt[3]{5}$

Es gilt:

	n gerade	n ungerade
$a > 0$	$+\sqrt[n]{a}$ und $-\sqrt[n]{a}$	$+\sqrt[n]{a}$
$a = 0$	0	0
$a < 0$	keine Lösung	$-\sqrt[n]{\lvert a \rvert}$

Beispiel

Gib die Lösungsmenge an:

a) $x^4 = 625$
$x = +\sqrt[4]{625}$ oder $x = -\sqrt[4]{625}$
$x = +5$ oder $x = -5$
$L = \{-5; 5\}$

b) $x^5 = -1024$
$x = -\sqrt[5]{1024}$
$x = -4$
$L = \{-4\}$

Logarithmen
Die Umkehrung des Potenzierens einer Basis ist das **Logarithmieren**.
Dabei wird der Exponent gesucht.
Ist $a, b > 0$, $b \neq 1$ und $a = b^x$ so gilt:

$$x = \log_b a \quad \text{bzw.} \quad x = {}_b\log a$$

Die rechte Seite heißt **Logarithmus von a zur Basis b** oder kurz:
b-Logarithmus von a.

Das Ergebnis des Logarithmierens gibt an, mit welchem Exponenten man b potenzieren muss, damit man a erhält.
Zu negativen Zahlen existiert kein Logarithmus.
Jedoch kann der Logarithmus einer Zahl negativ sein.

Meistens benutzt man als Basis die Zahl 10 und schreibt: ${}_{10}\log a = \log a$.

Es gilt: $\log_b 1 = 0$, denn $b^0 = 1$; $\log_b b = 1$, denn $b^1 = b$

Logarithmengesetze

Für $u, v, a, b > 0$ und $b \neq 1$ gilt:

$$\log_b (u \cdot v) = \log_b u + \log_b v$$

$$\log_b \left(\frac{u}{v}\right) = \log_b u - \log_b v$$

$$\log_b u^v = v \cdot \log_b u$$

$$\log_b \sqrt[n]{a} = \frac{1}{n} \cdot \log_b a$$

Ein **Wachstum** beschreibt die Änderung des Bestandes im Zeitschritt zwischen zwei Zeitpunkten t und t + 1 (t = 0, 1, 2, 3, …). Es kann auf verschiedene Arten erfolgen:

- **absolute Änderung d**:
  Man berechnet die Differenz zweier aufeinanderfolgender Werte:
  $d = B(t+1) - B(t)$
- **relative oder prozentuale Änderung p**:
  Man ermittelt p wie folgt: $p = \frac{B(t+1) - B(t)}{B(t)}$

Lineares Wachstum
Bei einem linearen Wachstum ist die Änderung des Bestandes pro Zeitschritt (absolute Änderung d) konstant.

$$B(t+1) - B(t) = d$$

Für den Bestand B(t) gilt nach t Zeitschritten:

$$B(t) = B(0) + m \cdot t,$$

wobei m die Änderungsrate und B(0) der Anfangsbestand sind.

Das Schaubild eines linearen Wachstums ist eine Gerade.

Beispiel

Eine Tanne ist 90 cm hoch. Sie wächst jedes Jahr um 12 cm. Wie hoch ist die Tanne in 5 Jahren?

Anfangsbestand: $B(0) = 90$
Änderungsrate: $m = 12$

Bestand bzw. Höhe nach t Jahren: $B(t) = 90 + 12 \cdot t$
Höhe nach 5 Jahren: $B(5) = 90 + 12 \cdot 5 = 90 + 60 = 150$

Nach 5 Jahren ist die Tanne 150 cm = 1,50 m hoch.

Ist bei einem Wachstum die Änderung des Bestandes pro Zeitschritt nicht konstant, sondern proportional zum vorhandenen Bestand, so spricht man von einem **exponentiellen Wachstum**.

Es gilt:

$$B(t+1) - B(t) = p \cdot B(t) \quad \text{bzw.} \quad \frac{B(t+1) - B(t)}{B(t)}$$

$$k = p + 1 = \frac{B(t+1)}{B(t)}; \quad \text{k heißt Wachtstumsfaktor}$$

Für den Bestand B(t) gilt nach t Zeitschritten:

$$B(t) = B(0) \cdot k^t$$

wobei B(0) der Anfangsbestand ist.

Das Schaubild eines exponentiellen Wachstums ist die Exponentialfunktion

Beispiel Georg legt 5000 € zu einem Zinssatz von 5 % für 5 Jahre mit Zinseszins an. Wie hoch ist sein Kapital nach 5 Jahren?

Jahr	Alter Bestand	Zuwachs	Neuer Bestand
0			5000,00 €
1	5000,00 €	250,00 €	5250,00 €
2	5250,00 €	262,50 €	5512,50 €
3	5512,50 €	275,63 €	5788,13 €
4	5788,13 €	289,41 €	6077,54 €
5	6077,54€	303,88€	6381,42€

Betrachtet man die einzelnen Rechenschritte, so erkennt man die obige Formel mit $k = p + 1 = 5\,\% + 1 = 0{,}05 + 1 = 1{,}05$.

Anfangsbestand: $B(0) = 5000\,€$

Nach einem Jahr: $B(1) = 5000\,€ + 0{,}05 \cdot 5000\,€ = 5000\,€ \cdot 1{,}05 = 5250\,€$

Nach zwei Jahren: $B(2) = 5250\,€ \cdot 1{,}05 = 5000\,€ \cdot 1{,}05^2 = 5512{,}50\,€$

Nach drei Jahren: $B(3) = 5512{,}50\,€ \cdot 1{,}05 = 5000\,€ \cdot 1{,}05^3 \approx 5788{,}13\,€$

…

Nach t Jahren : $B(t) = B(0) \cdot 1{,}05^t$

Beschränktes Wachstum
Existiert bei einem Wachstum eine Grenze (Schranke), die nicht überschritten werden kann, so spricht man von einem **beschränkten Wachstum**.
Je mehr sich der momentane Bestand B(t) dieser Schranke S nähert, umso kleiner ist der Zuwachs pro Zeiteinheit. Die Differenz S − B(t) wird immer kleiner und wird **Sättigungsmanko** genannt.

Bei einem beschränkten Wachstum ist die Änderungsrate k zum Sättigungsmanko proportional und der Bestand B(t) ändert sich im nächsten Zeitschritt um:

$$k \cdot (S - B(t))$$

Somit gilt für den Bestand einen Zeitschritt später:

$$B(t+1) = B(t) + k \cdot (S - B(t))$$

Beispiel

In Deutschland kamen 2005 bei rund 82 000 000 Einwohnern laut Bevölkerungsstatistik auf 1 000 Einwohner 8 Geburten und 10 Todesfälle im Jahr. Der Bevölkerungsstatistik ist außerdem zu entnehmen, dass im Durchschnitt ca. 140 000 Menschen zuwandern.

a) Mit welcher Einwohnerzahl ist nach 1, 2, 3, 4, 5 Jahren zu rechnen?

b) Zeige, dass die Entwicklung der Einwohnerzahl dem Gesetz des beschränkten Wachstums folgt.
Mit welcher Einwohnerzahl kann langfristig gerechnet werden?

Lösung:

a) Da die Anzahl der Geburten und Todesfälle von der gesamten Einwohnerzahl, die sich jährlich ändert, abhängt, handelt es sich um ein exponentielles Wachstum.
Geburten im Jahr 2005: $8 \cdot 82\,000 = 656\,000$
Todesfälle im Jahr 2005: $10 \cdot 82\,000 = 820\,000$

Berechnung des Wachstumsfaktors k:
Einwohnerzahl zu Beginn $B(0) = 82\,000\,000$
Einwohnerzahl nach einem Jahr B(1):
$82\,000\,000 + 656\,000 - 820\,000 = 81\,836\,000$
Aus $B(1) = B(0) \cdot k^1$ folgt $k = 0{,}998$.

Diesem exponentiellen Wachstum ist ein lineares überlagert, die Zuwanderungsbilanz wird als durchschnittliche angegeben und kann somit als gleich bleibend angenommen werden.
Somit ergibt sich:

$B(t+1) = 0{,}998 \cdot B(t) + 140\,000$
$B(1) = 81\,976\,000$; $B(2) = 81\,952\,048$; $B(3) \approx 81\,928\,144$;
$B(4) \approx 81\,904\,288$

b) Aus der Gleichung für beschränktes Wachstum
$B(t+1) = B(t) + k \cdot (S - B(t))$
folgt:
$81\,976\,000 = 82\,000\,000 + 0{,}998 \cdot (S - 82\,000\,000)$ und damit $S = 81\,975\,952$

Zusammenfassung

Bei einem beschränkten Wachstum mit der Schranke S ist die Änderungsrate k zum Sättigungsmanko proportional und der Bestand B(t) ändert sich im nächsten Zeitschritt um:
$k \cdot (S - B(t))$
Somit gilt für den Bestand einen Zeitschritt später:
$B(t+1) = B(t) + k \cdot (S - B(t))$

Funktion
Wird bei einer Zuordnung $x \mapsto y$ jeder Größe (Zahl) x **genau eine** Größe (Zahl) y zugeordnet, so nennt man diese Zuordnung auch **Funktion f.**
Die Menge aller Größen x nennt man **Definitionsmenge D.** Die einer Größe x zugeordnete Größe y heißt **Funktionswert**. Die Menge aller Funktionswerte nennt man **Wertemenge W.**

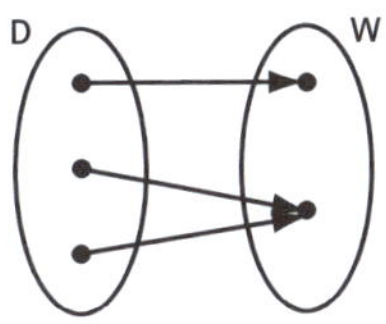

Funktion

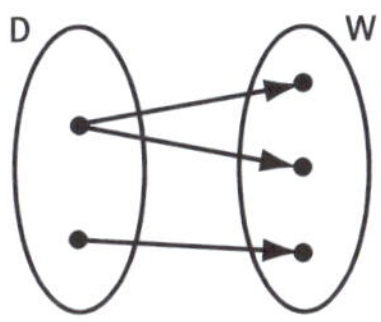

keine Funktion

Umkehrfunktion

Ist jedem y-Wert auch genau ein x-Wert zugeordnet, so kann man die **Umkehrfunktion** bilden.
Der Graph der Umkehrfunktion entsteht aus dem Graphen der ursprünglichen Funktion durch Spiegelung an der 1. Winkelhalbierenden ($y = x$).

Darstellen einer Funktion

- Zuordnungsvorschrift oder Funktionsgleichung
  Dabei sollte immer die Definitionsmenge angegeben werden.
- Wertetabelle

Die Funktion wird durch einen Graphen im Koordinatensystem dargestellt.

Beispiel

Zuordnungsvorschrift: $x \mapsto 2x$
Funktionsgleichung: $f(x) = 2x$
Definitionsmenge D: $D = \mathbb{R}$

Wertetabelle:

x	−2	−1	0	1	2	3
y	−4	−2	0	2	4	6

Graph der Funktion:

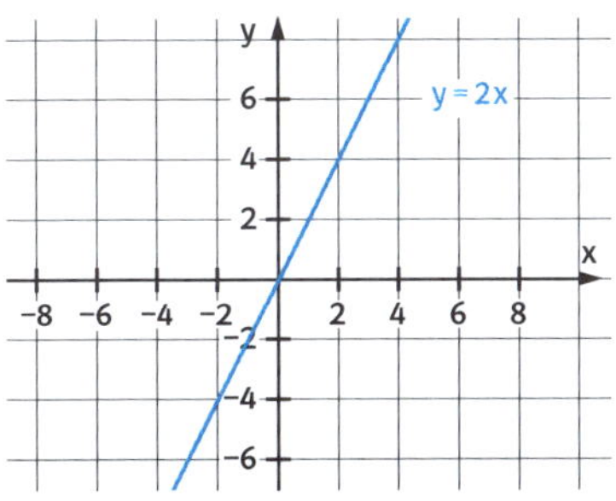

Lern-Video

Ableitungen

Gegeben ist eine Funktion f mit dem Definitionsbereich D und dem Wertebereich W.

Existiert an einer beliebigen Stelle $x_0 \in D$ der Grenzwert

$$\lim_{x \to x_0} \frac{f(x) - f(x_0)}{x - x_0} \quad \text{bzw.} \quad \lim_{h \to 0} \frac{f(x_0 + h) - f(x_0)}{h} \quad \text{mit } x = x_0 + h$$

so nennt man diesen Grenzwert die **Ableitung** oder den **Differenzialquotienten** von f an der Stelle x_0.

Man sagt auch:

Die Funktion f ist an der Stelle x_0 **ableitbar** oder **differenzierbar**.

Für die Ableitung schreibt man auch:

$f'(x)$ (lies: f Strich an der Stelle x oder f Strich von x)

Hinweis: Existiert der Grenzwert an der Stelle x_0 nicht, so ist die Funktion f nicht differenzierbar.

Geometrische Bedeutung der Ableitung

Der Term $\frac{f(x) - f(x_0)}{x - x_0}$ bzw. $\frac{f(x_0 + h) - f(x_0)}{h}$ gibt die Steigung einer Geraden an, die den Graphen der Funktion f in zwei Punkten $P(x|f(x))$ und $P(x_0|f(x_0))$ schneidet (Steigung der Sekante).

Den Term $\frac{f(x) - f(x_0)}{x - x_0}$ nennt man auch **Differenzenquotienten**.

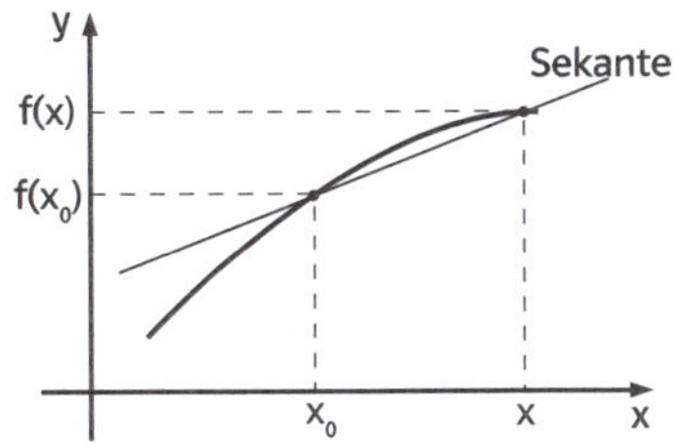

Steigung der Sekante:
$\frac{f(x)-f(x_0)}{x-x_0}$

Bildet man nun den Grenzübergang $x \rightarrow x_0$, so wird aus der Sekante die Tangente (Gerade, die den Graphen von f nur in einem Punkt B berührt).

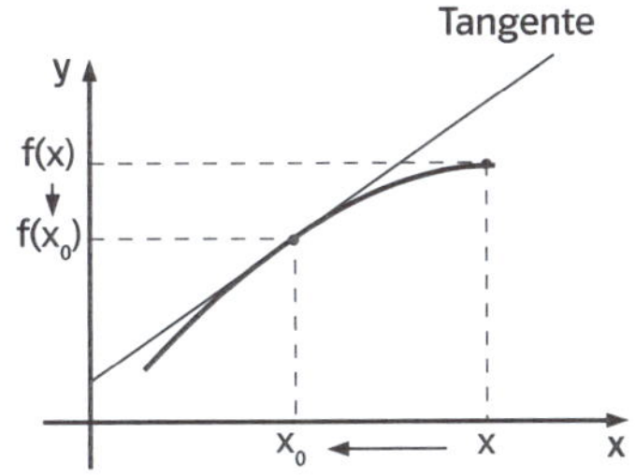

Steigung der Tangente:
$\lim\limits_{x \rightarrow x_0} \frac{f(x)-f(x_0)}{x-x_0} = f'(x_0)$

Die **Steigung der Tangente** an die Kurve an einer Stelle x_0 ist somit die Ableitung der Kurve an dieser Stelle.

Die **Gleichung der Tangente** in einem Punkt $P(x_0|f(x_0))$ lautet:
$y = f(x_0) + f'(x_0)(x - x_0)$

Bei Anwendungen nennt man den Differenzenquotienten auch mittlere Änderungsrate und den Differenzialquotienten momentane Änderungsrate.

Zusammenfassung

Differenzenquotient (Steigung der Sekante): $\frac{f(x)-f(x_0)}{x-x_0}$

Differenzialquotient (Steigung der Tangente): $\lim\limits_{x \rightarrow x_0} \frac{f(x)-f(x_0)}{x-x_0} = f'(x_0)$

Ableitungsfunktion
Gegeben ist eine Funktion f mit dem Definitionsbereich D.
Ist diese Funktion für alle $x \in D$ ableitbar, so heißt die Funktion

$$f': x \mapsto f'(x)$$

die **Ableitungsfunktion** oder kurz **Ableitung** der Funktion f.

Potenzregel

Ist die Potenzfunktion $f(x) = x^n$ $(n \in \mathbb{N})$ an der Stelle $x \in D$ ableitbar, so gilt für die Ableitung der Funktion:

$$f'(x) = n \cdot x^{n-1}$$

Beispiel:
$f(x) = x^6$
$f'(x) = 6 \cdot x^{6-1} = 6 \cdot x^5$

Summen- und Faktorregel

Sind die Funktionen g und h an der Stelle $x \in D$ ableitbar, so ist die Funktion:

a) $f(x) = g(x) + h(x)$ auch an der Stelle $x \in D$ ableitbar und es gilt:

$$f'(x) = g'(x) + h'(x)$$

b) $f(x) = c \cdot g(x)$ auch an der Stelle $x \in D$ ableitbar und es gilt:

$$f'(x) = c \cdot g'(x)$$

Beispiele:

a) $f(x) = 4x + 3x^2$
$f'(x) = 4 + 6x$

b) $f(x) = 4 \cdot g(x)$, wobei $g(x) = 7x^3$
$= 4 \cdot 7x^3 = 28x^3$
$f'(x) = 4 \cdot g'(x)$, wobei $g'(x) = 21x^2$
$= 84x^2$

Produktregel

Sind die Funktionen g und h an der Stelle $x \in D$ ableitbar, so ist die Funktion $f(x) = g(x) \cdot h(x)$ auch an der Stelle $x \in D$ ableitbar und es gilt:

$$f'(x) = g'(x) \cdot h(x) + g(x) \cdot h'(x)$$

Beispiel:

a) $f(x) = 5x^2$
   $f'(x) = 10x$

b) $g(x) = 5x^2 \cdot \sin(x)$
   $g'(x) = 10x \cdot \sin(x) + 5x^2 \cdot \cos(x)$

Quotientenregel

Sind die Funktionen g und h an der Stelle $x \in D$ ableitbar und ist $h(x) \neq 0$, so ist die Funktion $f(x) = \frac{g(x)}{h(x)}$ auch an der Stelle $x \in D$ ableitbar und es gilt:

$$f'(x) = \frac{g'(x) \cdot h(x) - g(x) \cdot h'(x)}{h^2(x)}$$

Beispiel:

$$f(x) = \frac{4x^2}{5x^3}$$

$$f'(x) = \frac{8x \cdot 5x^3 - 4x^2 \cdot 15x^2}{(5x^3)^2}$$

Kettenregel

Gegeben sind die Funktionen v(x) und u(v). Die Funktion $u \circ v$: $x \mapsto u(v(x))$ heißt **Verkettung der Funktionen** u und v.

Sind die Funktionen u und v jeweils an der Stelle $x \in D$ ableitbar, so ist die Funktion $f(x) = u(v(x))$ auch an der Stelle $x \in D$ ableitbar und es gilt:

$$f'(x) = u'(v(x)) \cdot v'(x)$$

Beispiel:

$f(x) = \cos(5x^2) = u(v(x))$

$u(x) = \cos(v(x))$; $v(x) = 5x^2$

$u'(x) = -\sin(v(x))$; $v'(x) = 10x^2$

$f'(x) = -\sin(5x^2) \cdot 10x$

Symmetrie

1. **Achsensymmetrisch zur y-Achse**
   Eine Funktion f heißt achsensymmetrisch zur y-Achse, wenn für alle $x \in D$ gilt:
   $$f(-x) = f(x)$$

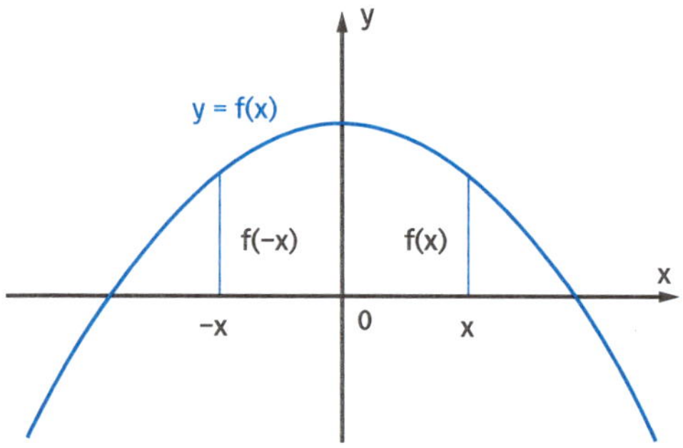

2. **Punktsymmetrisch zum Ursprung**
   Eine Funktion f heißt punktsymmetrisch zum Ursprung, wenn für alle $x \in D$ gilt:
   $$f(-x) = -f(x)$$

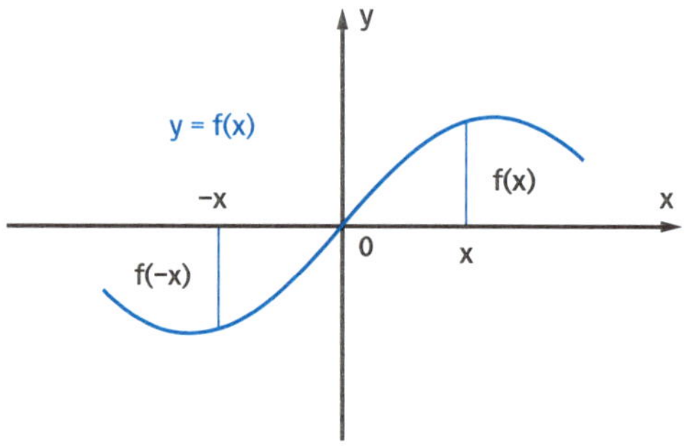

3. Achsensymmetrisch zur Geraden $x = x_0$

Eine Funktion f heißt achsensymmetrisch zur Geraden $x = x_0$, wenn für alle $x \in D$ und $h \in \mathbb{R}$ gilt:

$$f(x_0 - h) = f(x_0 + h)$$

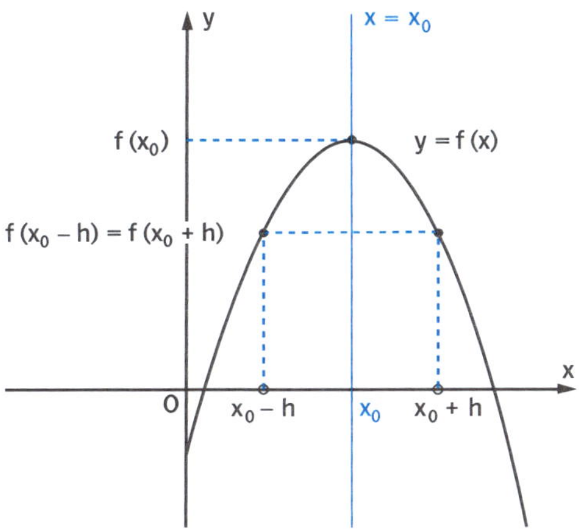

4. Punktsymmetrisch zum Punkt $P(x_0|y_0)$

Eine Funktion f heißt punktsymmetrisch zum Punkt $P(x_0|y_0)$, wenn für alle $x \in D$ und $h \in \mathbb{R}$ gilt:

$$f(x_0 - h) - y_0 = y_0 - f(x_0 + h)$$

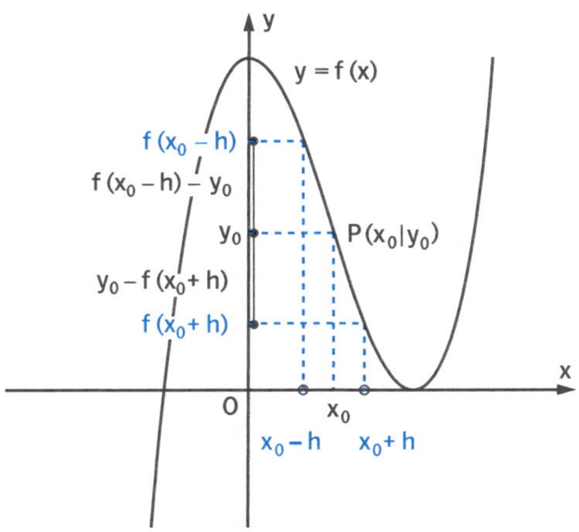

Schneidet oder berührt der Graph der Funktion f die x-Achse an der Stelle x_1, so nennt man diese Stelle **Nullstelle** der Funktion f.

Es gilt also:
Eine Zahl $x_1 \in D$ heißt Nullstelle der Funktion f, wenn gilt:

$$f(x_1) = 0$$

Bestimmung von Nullstellen bei quadratischen Funktionen $f(x) = ax^2 + bx + c$:
Quadratische Funktionen haben höchstens zwei Nullstellen. Man bestimmt sie im Allgemeinen mit der Mitternachtsformel oder im Sonderfall durch Ausklammern.

Beispiel

Bestimme die Nullstellen der Funktionen.

a) $f(x) = x^2 + 2x - 3$
Lösen mit der Mitternachtsformel:
$f(x) = 0$
$x_{1,2} = \frac{-b \pm \sqrt{b^2 - 4ac}}{2a}$ wobei $b^2 - 4ac \geq 0$
$x_{1,2} = \frac{-2 \pm \sqrt{4 + 12}}{2}$
$x_{1,2} = \frac{-2 \pm 4}{2}$
$x_1 = 1$ oder $x_2 = -3$

b) $f(x) = 2x^2 - 4x$
Lösen durch Ausklammern und mit dem Satz vom Nullprodukt:
$f(x) = 0$
$x(2x - 4) = 0$
$x_1 = 0$ oder $x_2 = 2$

Bestimmung von Nullstellen bei einem Polynom:
Hat der Graph der Polynomfunktion einen Grad größer als zwei, so existiert keine Formel zur Lösung. Nur für Sonderfälle existieren spezielle Lösungsverfahren (Ausklammern und Substitution).

Beispiel

Bestimme die Nullstellen.

a) $2x^3 + x^2 - 3x = 0$
Lösen durch Ausklammern:
$x(2x^2 + x - 3) = 0$
$x_1 = 0$ oder $2x^2 + x - 3 = 0$
Mit der Mitternachtsformel folgt:
$x_2 = 1$ oder $x_3 = -1{,}5$

b) $x^4 - 7x^2 + 12 = 0$
Lösen durch Substitution:
Substitution: $u = x^2$
$u^2 - 7u + 12 = 0$
$u_1 = 4$ oder $u_2 = 3$
Resubstitution:
$x_1 = 2;\ x_2 = -2;\ x_3 = \sqrt{3};\ x_4 = -\sqrt{3}$

c) $x^3 + 2x^2 + x - 4 = 0$
Lösen durch Probieren und Polynomdivision:
Probieren liefert $x_1 = 1$
Polynomdivision:

$$
\begin{array}{l}
(x^3 + 2x^2 + x - 4) : (x - 1) = x^2 + 3x + 4 \\
\underline{-(x^3 - x^2)} \\
\quad 3x^2 + x \\
\quad \underline{-(3x^2 - 3x)} \\
\qquad 4x - 4 \\
\qquad \underline{-(4x - 4)} \\
\qquad\quad 0
\end{array}
$$

Lösen der Gleichung $x^2 + 3x + 4 = 0$ liefert keine weiteren Lösungen.

Zusammenfassung

Eine Zahl $x_1 \in D$ heißt Nullstelle der Funktion f, wenn gilt: $f(x_1) = 0$.

Monotonie

Die Funktion f sei auf einem Intervall I definiert. Wenn für alle x_1, x_2 aus I gilt:

- Aus $x_1 < x_2$ folgt $f(x_1) < f(x_2)$, dann ist f **streng monoton steigend (zunehmend)** in I.
- Aus $x_1 > x_2$ folgt $f(x_1) > f(x_2)$, dann ist f **streng monoton fallend (abnehmend)** in I.
- Aus $x_1 < x_2$ folgt $f(x_1) \leq f(x_2)$, dann heißt f **monoton steigend (zunehmend)** in I.
- Aus $x_1 > x_2$ folgt $f(x_1) \geq f(x_2)$, dann heißt f **monoton steigend (zunehmend)** in I.

Beispiel

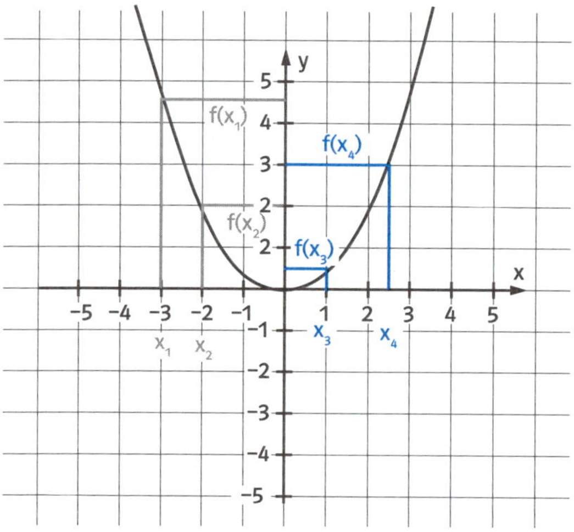

Das Schaubild zeigt:

- für $x < 0$ gilt: aus $x_1 < x_2$ folgt $f(x_1) > f(x_2)$, somit ist die Funktion streng monoton fallend.
- für $x > 0$ gilt: aus $x_3 < x_4$ folgt $f(x_3) < f(x_4)$, somit ist die Funktion streng monoton steigend.

Monotoniesatz

Die Funktion f sei im Intervall I differenzierbar. Wenn für alle $x \in I$ gilt:

- $f'(x) > 0$, dann ist f **streng monoton zunehmend** in I.
- $f'(x) < 0$, dann ist f **streng monoton abnehmend** in I.

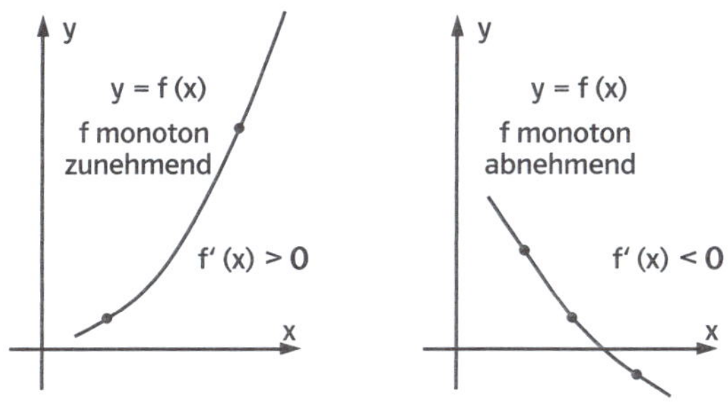

Hinweis: Die Umkehrung des Monotoniesatzes gilt nicht. Das heißt, obwohl $f'(0) = 0$ kann die Funktion streng monoton steigend sein. Dies ist z. B. für $f(x) = x^3$ der Fall.

Ermittle die Intervalle, in denen die Funktion f mit $f(x) = 4x + x^2$ monoton ist. **Beispiel**

$f'(x) = 4 + 2x$

$f'(x) = 0$

$4 + 2x = 0$, also $x = -2$

$f'(x) < 0$, wenn $x < -2$ und $f'(x) > 0$, wenn $x > -2$

Also ist f streng monoton fallend für $x < -2$ und streng monoton steigend für $x > -2$.

Zusammenfassung

Die Funktion f sei im Intervall I differenzierbar. Wenn für alle $x \in I$ gilt:
$f'(x) > 0$, dann ist f streng monoton zunehmend in I.
$f'(x) < 0$, dann ist f streng monoton abnehmend in I.

Lern-Video

Nimmt ein Funktionswert in einem Intervall I seinen höchsten oder tiefsten Wert an, so hat die Funktion ein Maximum oder Minimum. Man nennt diesen Wert auch **Extremwert** und die zugehörige Stelle x_0 **Extremstelle**.
Der zugehörige Punkt $P_0(x_0|f(x_0))$ heißt **Extrempunkt**.
Gehört zu diesem Extrempunkt ein Minimum, so sagt man auch **Tiefpunkt**.
Bei einem Maximum sagt man **Hochpunkt**.

Existiert in diesem Intervall kein weiteres Maximum bzw. Minimum, so handelt es sich um ein lokales Maximum bzw. Minimum.
Existiert im gesamten Definitionsbereich der Funktion kein höherer bzw. tieferer Punkt, so handelt es sich um ein globales Maximum bzw. Minimum.

Ist die Definitionsmenge beschränkt, so müssen auch die Ränder der Funktion betrachtet werden.

Bestimmung von Extrempunkten

Meistens liegt ein Extrempunkt an den Stellen vor, an denen die Kurve ihre Richtung (Monotonie) ändert. Da die Ableitung die Steigung darstellt und bei Richtungsänderung die Steigung an dieser Stelle null ist, muss die Ableitung an dieser Stelle auch null sein.

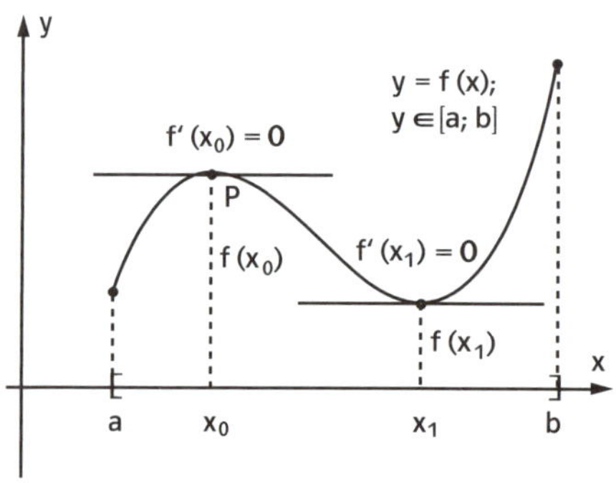

Fig. 1

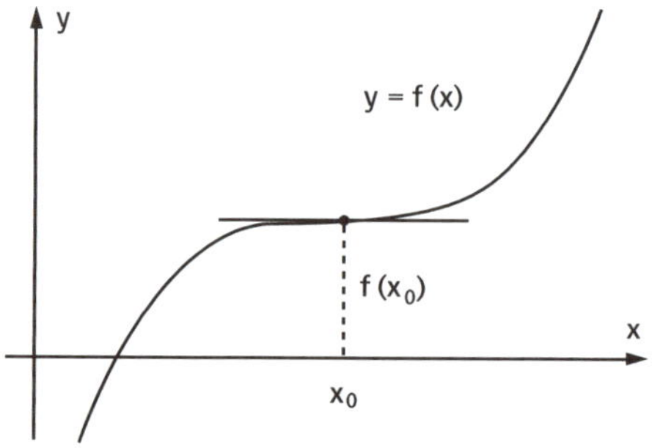

Fig. 2

Figur 2 zeigt: Nicht jeder x-Wert, der die Bedingung $f'(x) = 0$ erfüllt, muss eine Extremstelle sein.

Notwendige Bedingung für Extremstellen: $f'(x_0) = 0$

In beiden Fällen ist $f'(x_0) = 0$, dennoch handelt es sich nur bei der linken Figur um Extrempunkte. Somit erkennt man, dass man eine weitere Bedingung für die Bestimmung von Extremwerten braucht.

Hinreichende Bedingung für Extremstellen:
$f'(x_0) = 0$ und Vorzeichenwechsel von $f'(x)$ bei x_0 von – nach +: lokales Minimum.
$f'(x_0) = 0$ und Vorzeichenwechsel von $f'(x)$ bei x_0 von + nach –: lokales Maximum.
ODER
$f'(x_0) = 0$ und $f''(x_0) > 0$: lokales Minimum.
$f'(x_0) = 0$ und $f''(x_0) < 0$: lokales Maximum.

Beispiel

Bestimme die Extrempunkte der Funktion $f(x) = x^3 - 3x - 4$.
$f'(x) = 3x^2 - 3$; $f''(x) = 6x$
Notwendige Bedingung: $f'(x) = 0$, also $3x^2 - 3 = 0$, wenn $x_1 = 1$ oder $x_2 = -1$
Hinreichende Bedingung: $f''(1) = 6 > 0$, also Minimum
$f''(-1) = -6 < 0$, also Maximum
Den Extremwert bestimmt man, indem man die Stellen $x_1 = 1$ und $x_2 = -1$ in die Funktionsgleichung $f(x) = x^3 - 3x - 4$ einsetzt: $f(1) = -6$ und $f(-1) = -2$
Die Extrempunkte lauten: Tiefpunkt T(1|–6) und Hochpunkt H(–1|–2).

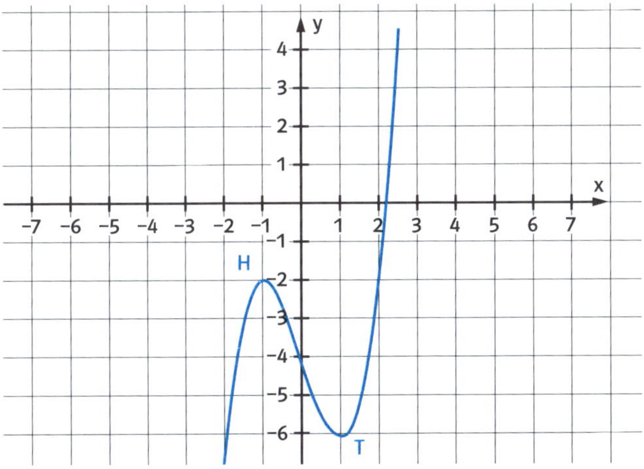

Zusammenfassung

Notwendige Bedingung: $f'(x_0) = 0$. Hinreichende Bedingung:
$f'(x_0) = 0$ und Vorzeichenwechsel von $f'(x)$ bei x_0 von – nach +: lokales Minimum.
$f'(x_0) = 0$ und Vorzeichenwechsel von $f'(x)$ bei x_0 von + nach –: lokales Maximum.
ODER
$f'(x_0) = 0$ und $f''(x_0) > 0$: lokales Minimum.
$f'(x_0) = 0$ und $f''(x_0) < 0$: lokales Maximum.

Grenzverhalten von Funktionen

Beim Grenzverhalten von Funktionen untersucht man, wie sich die Funktion für sehr große und sehr kleine x-Werte verhält.
Das heißt, wie verhält sich die Funktion f für $x \to \pm\infty$?

Bei Potenzfunktionen mit positivem und negativem Exponenten, wird das Verhalten der Funktion f für $x \to \pm\infty$ durch die **höchste Potenz** bestimmt.

Hat die Potenzfunktion nur negative Exponenten, so gehen die Funktionswerte von f für $x \to \pm\infty$ gegen Null, d.h. die Funktion nähert sich der x-Achse an. In diesem Fall entspricht die x-Achse der Asymptote.

Beispiel

a) $f(x) = -0{,}1x^3 + 2x$

Die Funktion hat positive Exponenten, ihr Verhalten wird durch den Term $-0{,}1x^3$ bestimmt.
Für $x \to +\infty$ gilt $f(x) \to -\infty$;
für $x \to -\infty$ gilt $f(x) \to +\infty$

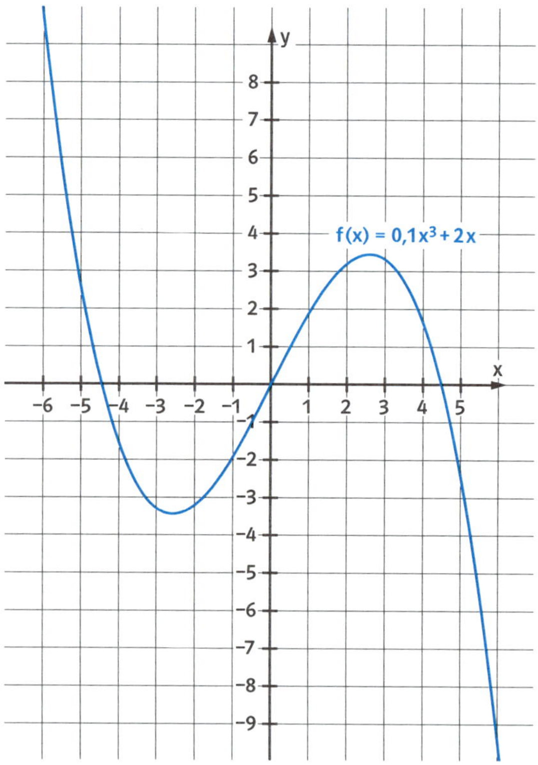

b) $g(x) = \frac{1}{5}x^4 - x^3 - 2$

x^4 ist die größte Potenz, deshalb wird das Verhalten von g durch den Term $\frac{1}{5}x^4$ bestimmt.

Für $x \to +\infty$ gilt: $g(x) \to +\infty$.

Für $x \to -\infty$ gilt: $g(x) \to +\infty$.

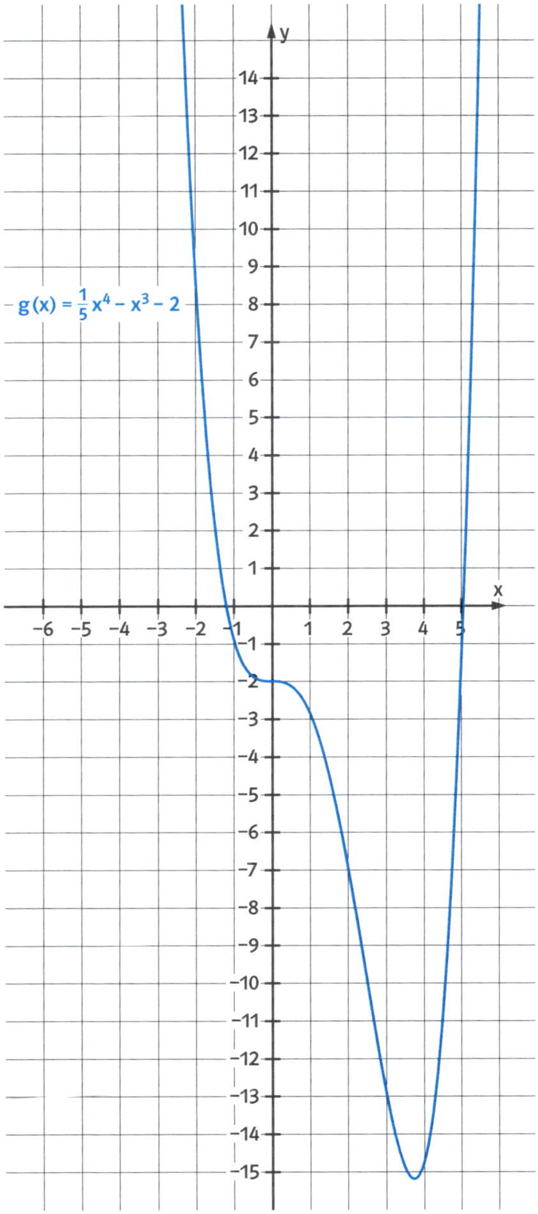

Eine Funktion f mit der Funktionsgleichung

$f(x) = mx + c \quad (m, c, x \in \mathbb{R})$

heißt **lineare Funktion**.
Ihr Schaubild ist eine Gerade mit der Steigung m und dem y-Achsenabschnitt c.

Ableitungsfunktion der linearen Funktion

Ist eine lineare Funktion f an der Stelle $x \in D$ differenzierbar, so lautet ihre Ableitung:

$f'(x) = m$

Der Graph der Ableitung ist eine zur x-Achse parallele Gerade.

Beispiel

Die Funktion lautet: $f(x) = \frac{3}{5}x + \frac{26}{5}$

Die Ableitung lautet: $f'(x) = \frac{3}{5}$

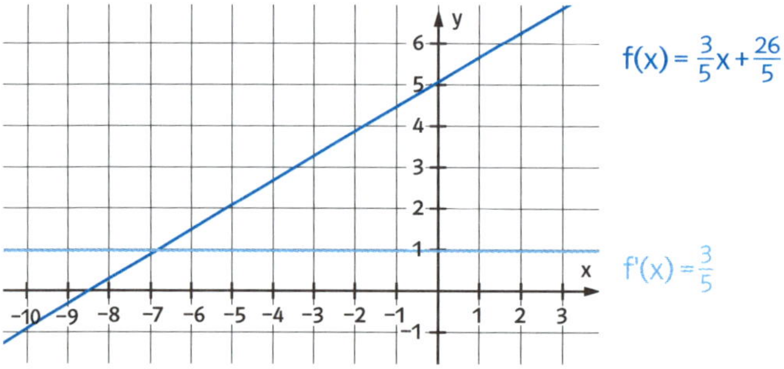

Eine Funktion mit der Funktionsgleichung

$f(x) = c \cdot x^n (x \in \mathbb{R};\ c \in \mathbb{R} \setminus \{0\};\ n \in \mathbb{N} \setminus \{0\})$

heißt **Potenzfunktion n-ten Grades**. Ihr Schaubild nennt man Parabel n-ter Ordnung.
Für jede Potenzfunktion gilt:
Zum k-fachen x-Wert erhält man den k^n-fachen y-Wert.

Eigenschaften für den Spezialfall c = 1

Gerade Hochzahlen

Eigenschaften:

- Die Graphen nehmen nur positive y-Werte an.
- Alle Graphen gehen durch die Punkte P(−1|1) und Q(1|1) sowie durch den Ursprung.
- Die y-Achse ist Symmetrieachse.
- Für negative x-Werte fällt der Graph, für positive x-Werte steigt der Graph.

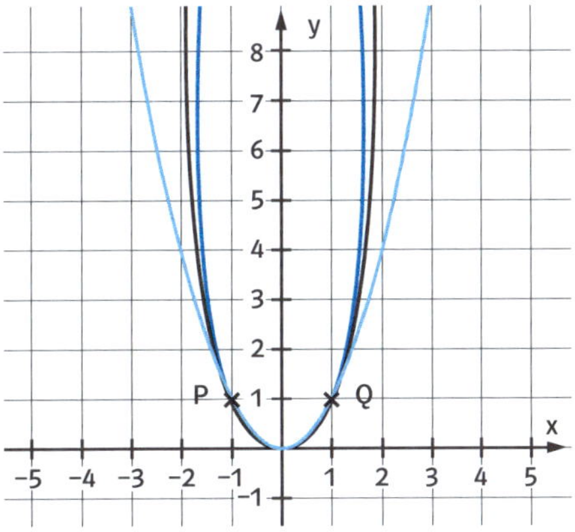

Ungerade Hochzahlen

Eigenschaften:

- Alle Graphen gehen durch die Punkte P(−1|−1) und Q(1|1) sowie durch den Ursprung.
- Sie sind punktsymmetrisch zum Ursprung.
- Die Graphen steigen für alle x-Werte an.

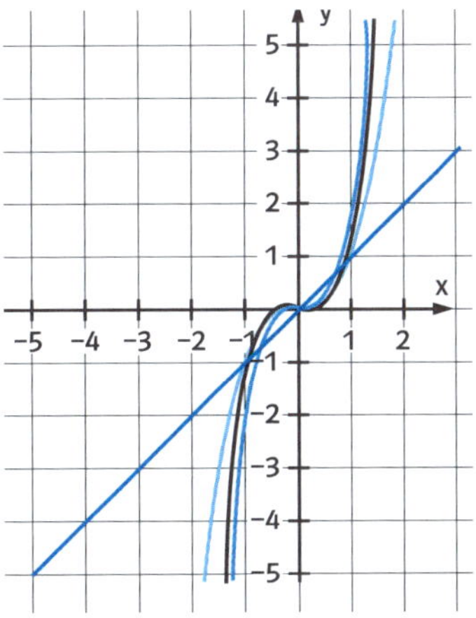

Ableitung der Potenzfunktion
Ist eine Potenzfunktion f an der Stelle $x \in D$ differenzierbar, so lautet ihre Ableitung:

$f'(x) = c \cdot n \cdot x^{n-1}$ (Potenzregel)

Der Graph der Ableitung ist für $n = 2$ eine Gerade, für $n > 2$ eine Potenzfunktion.

Beispiel

a) $n = 2$
$f(x) = 2x^2$
$f'(x) = 4x$

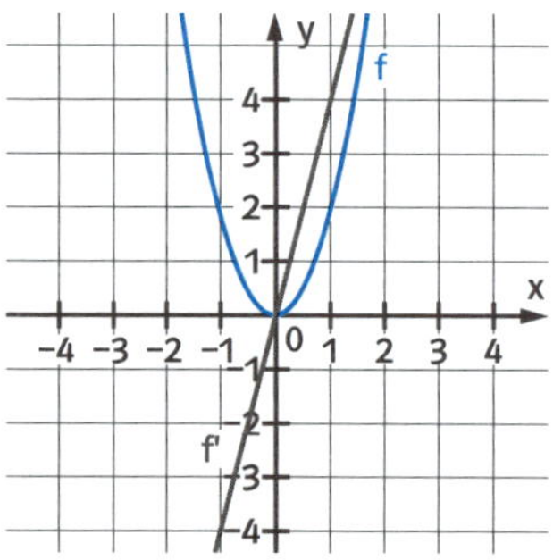

b) $n = 4$
$f(x) = 3x^4$
$f'(x) = 12x^3$

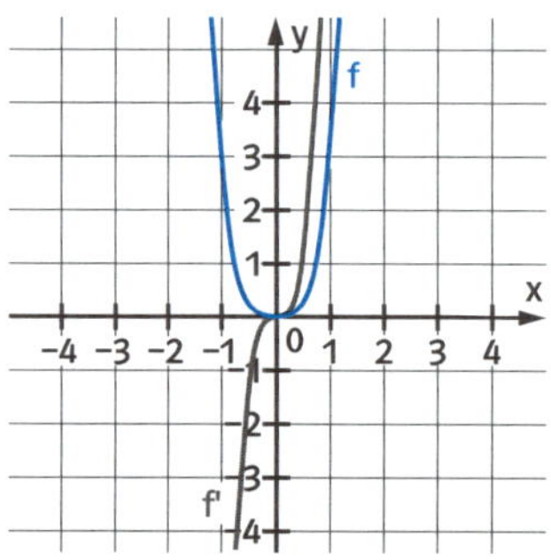

Zusammenfassung

Eine Funktion mit der Gleichung $y = x^n$ ($x \in \mathbb{R}$; $n \in \mathbb{N}$) heißt Potenzfunktion n-ten Grades. Man unterscheidet zwischen Potenzfunktionen mit geraden und ungeraden Hochzahlen.
Die Ableitung der Potenzfunktion lautet:
$f'(x) = c \cdot n \cdot x^{n-1}$ (Potenzregel)

Lern-Video

Eine Funktion mit der Funktionsgleichung

$f(x) = a^x \quad (a \in \mathbb{R}^+ \setminus \{1\})$

heißt **Exponentialfunktion** zur Basis a.

Eigenschaften der Exponentialfunktion für $c > 0$.

- Das Schaubild der Exponentialfunktion nimmt nur positive y-Werte an.
- Die Graphen aller Exponentialfunktionen gehen durch den Punkt A(0|1).
- Für $a > 1$ steigt der Graph der Exponentialfunktion.
- Für $0 < a < 1$ fällt der Graph der Exponentialfunktion.
- Den Graphen der Funktion $f(x) = \left(\frac{1}{a}\right)^x$ erhält man aus dem Graphen der Funktion $f(x) = a^x$ durch Spiegelung an der y-Achse.

Verwendet man die Exponentialfunktion zur Beschreibung von Wachstumsvorgängen, so handelt es sich bei $a > 1$ um ein exponentielles Wachstum und bei $a < 1$ um einen exponentiellen Zerfall. Dabei entspricht der Faktor c dem Anfangsbestand f(0).

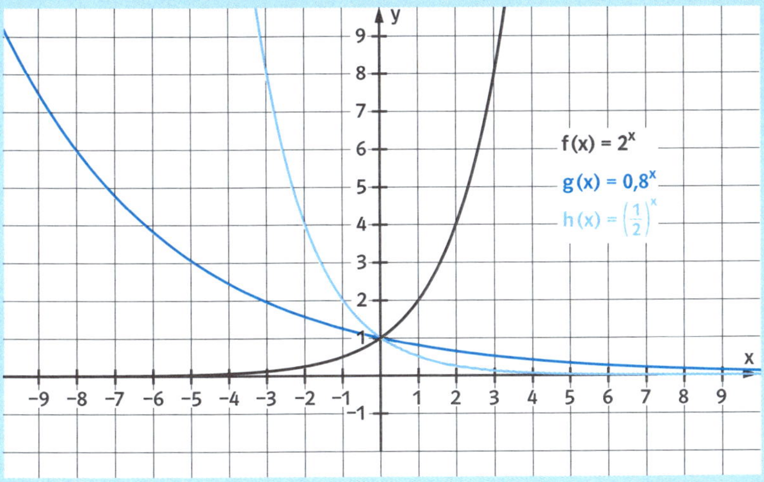

Zusammenfassung

Eine Funktion mit der Zuordnungsvorschrift
$f(x) = a^x \quad (a \in \mathbb{R}^+ \setminus \{1\})$
heißt **Exponentialfunktion zur Basis a.**

Eine Funktion f mit der Funktionsgleichung

$$f(x) = a_n x^n + a_{n-1} x^{n-1} + \ldots + a_1 x + a_0$$

heißt **ganzrationale Funktion.**
Dabei sind die **Koeffizienten** $a_n, a_{n-1}, \ldots, a_1, a_0$ reelle Zahlen.
Ist $a_n \neq 0$, so hat f den Grad n.

Verhalten für $x \to +\infty$ und $x \to -\infty$

Bei einer ganzrationalen Funktion entscheidet der Summand mit der höchsten Potenz über das Verhalten der Funktion.
Dabei muss man auf das Vorzeichen von a_n achten und darauf, ob n gerade oder ungerade ist.

Symmetrie

Hat eine ganzrationale Funktion nur Potenzen mit **geraden Hochzahlen**, so nennt man die Funktion auch **gerade Funktion**. Hat sie nur Potenzen mit **ungeraden Hochzahlen**, so heißt sie **ungerade Funktion**.
Ist die ganzrationale Funktion eine gerade Funktion, so ist der Graph von f **symmetrisch zur y-Achse**. Ist die ganzrationale Funktion eine ungerade Funktion, so ist der Graph von f **punktsymmetrisch zum Ursprung**.

Nullstellen

Eine ganzrationale Funktion f vom Grad n hat höchstens n Nullstellen.
Ist x_1 eine Nullstelle einer ganzrationalen Funktion f vom Grad n, dann kann man f in folgender Form schreiben:

$$f(x) = (x - x_1) \cdot g(x)$$

wobei g(x) eine Funktion vom Grad n−1 ist.

Hinweis: Zur Bestimmung von Nullstellen bei ganzrationalen Funktionen kann manchmal eine Polynomdivision hilfreich sein.

Ableitung
Zur Ableitung einer ganzrationalen Funktion benutzt man die Potenz-, Summen- und Faktorregel.
Die Ableitung ist eine ganzrationale Funktion vom Grad n–1.

Extremstellen
Zwischen den Nullstellen von f liegen bei ganzrationalen Funktionen immer die Extremstellen von f.

Eine ganzrationale Funktion kann also höchstens n – 1 Extremstellen besitzen.

Graph einer ganzrationalen Funktion

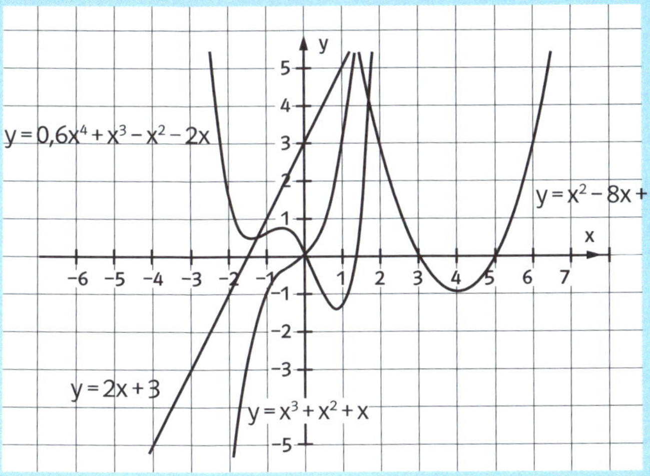

Zusammenfassung

Eine Funktion f mit der Zuordnungsvorschrift
$f(x) = a_n x^n + a_{n-1} x^{n-1} + \ldots + a_1 x + a_0$
heißt **ganzrationale Funktion.**
Dabei sind die **Koeffizienten** $a_n, a_{n-1}, \ldots, a_1, a_0$ reelle Zahlen.
Ist $a_n \neq 0$, so hat f den Grad n.

Spiegelt man die Exponentialfunktion an der ersten Winkelhalbierenden (y = x), so erhält man einen neuen Funktionstyp, die sogenannte Logarithmusfunktion.

Eine Funktion mit der Zuordnungsvorschrift

$$f(x) = {}_a\log(x) \quad (a > 0;\ a \neq 1;\ x \in \mathbb{R}^+)$$

heißt **Logarithmusfunktion.**

Eigenschaften der Logarithmusfunktion

- Die Logarithmusfunktion ist nur für positive x-Werte definiert, also $D = \mathbb{R}^+ \setminus \{0\}$.
- Die Graphen aller Logarithmusfunktionen gehen durch den Punkt A(1|0).
- Für $a > 1$ steigt der Graph der Logarithmusfunktion.
- Für $0 < a < 1$ fällt der Graph der Logarithmusfunktion.

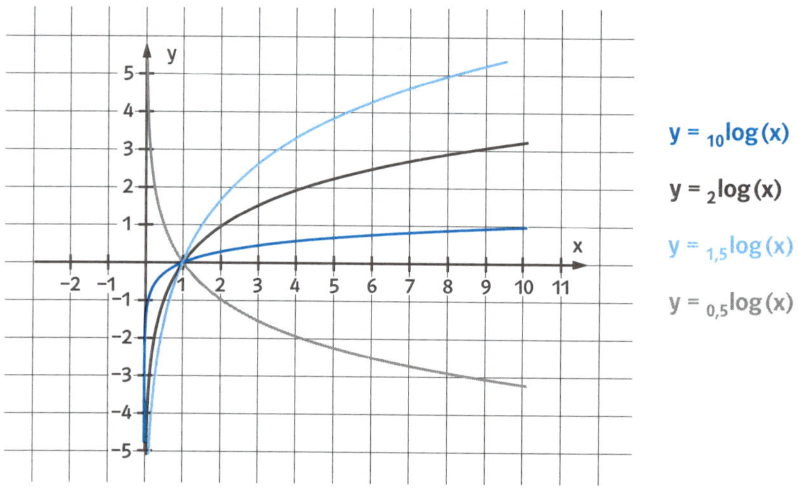

Graph einer Logarithmusfunktion

Der Graph der Logarithmusfunktion entsteht durch Spiegelung der Exponentialfunktion an der ersten Winkelhalbierenden.
Deshalb ist die Logarithmusfunktion die Umkehrfunktion der Exponentialfunktion.

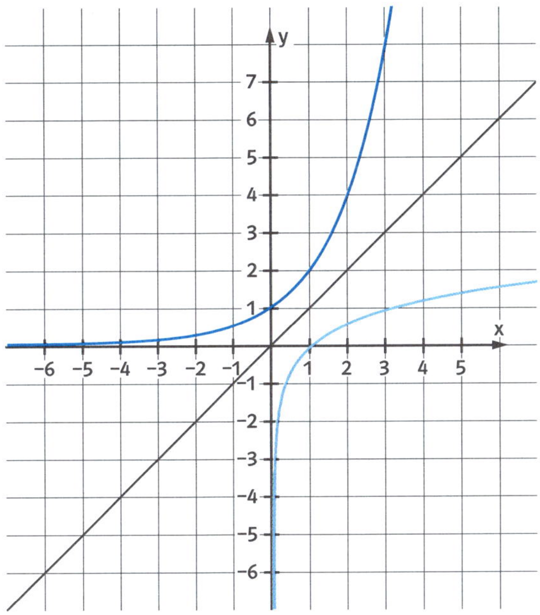

1\. Winkelhalbierende $y = x$

$y = 2^x$

$y = {}_2\log(x)$

Zusammenfassung

Eine Funktion mit der Zuordnungsvorschrift

$f(x) = {}_a\log(x) \quad (a > 0;\ a \neq 1;\ x \in \mathbb{R}^+)$

heißt **Logarithmusfunktion.**
Die Logarithmusfunktion ist die Umkehrfunktion der Exponentialfunktion.

Sinus und Kosinus sind Seitenverhältnisse im rechtwinkligen Dreieck.
Hat die Hypotenuse die Länge 1, so kann man den Sinus und den Kosinus als Streckenlänge im sogenannten Einheitskreis (Kreis mit dem Radius 1 Längeneinheit) darstellen.

Der Sinus, veranschaulicht im Einheitskreis

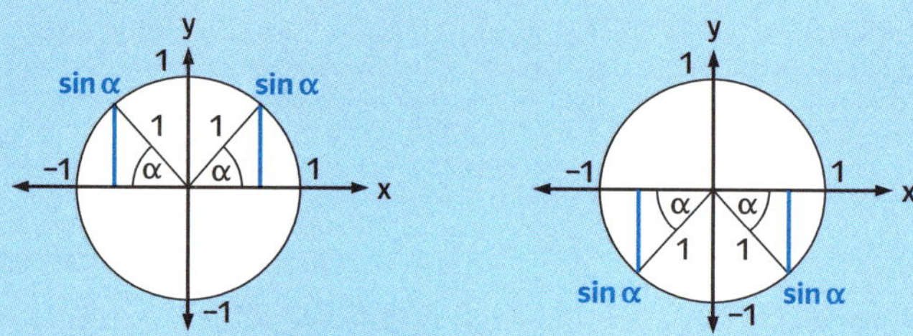

Für $\alpha = 0$ gilt: $\sin 0° = 0$
Für $0° < \alpha < 180°$ gilt: $0 < \sin\alpha < 1.$
Für $\alpha = 90°$ gilt: $\sin 90° = 1.$
Für $\alpha = 180°$ gilt: $\sin 180° = 0.$
Für $180° \leq \alpha \leq 360°$ gilt: $-1 \leq \sin\alpha < 0.$
Für $\alpha = 270°$ gilt: $\sin 270° = -1.$

Der Kosinus, veranschaulicht im Einheitskreis

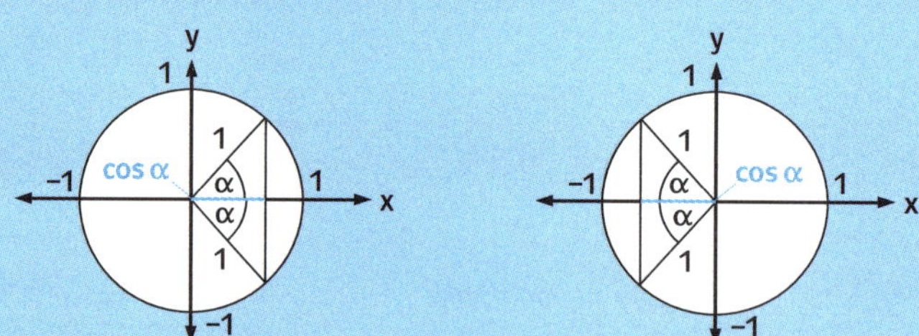

Für $0° \leqq \alpha \leqq 90°$ und $270° \leqq \alpha \leqq 360°$ gilt:
$0 < \cos\alpha \leqq 1.$

Für $90° \leqq \alpha \leqq 270°$ gilt:
$-1 \leqq \cos\alpha \leqq 0.$

Besondere Werte: $\cos 0° = 1$; $\cos 90° = 0$; $\cos 180° = -1$; $\cos 270° = 0$

Sinus und Kosinus bei unterschiedlichen Winkeln

Das folgende Bild zeigt den Graphen, bei dem jedem Winkel α auf der x-Achse der Wert des Sinus bzw. Kosinus auf der y-Achse zugeordnet ist.

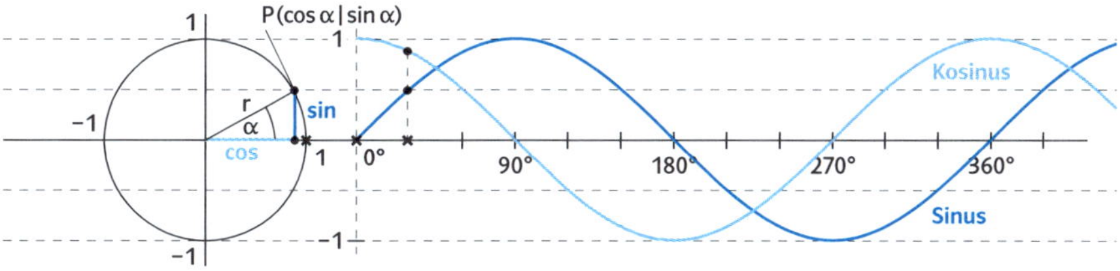

Stellt man diese Zuordnung als Funktion dar, so gibt man die Größe des Winkels nicht mehr in Grad an, sondern im Bogenmaß des Winkels.
Das **Bogenmaß** misst die Länge des zum Winkel gehörenden Kreisbogens und ist somit eine reelle **Zahl**.

Es gilt:
Die Zuordnung, die jedem Wert x den sin(x) zuordnet, heißt Sinusfunktion f mit **$f(x) = \sin(x)$**.
Die Zuordnung, die jedem Wert x den cos(x) zuordnet, heißt Kosinusfunktion g mit **$g(x) = \cos(x)$**.

Für die Umrechnung des Winkels α vom Gradmaß ins Bogenmaß gilt:

$$x = \pi \cdot \frac{\alpha}{360^\circ}$$

Winkel in Grad	0°	30°	45°	60°	90°	120°	135°	150°	180°
Winkel im Bogenmaß	0	$\frac{\pi}{6}$	$\frac{\pi}{4}$	$\frac{\pi}{3}$	$\frac{\pi}{2}$	$\frac{2\pi}{3}$	$\frac{3\pi}{4}$	$\frac{5\pi}{6}$	π

Bei beiden Funktionen handelt es sich um eine periodische Funktion mit der Periode 2π, d.h. ihr Graph wiederholt sich nach jeder Periode.

Ableitungen

Für die Sinusfunktion f mit $f(x) = \sin(x)$ gilt: $f'(x) = \cos(x)$.
Für die Kosinusfunktion g mit $g(x) = \cos(x)$ gilt: $g'(x) = -\sin(x)$.

Länge und Mittelpunkt einer Strecke

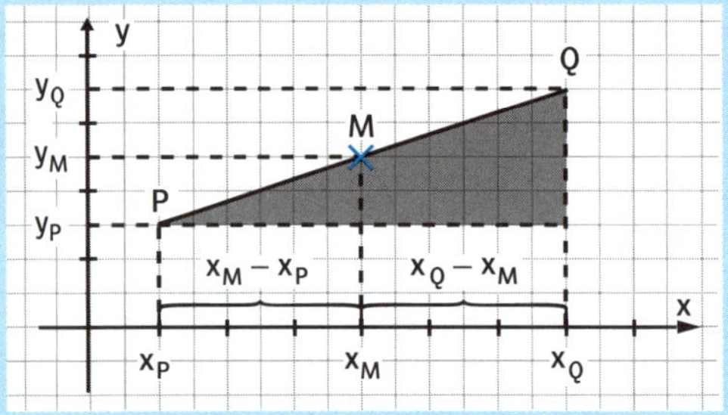

Sind in einem Koordinatensystem der Anfangspunkt $P(x_P|y_P)$ und der Endpunkt $Q(x_Q|y_Q)$ einer Strecke gegeben, so kann man die Länge und den Mittelpunkt der Strecke $\overline{PQ}$ bestimmen.

Für die Länge d der Strecke $\overline{PQ}$ gilt: $d = \sqrt{(x_Q - x_P)^2 + (y_Q - y_P)^2}$

Für den Mittelpunkt $M(x_M|y_M)$ gilt: $x_M = \frac{1}{2}(x_P + x_Q)$; $y_M = \frac{1}{2}(y_P + y_Q)$

Beispiel

Berechne für das Dreieck ABC die Seitenlängen und Koordinaten der Seitenmitten:
A(0|1); B(4|5); C(2|2)

Seitenlängen:
$\overline{AB} = \sqrt{(4-0)^2 + (5-1)^2} = \sqrt{32} \approx 5{,}66$
$\overline{BC} = \sqrt{(2-4)^2 + (2-5)^2} = \sqrt{13} \approx 3{,}61$
$\overline{AC} = \sqrt{(2-0)^2 + (2-1)^2} = \sqrt{5} \approx 2{,}24$

Koordinaten der Seitenmitten:

Mitte der Seite AB: $x_M = \frac{1}{2}(0+4) = 2$; $y_M = \frac{1}{2}(1+5) = 3$, also M(2|3)

Mitte der Seite BC: $x_M = \frac{1}{2}(4+2) = 3$; $y_M = \frac{1}{2}(5+2) = 3{,}5$, also M(3|3,5)

Mitte der Seite AC: $x_M = \frac{1}{2}(0+2) = 1$; $y_M = \frac{1}{2}(1+2) = 1{,}5$, also M(1|1,5)

Zusammenfassung

Für die Länge d der Strecke $\overline{PQ}$ gilt: $d = \sqrt{(x_Q - x_P)^2 + (y_Q - y_P)^2}$

Für den Mittelpunkt $M(x_M|y_M)$ gilt: $x_M = \frac{1}{2}(x_P + x_Q)$; $y_M = \frac{1}{2}(y_P + y_Q)$

Geraden

Verlängert man eine Strecke unbegrenzt über ihre Endpunkte hinaus, so erhält man eine **Gerade**. Eine Gerade hat somit keinen Anfang und kein Ende, sie ist unendlich lang. Durch zwei Punkte existiert nur eine Gerade. In der Zeichenebene wird die Richtung der Geraden durch die **Steigung m** bzw. den **Steigungswinkel** α bestimmt. Dazu verwendet man ein Koordinatensystem.

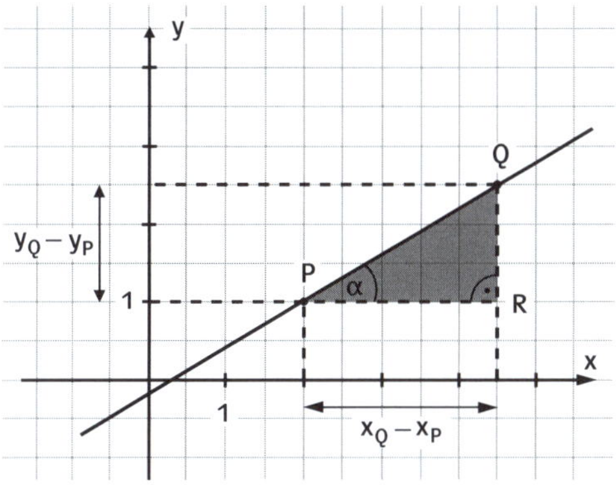

Die Gerade durch die Punkte $P(x_P|y_P)$ und $Q(x_Q|y_Q)$ hat die Steigung:

$$m = \frac{y_Q - y_P}{x_Q - x_P}; \quad x_P \neq x_Q$$

Für den Steigungswinkel α gilt: $\tan\alpha = m \quad (0° \leq \alpha < 180°)$

Zwei Geraden g und h mit den Steigungen m_1 und m_2 sind orthogonal zueinander, wenn gilt: $m_1 \cdot m_2 = -1$
Umkehrung:
Wenn $m_1 \cdot m_2 = -1$, so sind die beiden Geraden mit diesen Steigungen zueinander orthogonal.

Hauptform der Geradengleichung
Ist bei einer Geraden die Steigung m und der y-Achsenabschnitt c (y-Wert des Schnittpunktes der Geraden mit der y-Achse) gegeben, so kann die Gerade in folgender Form angegeben werden:

$$y = m \cdot x + c$$

Ist $c = 0$, so verläuft die Gerade durch den Ursprung des Koordinatensystems.

Ist die Gerade parallel zur x-Achse, so hat sie die Steigung 0. Die Gleichung dieser Geraden lautet: $y = c$

Ist die Gerade parallel zur y-Achse, so hat sie keine Steigung. Sie kann nicht in der Hauptform angegeben werden. Die Gleichung einer solchen Geraden lautet: $x = a$. (Eine Gerade mit $x = a$ ist keine Funktion!)

Die Hauptform der Geradengleichung $y = m \cdot x + c$ kann umgeformt werden zu $mx - y + c = 0$. Diese Gleichung hat die Form $ax + by + c = 0$ ($a \neq 0$; $b \neq 0$) und heißt **allgemeine Form der Geradengleichung**.

Punktsteigungsform der Geradengleichung
Ist von einer Geraden die Steigung m und ein Punkt $A(x_A|y_A)$, der auf der Geraden liegt, gegeben, so erhält man die Gleichung der Geraden wie folgt:

$$m = \frac{y - y_A}{x - x_A}$$

Löst man diese Gleichung nach y auf, so erhält man die Hauptform der Geradengleichung.

Zweipunkteform der Geradengleichung
Sind zwei verschiedene Punkte $A(x_A|y_A)$ und $B(x_B|y_B)$ gegeben, die auf der Geraden liegen, so erhält man die Gleichung der Geraden wie folgt:

$$m = \frac{y - y_A}{x - x_A} = \frac{y_B - y_A}{x_B - x_A}$$

Löst man diese Gleichung nach y auf, so erhält man auch hier die Hauptform der Geradengleichung.

Bestimmung des Schnittpunktes zweier Geraden

Schneiden sich zwei Geraden g und h, so existiert ein Schnittpunkt S.
Die Koordinaten des Schnittpunktes erfüllen die Gleichungen beider Geraden g und h.
Zur Bestimmung des Schnittpunktes kann man das Gleichsetzungs- oder das Additionsverfahren benutzen.

Beispiel

a) Gleichsetzungsverfahren:
g: $3x - 4y = 27$; h: $x - y = 8$

1. Löse beide Gleichungen nach y auf:
   g: $y = \frac{3}{4}x - \frac{27}{4}$; h: $y = x - 8$

2. Setze gleich und löse nach x auf:
   $\frac{3}{4}x - \frac{27}{4} = x - 8$
   $x = 5$

3. Setze das Ergebnis von x in eine der beiden Gleichungen ein:
   $3 \cdot 5 - 4y = 27$
   $y = -3$

   Schnittpunkt: S (5|−3)

b) Additionsverfahren:
g: $y = 1{,}5x - 3$; h: $9x - 6y = -2$

1. Umformen von g:
   g: $-1{,}5x + y = -3$

2. Eliminieren einer Variablen durch Addition:

$$\begin{array}{rll} -1{,}5x + y & = -3 & \text{(I)} \\ 9x - 6y & = -2 & \text{(II)} \\ \hline -1{,}5x + y & = -3 & \text{(I)} \\ 0 + 0 & = -20 & \text{(III)} \mid 6 \cdot \text{(I)} + \text{(II)} \\ \hline \end{array}$$

Kein Schnittpunkt, die beiden Geraden sind parallel.

Punkte im Raum
Erweitert man das ebene kartesische Koordinatensystem durch eine zusätzliche Achse x_3, wobei alle drei Achsen paarweise senkrecht zueinander stehen, so erhält man ein **räumliches kartesisches Koordinatensystem.** In ihm werden Punkte durch drei Koordinaten, x_1-Koordinate, x_2-Koordinate und x_3-Koordinate, beschrieben: $P(p_1|p_2|p_3)$.

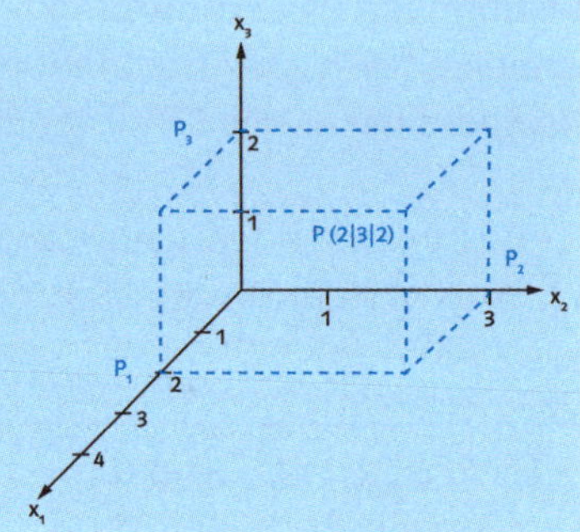

Hinweis: Da man beim Zeichnen eines Körpers im räumlichen Koordinatensystem in der Ebene (auf dem Blatt Papier) zeichnet, werden Längen und Winkel im Allgemeinen verzerrt dargestellt. Will man also einen Wert durch Messen aus der Zeichnung entnehmen, so kann es sein, dass dieser Wert größer oder kleiner als der tatsächliche Wert ist.

Beispiel Die Punkte O(0|0|0), A(1|0|0), B(0|1|0) und C(0|0|1) sind Eckpunkte eines Würfels.

a) Zeichne den Würfel in ein räumliches Koordinatensystem.
b) Bestimme die Koordinaten der Mittelpunkte der Würfelkanten.
c) Bestimme die Koordinaten der Diagonalenmittelpunkte der Seitenflächen des Würfels.

a)

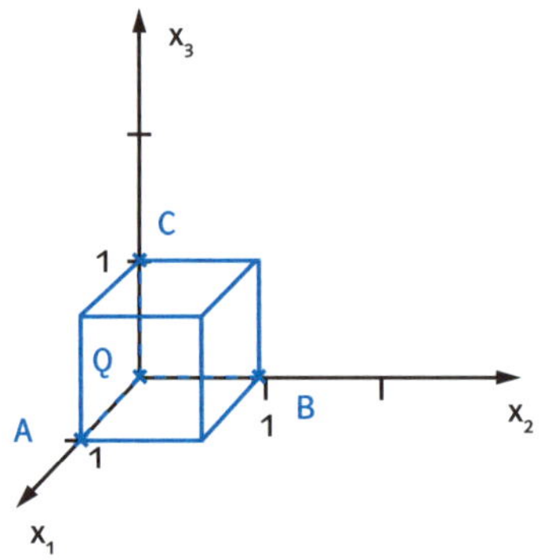

b) $M_1(0|0|0{,}5)$; $M_2(0|0{,}5|0)$; $M_3(0{,}5|0|0)$; $M_4(0|1|0{,}5)$; $M_5(1|0|0{,}5)$; $M_6(0|0{,}5|1)$; $M_7(1|0{,}5|0)$; $M_8(0{,}5|0|1)$; $M_9(0{,}5|1|0)$; $M_{10}(1|1|0{,}5)$; $M_{11}(1|0{,}5|1)$; $M_{12}(0{,}5|1|1)$;
c) $D_1(0|0{,}5|0{,}5)$; $D_2(0{,}5|0|0{,}5)$; $D_3(0{,}5|0{,}5|0)$; $D_4(1|0{,}5|0{,}5)$; $D_5(0{,}5|1|0{,}5)$; $D_6(0{,}5|0{,}5|1)$

Vektoren
Eine Verschiebung, die einen Punkt P auf einen Punkt P' abbildet, wird durch einen **Vektor** dargestellt.

Verschiebt ein Vektor $\vec{v}$ einen Punkt P um

v_1 Einheiten in Richtung der x_1-Achse,
v_2 Einheiten in Richtung der x_2-Achse,
v_3 Einheiten in Richtung der x_3-Achse,

so schreibt man $\vec{v} = \begin{pmatrix} v_1 \\ v_2 \\ v_3 \end{pmatrix}$

v_1, v_2, v_3 nennt man die **Koordinaten des Vektors** $\vec{v}$.

Ein Vektor ist durch seine **Länge und Richtung** gekennzeichnet.

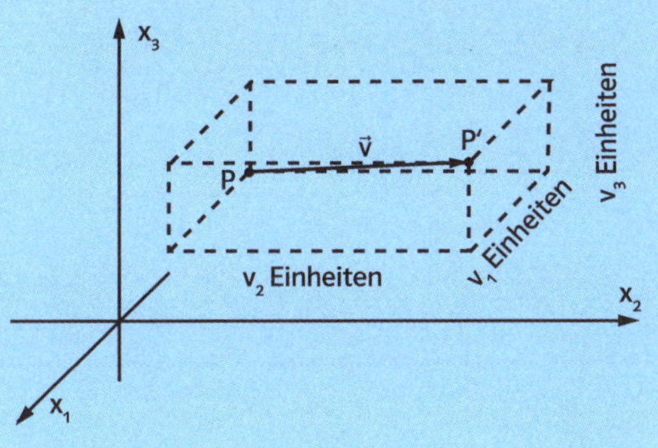

Bildet der Vektor $\vec{v}$ den Punkt $A(a_1|a_2|a_3)$ auf den Punkt $B(b_1|b_2|b_3)$ ab, so berechnet man die Koordinaten von $\vec{v}$ wie folgt:

$$\vec{v} = \overrightarrow{AB} = \begin{pmatrix} b_1 \\ b_2 \\ b_3 \end{pmatrix} - \begin{pmatrix} a_1 \\ a_2 \\ a_3 \end{pmatrix} = \begin{pmatrix} b_1 - a_1 \\ b_2 - a_2 \\ b_3 - a_3 \end{pmatrix}$$

Zu jedem Punkt $P(p_1|p_2|p_3)$ gibt es einen Vektor $\overrightarrow{OP}$, der den Ursprung O auf diesen Punkt P abbildet. Man nennt ihn den **Ortsvektor**.

Der Vektor $\vec{o} = \begin{pmatrix} 0 \\ 0 \\ 0 \end{pmatrix}$ heißt **Nullvektor**.

Lern-Video

Vervielfachen eines Vektors
Multipliziert man einen Vektor mit einer positiven Zahl, so wird der ursprüngliche Vektor verlängert oder verkürzt. Seine Richtung behält er bei.
Multipliziert man einen Vektor mit einer negativen Zahl, so wird der ursprüngliche Vektor verlängert oder verkürzt und seine Richtung umgekehrt.
Multiplikation mit

einer positiven Zahl

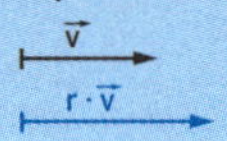

mit einer negativen Zahl

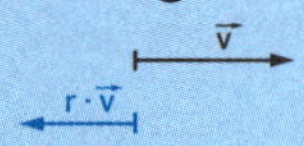

Für einen Vektor und eine Zahl $r \in \mathbb{R}$ gilt: $r \cdot \vec{v} = r \cdot \begin{pmatrix} v_1 \\ v_2 \\ v_3 \end{pmatrix} = \begin{pmatrix} r \cdot v_1 \\ r \cdot v_2 \\ r \cdot v_3 \end{pmatrix}$ (skalare Multiplikation)

Gegenvektor
Multipliziert man einen Vektor $\vec{v}$ mit −1, so erhält man seinen Gegenvektor: $-\vec{v} = \begin{pmatrix} -v_1 \\ -v_2 \\ -v_3 \end{pmatrix}$

Die Pfeile eines Vektors und seines Gegenvektors haben die gleiche Länge, aber die entgegengesetzte Richtung.

Addieren und Subtrahieren von Vektoren

Zwei Vektoren $\vec{a}$ und $\vec{b}$ werden **addiert**, indem man die **einzelnen Koordinaten** miteinander addiert.

$$\vec{c} = \vec{a} + \vec{b} = \begin{pmatrix} a_1 \\ a_2 \\ a_3 \end{pmatrix} + \begin{pmatrix} b_1 \\ b_2 \\ b_3 \end{pmatrix} = \begin{pmatrix} a_1 + b_1 \\ a_2 + b_2 \\ a_3 + b_3 \end{pmatrix}$$

Zeichnerisch:
Zwei Vektoren werden addiert, indem man das Ende des einen Vektors an die Spitze des anderen Vektors setzt.

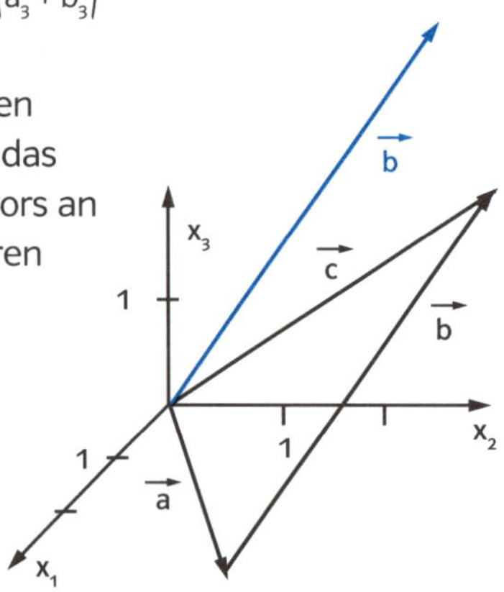

$\vec{a} = \begin{pmatrix} 1 \\ 1 \\ -1 \end{pmatrix}$

$\vec{b} = \begin{pmatrix} -2 \\ +1{,}5 \\ 2{,}5 \end{pmatrix}$

$\vec{c} = \begin{pmatrix} 1 \\ 1 \\ -1 \end{pmatrix} + \begin{pmatrix} -2 \\ x+1{,}5 \\ 2{,}5 \end{pmatrix} = \begin{pmatrix} -1 \\ 2{,}5 \\ 1{,}5 \end{pmatrix}$

Zwei Vektoren $\vec{a}$ und $\vec{b}$ werden **subtrahiert**, indem man die **einzelnen Koordinaten** voneinander subtrahiert.

$$\vec{c} = \vec{a} - \vec{b} = \begin{pmatrix} a_1 \\ a_2 \\ a_3 \end{pmatrix} - \begin{pmatrix} b_1 \\ b_2 \\ b_3 \end{pmatrix} = \begin{pmatrix} a_1 - b_1 \\ a_2 - b_2 \\ a_3 - b_3 \end{pmatrix}$$

Zeichnerisch:
Zwei Vektoren werden subtrahiert, indem man den Gegenvektor $-\vec{b}$ addiert.

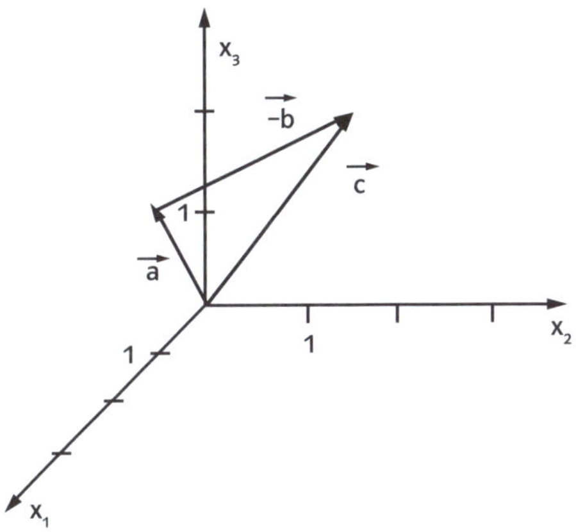

$$\vec{a} = \begin{pmatrix} 2 \\ 0{,}5 \\ 2 \end{pmatrix}$$

$$\vec{b} = \begin{pmatrix} -2 \\ -3 \\ -2 \end{pmatrix}$$

$$\vec{c} = \begin{pmatrix} 2 \\ 0{,}5 \\ 2 \end{pmatrix} - \begin{pmatrix} -2 \\ -3 \\ -2 \end{pmatrix} = \begin{pmatrix} 4 \\ 3{,}5 \\ 4 \end{pmatrix}$$

Rechengesetze

Für beliebige Vektoren $\vec{a}$, $\vec{b}$, $\vec{c}$ gilt:

Assoziativgesetz: $(\vec{a} + \vec{b}) + \vec{c} = \vec{a} + (\vec{b} + \vec{c})$

Kommutativgesetz: $\vec{a} + \vec{b} = \vec{b} + \vec{a}$

Für beliebige Vektoren $\vec{a}$, $\vec{b}$ und reelle Zahlen r, s gilt:

- $r \cdot (s \cdot \vec{a}) = (rs) \cdot \vec{a}$
- $r \cdot (-\vec{a}) = (-r) \cdot \vec{a} = -(r \cdot \vec{a})$
- $(r + s) \cdot \vec{a} = r \cdot \vec{a} + s \cdot \vec{a}$
- $r \cdot (\vec{a} + \vec{b}) = r \cdot \vec{a} + r \cdot \vec{b}$

Mit Hilfe von Vektoren können wir **Geraden im Raum darstellen**. Dazu nutzen wir die **Ortsvektoren**.

Sind zwei Punkte P und Q gegeben, die auf der Geraden g liegen, dann gilt für den Ortsvektor $\vec{x}$ jedes weiteren Punktes X auf der Geraden:

$\vec{x} = \overrightarrow{OP} + \overrightarrow{PX} = \overrightarrow{OP} + r \cdot \overrightarrow{PQ}$, weil gilt: $\overrightarrow{PX} = r \cdot \overrightarrow{PQ}$ für eine reelle Zahl r.

Parametergleichung der Geraden $g: \vec{x} = \vec{p} + r \cdot \vec{u} \quad (r \in \mathbb{R})$
Der Vektor $\vec{p}$ heißt **Stützvektor**, der Vektor $\vec{u}$ **Richtungsvektor** der Geraden.

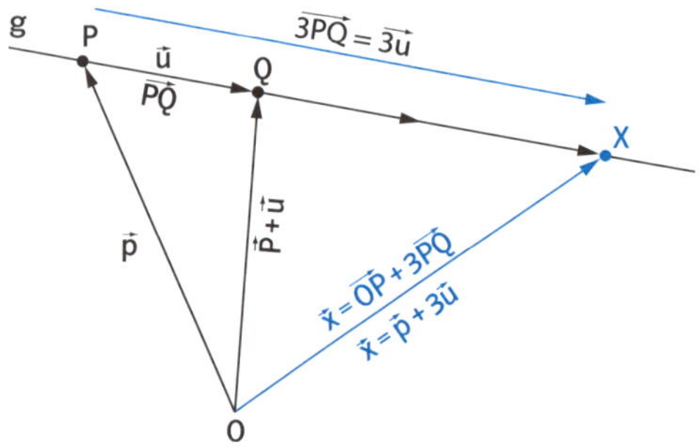

Beispiel Zeichne die Gerade

$g: \vec{x} = \begin{pmatrix} 1 \\ 2 \\ -1 \end{pmatrix} + r \cdot \begin{pmatrix} 1 \\ 2 \\ 2 \end{pmatrix}$

in ein Koordinatensystem.

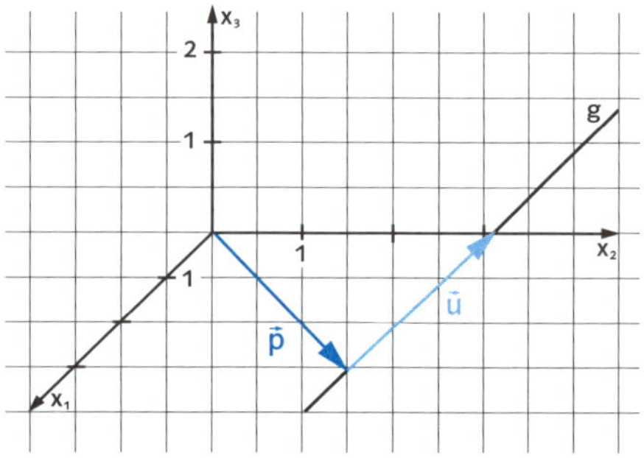

Zusammenfassung

Parametergleichung der Geraden g: $g: \vec{x} = \vec{p} + r \cdot \vec{u} \quad (r \in \mathbb{R})$
$\vec{p}$: Stützvektor; $\vec{u}$: Richtungsvektor

Für die **Lage zweier Geraden** gibt es folgende Möglichkeiten:
- Die Geraden schneiden sich.
- Die Geraden sind identisch.
- Die Geraden haben keinen gemeinsamen Punkt; sie sind also entweder parallel oder windschief.

Zur Untersuchung der Lage der beiden Geraden g: $\vec{x} = \vec{p} + t \cdot \vec{u}$ und h: $\vec{x} = \vec{q} + r \cdot \vec{v}$ setzt man die Parametergleichungen gleich und bestimmt die Lösungen für t und r.

Es gilt:
Sie **schneiden** sich in einem Punkt, wenn $\vec{p} + t \cdot \vec{u} = \vec{q} + r \cdot \vec{v}$ **genau eine Lösung** (r_0, t_0) hat.
Sie sind **identisch**, wenn $\vec{p} + t \cdot \vec{u} = \vec{q} + r \cdot \vec{v}$ **unendlich viele Lösungen** hat.
Sie haben **keinen gemeinsamen Punkt**, wenn $\vec{p} + t \cdot \vec{u} = \vec{q} + r \cdot \vec{v}$ **keine Lösung** hat.

Zu Geraden, die sich nicht schneiden und nicht parallel zueinander sind, sagt man auch: Die Geraden sind **windschief**.

Beispiel

Untersuche die gegenseitige Lage der Geraden g und h. Bestimme gegebenenfalls den Schnittpunkt S.

$$g: \vec{x} = \begin{pmatrix} 0 \\ 1 \\ 1 \end{pmatrix} + r \cdot \begin{pmatrix} 1 \\ 0 \\ 1 \end{pmatrix}; \quad h: \vec{x} = \begin{pmatrix} 4 \\ 2 \\ 4 \end{pmatrix} + t \cdot \begin{pmatrix} 2 \\ 1 \\ 1 \end{pmatrix}$$

Gleichsetzen liefert:

$$\begin{aligned} r &= 4 + 2t \\ 1 + 0r &= 2 + t \\ 1 + r &= 4 + t \end{aligned} \qquad \text{bzw.} \qquad \begin{aligned} r - 2t &= 4 \\ -t &= 1, \text{ also } t = -1 \\ r - t &= 3 \end{aligned}$$

Dieses Gleichungssystem hat die Lösungen: $r = 2$; $t = -1$
Setzt man r oder t in die Geradengleichung g oder h ein, so folgt für den Schnittpunkt S:

$$\vec{x} = \begin{pmatrix} 0 \\ 1 \\ 1 \end{pmatrix} + 2 \cdot \begin{pmatrix} 1 \\ 0 \\ 1 \end{pmatrix} = \begin{pmatrix} 2 \\ 1 \\ 3 \end{pmatrix}; \quad S(2|1|3)$$

Zusammenfassung

Für zwei Geraden g: $\vec{x} = \vec{p} + t \cdot \vec{u}$ und h: $\vec{x} = \vec{q} + r \cdot \vec{v}$ gilt:
Sie **schneiden** sich in einem Punkt, wenn $\vec{p} + t \cdot \vec{u} = \vec{q} + r \cdot \vec{v}$ **genau eine Lösung** (r_0, t_0) hat.
Sie sind **identisch**, wenn $\vec{p} + t \cdot \vec{u} = \vec{q} + r \cdot \vec{v}$ **unendlich viele Lösungen** hat.
Sie haben **keinen gemeinsamen Punkt**, wenn $\vec{p} + t \cdot \vec{u} = \vec{q} + r \cdot \vec{v}$ **keine Lösung** hat.

Zufallsexperiment
Ein Zufallsexperiment beschreibt ein Experiment, das unter gleichen Voraussetzungen beliebig oft wiederholt werden kann und bei dem ein eindeutiges **Ergebnis** eintritt.
Die möglichen Ergebnisse können vorhergesagt und in der **Ergebnismenge S** zusammengefasst werden. Eine Teilmenge der Ergebnismenge nennt man **Ereignis A**. Ein Ereignis kann in Worten oder durch eine Menge beschrieben werden.
Die **Wahrscheinlichkeit** eines Ereignisses A wird mit P(A) bezeichnet. Diese Wahrscheinlichkeit wird mit den bereits bekannten Regeln bestimmt.

Laplace-Experiment
Treten bei einem Zufallsexperiment alle Ergebnisse mit der gleichen Wahrscheinlichkeit auf, so nennt man es ein **Laplace-Experiment**.
Hat das Experiment n mögliche Ergebnisse, so beträgt die Wahrscheinlichkeit eines Ergebnisses: $\frac{1}{n}$.
Gibt es für ein Ereignis A mehrere Ergebnisse, so gilt die **Laplace-Formel**:

$$P(A) = \frac{\text{Anzahl der Ergebnisse, bei denen A eintritt}}{\text{Anzahl aller möglichen Ergebnisse}}$$

Wahrscheinlichkeit
Die Wahrscheinlichkeit gibt an, wie groß die Chance ist, dass ein gewünschtes Ereignis eintritt.
Bei manchen Zufallsexperimenten kann man die Wahrscheinlichkeit nicht sofort angeben. Man muss das Experiment wiederholt durchführen und zählen, wie oft das gewünschte Ereignis eintritt. Diese Anzahl nennt man **absolute Häufigkeit**.
Dividiert man die absolute Häufigkeit durch die Anzahl der durchgeführten Versuche, so erhält man die **relative Häufigkeit**.
Bei einer sehr großen Anzahl von Versuchen erkennt man, dass sich die relative Häufigkeit einem stabilen Wert annähert. Dieser ist ein guter Schätzwert für die Wahrscheinlichkeit. Der Wert für die Wahrscheinlichkeit kann nie größer als 1 sein. Addiert man die Wahrscheinlichkeiten aller Ergebnisse zusammen, so ist die Summe 1.

Ein Ereignis, das nie eintritt, heißt **unmögliches Ereignis** und hat die Wahrscheinlichkeit 0.
Ein Ereignis, das bei einem Versuch sicher eintritt, heißt **sicheres Ereignis** und hat die Wahrscheinlichkeit 1.

Gegenereignis
Das Gegenereignis eines Ereignisses A wird mit $\overline{A}$ bezeichnet. Es gibt die Ereignisse an, die nicht zu A gehören.
Ereignis und Gegenereignis ergeben zusammen die Ergebnismenge S.
Die Wahrscheinlichkeit des Ereignisses P(A) berechnet sich mithilfe der Wahrscheinlichkeit des Gegenereignisses $P(\overline{A})$ wie folgt:
$P(A) = 1 - P(\overline{A})$.

Beispiel

Beim Werfen eines Würfels handelt es sich um ein Zufallsexperiment mit der Ergebnismenge $S = \{1; 2; 3; 4; 5; 6\}$.

Es ist nicht vorhersehbar, welches Ergebnis eintreten wird. Da jedes Ergebnis mit der gleichen Wahrscheinlichkeit eintritt, nämlich $\frac{1}{6}$, handelt es sich um ein Laplace-Experiment.
Man kann nun verschiedene Ereignisse definieren.

Zum Beispiel:
Alle geraden Zahlen: $A = \{2; 4; 6\}$ oder
alle ungeraden Zahlen: $B = \{1; 3; 5\}$.

Summenregel
Um die Wahrscheinlichkeit eines Ereignisses mit mehreren Ergebnissen zu berechnen, addiert man die Wahrscheinlichkeiten der einzelnen Ergebnisse.

Achtung: Die Summe aller Wahrscheinlichkeiten eines Zufallsversuches darf nicht größer als 1 sein!

Hinweis: Wenn alle Ergebnisse mit der gleichen Wahrscheinlichkeit auftreten, kannst du auch die Laplace-Formel verwenden.

Beispiel

In einer Bonbondose befinden sich 4 rote, 5 blaue und 6 grüne Bonbons. Wie groß ist die Wahrscheinlichkeit, ein rotes oder ein blaues Bonbon zu ziehen?

$\text{P(rot oder blau)} = \text{P(rot)} + \text{P(blau)} = \frac{4}{15} + \frac{5}{15} = \frac{9}{15} = \frac{3}{5}$

Mehrstufige Zufallsexperimente
Führt man einen Zufallsversuch mehrfach hintereinander durch, so spricht man von einem **mehrstufigen Zufallsexperiment**.
Solche mehrstufigen Zufallsexperimente kann man mithilfe eines **Baumdiagramms** veranschaulichen.

In einer Urne befinden sich 2 Kugeln (rot und grün). Es wird 2-mal gezogen. Nach jedem Zug wird die Kugel wieder zurückgelegt.

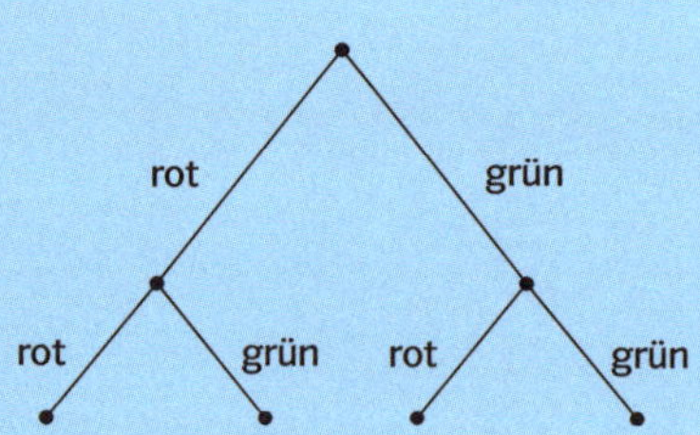

S = {rot-rot; rot-grün; grün-rot; grün-grün}

Die Wahrscheinlichkeit eines Ereignisses bei einem mehrstufigen Zufallsexperiment berechnet man mithilfe der **Pfadregel**.

Pfadregel
Die Wahrscheinlichkeit für ein Ereignis erhält man, indem man die Wahrscheinlichkeiten längs eines Pfades multipliziert.

Urnenmodell
Viele Zufallsexperimente können mit dem Ziehen von Kugeln aus einem Gefäß, Urne genannt, dargestellt werden. In der Urne befinden sich n durch Zahlen beschriftete unterscheidbare Kugeln, von denen k gezogen werden, oder aus k-Urnen wird genau eine Kugel gezogen.

Produktregel
Gegeben sind k-Urnen mit n_1 bzw. n_2 bzw. … n_k Kugeln.
Dann existieren

$$n_1 \cdot n_2 \cdot \ldots \cdot n_k$$

verschiedene Möglichkeiten, aus jeder Urne genau eine Kugel zu ziehen.

Beispiel

Eine Münze wird dreimal nacheinander geworfen.

a) Zeichne ein Baumdiagramm. Gib alle Ergebnisse und ihre Wahrscheinlichkeiten an.

b) Wie groß ist die Wahrscheinlichkeit, ohne Berücksichtigung der Reihenfolge einmal Wappen und zweimal Zahl zu werfen?

a)

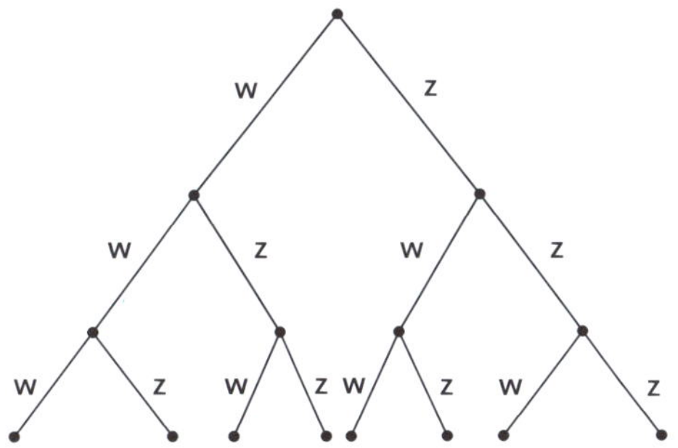

$S = \{WWW; WWZ; WZW; WZZ; ZWW; ZWZ; ZZW; ZZZ\}$

$P(WWW) = \frac{1}{2} \cdot \frac{1}{2} \cdot \frac{1}{2} = \frac{1}{8}$

$P(WWZ) = P(WZW) = P(WZZ) = P(ZWW) = P(ZWZ) = P(ZZW) = P(ZZZ) = \frac{1}{8}$

b) $P(\text{einmal W und zweimal Z}) = P(WZZ) + P(ZZW) + P(ZWZ) = \frac{1}{8} + \frac{1}{8} + \frac{1}{8} = \frac{3}{8}$

Lern-Video

Ziehen mit Zurücklegen („Toto-Regel")
Es wird aus einer Urne mit n unterscheidbaren Kugeln k-mal eine Kugel mit Zurücklegen gezogen, dabei wird die Reihenfolge der gezogenen Kugeln notiert.
Dann sind

$$n^k$$

verschiedene Reihenfolgen möglich.

Ziehen ohne Zurücklegen („Renn-Regel")
Es wird aus einer Urne mit n Kugeln k-mal eine Kugel ohne Zurücklegen gezogen, dabei wird die Reihenfolge der gezogenen Kugeln notiert.
Dann sind

$$n \cdot (n-1) \cdot \ldots \cdot (n-k+1)$$

verschiedene Reihenfolgen möglich.

Sonderfall:
Wird so lange gezogen, bis alle Kugeln gezogen wurden, also $n = k$, dann gibt es $n! = n \cdot (n-1) \cdot \ldots \cdot 2 \cdot 1$ mögliche Reihenfolgen. Oder kurz: n! (lies: n Fakultät)

Ziehen mit einem Griff („Lotto-Regel")
Es werden aus einer Urne mit n verschiedenen Kugeln k Kugeln mit einem Griff gezogen. Dabei spielt die Reihenfolge keine Rolle.
Dann gibt es

$$\binom{n}{k} = \frac{n \cdot (n-1) \cdot \ldots \cdot (n-k+1)}{1 \cdot 2 \cdot 3 \cdot \ldots \cdot k} \quad (k \leq n)$$

Möglichkeiten.

Die Zahl $\binom{n}{k}$ heißt **Binomialkoeffizient**.

Beispiel

Wie groß ist die Wahrscheinlichkeit, im Lotto „6 aus 49"
a) 6 Richtige, b) 4 Richtige zu tippen?

a) In einer Urne befinden sich 49 durchnummerierte Kugeln. Nun werden 6 mit einem Griff gezogen. Die Reihenfolge spielt keine Rolle. Somit existieren

$\binom{49}{6} = \frac{49 \cdot 48 \cdot 47 \cdot 46 \cdot 45 \cdot 44}{1 \cdot 2 \cdot 3 \cdot 4 \cdot 5 \cdot 6} = 13\,983\,816$ mögliche Ergebnisse.

Da alle Ergebnisse die gleiche Wahrscheinlichkeit besitzen, gilt:

$P(\text{„6 Richtige"}) = \frac{1}{13\,983\,816} = 0{,}000\,000\,72$

b) Hier muss man von zwei unterschiedlichen Urnenmodellen ausgehen. In einer Urne befinden sich die 6 Gewinnzahlen, davon werden 4 mit einem Griff gezogen.
In einer zweiten Urne befinden sich die $49 - 6 = 43$ Nicht-Gewinnzahlen, davon werden 2 mit einem Griff gezogen.
Die Anzahl der Möglichkeiten, von 6 Gewinnzahlen 4 anzukreuzen, ist:

$\binom{6}{4} = \frac{6 \cdot 5}{2 \cdot 1} = \frac{30}{2} = 15$

Die Anzahl der Möglichkeiten, von den 43 Nicht-Gewinnzahlen 2 anzukreuzen, ist:

$\binom{43}{2} = \frac{43 \cdot 42}{2 \cdot 1} = \frac{1806}{2} = 903$

Damit ist die Anzahl der Möglichkeiten für 4 Richtige im Lotto:

$\binom{6}{4} \cdot \binom{43}{2} = 15 \cdot 903 = 13\,545$

Es gibt also 13 545 Möglichkeiten von insgesamt 13 983 816 Möglichkeiten.

$P(\text{4 Richtige aus 49}) = \frac{13\,545}{13\,983\,816} \approx 0{,}000\,97$

Zusammenfassung

k-mal ziehen mit Zurücklegen aus einer Urne mit n verschiedenen Kugeln:
n^k Möglichkeiten.
k-mal ziehen ohne Zurücklegen aus einer Urne mit n Kugeln:
$n \cdot (n-1) \cdot \ldots \cdot (n-k+1)$ Möglichkeiten.

k Kugeln mit einem Griff aus einer Urne mit n verschiedenen Kugeln ziehen:

$\binom{n}{k} = \frac{n \cdot (n-1) \cdot \ldots \cdot (n-k+1)}{1 \cdot 2 \cdot 3 \cdot \ldots \cdot k}$

Darstellung zusammengesetzter Ereignisse

Sprechweisen	Symbol	Mengenbild
A und B tritt ein, wenn sowohl A als auch B eintritt.	$A \cap B$	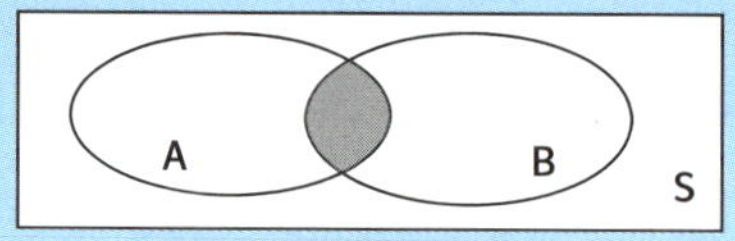
A oder B tritt ein, wenn mindestens eines der beiden Ereignisse A, B eintritt.	$A \cup B$	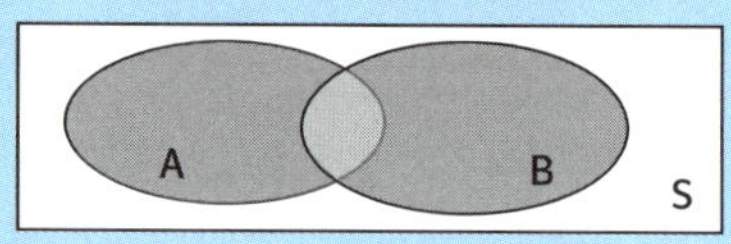
$\bar{A}$ tritt ein, wenn A nicht eintritt.	$\bar{A}$	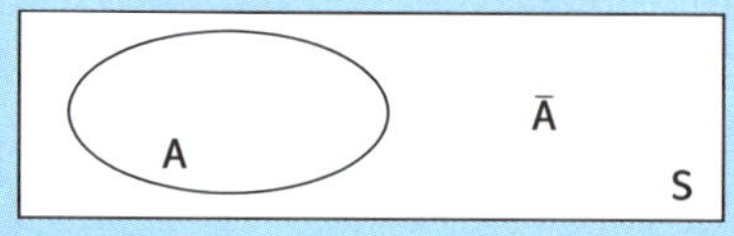

Auch das zusammengesetzte Ereignis C, **entweder A oder B** tritt ein, lässt sich in der obigen Weise darstellen:

$C = (A \cap \bar{B}) \cup (\bar{A} \cap B)$

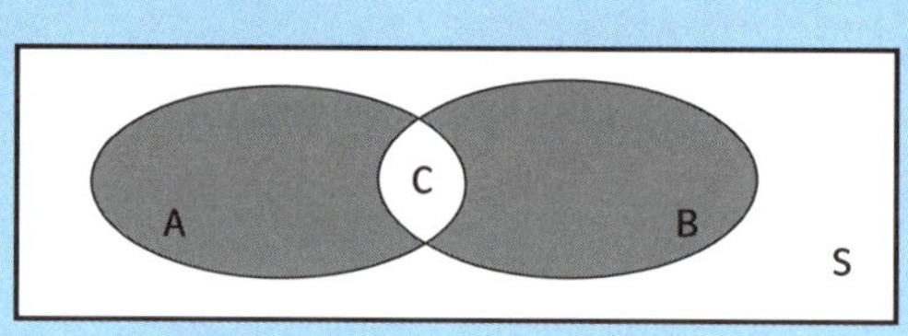

Gegenereignisse (Gesetze von *de Morgan*)

Gegenereignis von $A \cap B$: $\overline{A \cap B} = \bar{A} \cup \bar{B}$

Gegenereignis von $A \cup B$: $\overline{A \cup B} = \bar{A} \cap \bar{B}$

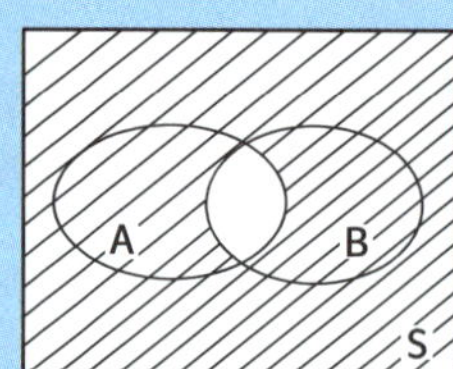

$\overline{A \cap B}$

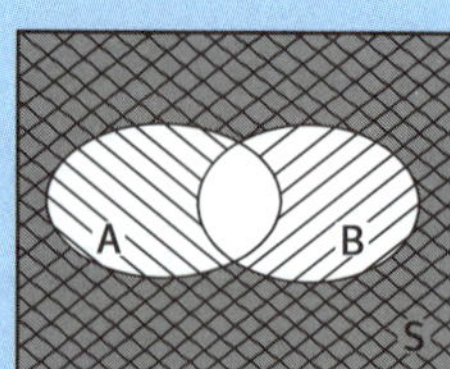

$\bar{A} \cap \bar{B}$

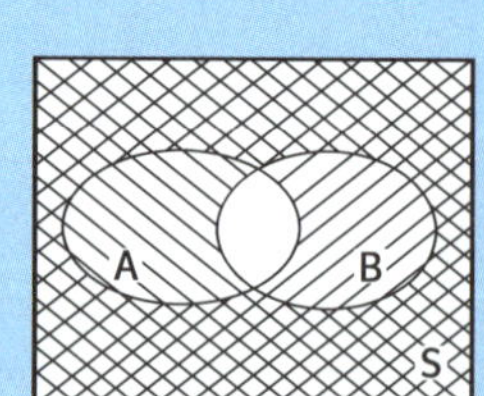

$\bar{A} \cup \bar{B}$

Bei der Berechnung von Wahrscheinlichkeiten verknüpfter Ereignisse muss man beachten, ob die beiden ursprünglichen Ereignisse Schnittmengen haben oder nicht, d.h. ob sich die Ereignisse ausschließen oder nicht.

Additionssatz
Für zwei **beliebige** Ereignisse A und B gilt:

$P(A \cup B) = P(A) + P(B) - P(A \cap B)$

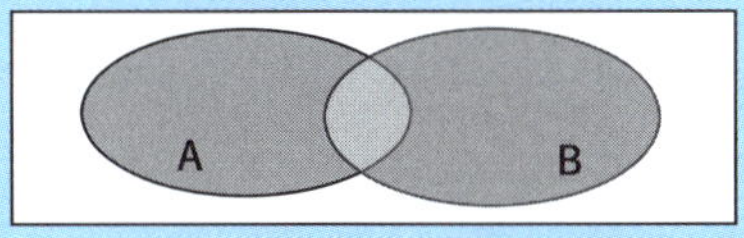

Schließen sich zwei Ereignisse A und B **aus**, dann gilt:

$P(A \cup B) = P(A) + P(B)$

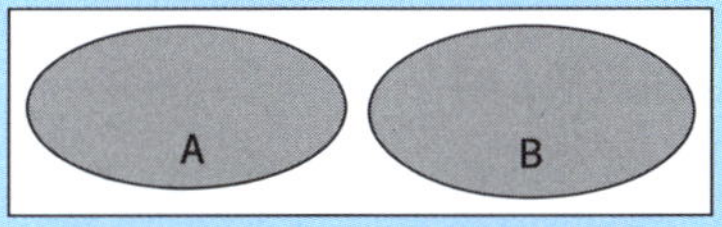

Hinweis: Schließen sich zwei Ereignisse aus, sagt man auch: Die Ereignisse sind unvereinbar.

Spezieller Multiplikationssatz
Beeinflusst das Eintreten von A das Eintreten von B nicht, dann gilt:

$P(A \cap B) = P(A) \cdot P(B)$

Beispiel

Ein idealer Würfel wird zweimal geworfen. Wie groß ist die Wahrscheinlichkeit für

a) A: Die Augensumme ist kleiner 7?
b) B: Der 1. Wurf zeigt eine 6?
c) C: Der 1. Wurf zeigt eine 4?
d) Die Augensumme ist kleiner 7 oder der 1. Wurf zeigt eine 6?
e) Die Augensumme ist kleiner 7 oder der 1. Wurf zeigt eine 4?
f) Der 1. Wurf zeigt eine 4, der 2. Wurf eine 6?

a) $P(A) = \frac{15}{36}$
b) $P(B) = \frac{6}{36} = \frac{1}{6}$
c) $P(C) = \frac{6}{36} = \frac{1}{6}$
d) Die beiden Ereignisse schließen sich aus, also $A \cap B = \{\}$.
Nach dem speziellen Additionssatz gilt:
$P(A \cup B) = P(A) + P(B) = \frac{15}{36} + \frac{6}{36} = \frac{21}{36} = \frac{7}{12}$
e) Die beiden Ergebnisse schließen sich nicht aus, also $A \cap C \neq \{\}$.
Nach dem allgemeinen Additionssatz gilt:
$P(A \cup C) = P(A) + P(C) - P(A \cap C) = \frac{15}{36} + \frac{6}{36} - \frac{2}{36} = \frac{19}{36}$
f) Die beiden Ereignisse beeinflussen sich nicht gegenseitig.
Nach dem speziellen Multiplikationssatz gilt:
$P(B \cap C) = P(B) \cdot P(C) = \frac{1}{6} \cdot \frac{1}{6} = \frac{1}{36}$

Zusammenfassung

Additionssatz:
Für zwei **beliebige** Ereignisse A und B gilt:
$P(A \cup B) = P(A) + P(B) - P(A \cap B)$ (allgemeine Form).

Schließen sich zwei Ereignisse A und B **aus**, dann gilt:
$P(A \cup B) = P(A) + P(B)$ (spezielle Form).

Spezieller Multiplikationssatz:
Beeinflusst das Eintreten von A das Eintreten von B nicht, dann gilt:
$P(A \cap B) = P(A) \cdot P(B)$.

Abhängigkeit und Unabhängigkeit
Ereignisse nennt man **unabhängig** voneinander, wenn das Eintreten des einen die Wahrscheinlichkeit des anderen nicht beeinflusst. Im umgekehrten Fall nennt man sie **abhängig**.

Zwei Ereignisse A und B sind **unabhängig voneinander**, wenn der spezielle Multiplikationssatz gilt:

$$P(A \cap B) = P(A) \cdot P(B).$$

Sonst nennt man sie voneinander abhängig.

Beachte: Die Unabhängigkeit und das Sichausschließen sind zwei verschiedene Sachverhalte.
Das Sichausschließen kann man in einem Mengenbild veranschaulichen.
Bei der Unabhängigkeit dagegen handelt es sich um eine Eigenschaft der Wahrscheinlichkeiten von A und B.

Beispiel

Sandra kommt auf ihrem Weg zur Schule an zwei Ampeln A_1 und A_2 vorbei, die unabhängig voneinander arbeiten. Sie stellt fest, dass A_1 in 75 % und A_2 in 40 % ihrer Fahrten Grün zeigt. Berechne die Wahrscheinlichkeit der folgenden Ereignisse.

a) A: Beide Ampeln zeigen Grün.
b) B: Mindestens eine der Ampeln zeigt Grün.
c) C: Genau eine der Ampeln zeigt Grün.
d) D: Höchstens eine der Ampeln zeigt Grün.

a) Wahrscheinlichkeit, dass A_1 Grün zeigt: $P(A_1) = 0{,}75$
Wahrscheinlichkeit, dass A_2 Grün zeigt: $P(A_2) = 0{,}4$

$$P(A) = P(A_1) \cdot P(A_2) = 0{,}75 \cdot 0{,}4 = 0{,}3$$

b) $P(B) = P(A_1) \cdot \overline{P(A_2)} + \overline{P(A_1)} \cdot P(A_2) + P(A) =$

$$0{,}75 \cdot 0{,}6 + 0{,}25 \cdot 0{,}4 + 0{,}3 = 0{,}85$$

c) $P(C) = P(A_1) \cdot \overline{P(A_2)} + \overline{P(A_1)} \cdot P(A_2) = 0{,}75 \cdot 0{,}6 + 0{,}25 \cdot 0{,}4 = 0{,}55$

d) $P(D) = P(C) + P(\text{beide Rot}) = 0{,}55 + 0{,}25 \cdot 0{,}6 = 0{,}7$

Lern-Video

Bernoulli-Experimente

Haben Zufallsexperimente nur zwei Ergebnisse, so werden sie **Bernoulli-Experimente** genannt.

Die beiden Ergebnisse werden mit **Treffer** und **Niete** bezeichnet.

Bezeichnet man die Wahrscheinlichkeit für einen Treffer mit p und für eine Niete mit q, so gilt: $q = 1 - p$.

Besteht ein Zufallsexperiment aus n unabhängigen Wiederholungen desselben Bernoulli-Experimentes, so nennt man es eine **Bernoulli-Kette der Länge n.**

Ist eine Bernoulli-Kette der Länge n mit der Trefferwahrscheinlichkeit p gegeben und gibt die Zufallsvariable X die Anzahl der Treffer k an, so gilt für die Wahrscheinlichkeit:

$$P(X=k) = \binom{n}{k} \cdot p^k \cdot (1-p)^{n-k} \qquad (k \in \{0; 1; 2; \ldots; n\})$$

Die Zuordnung, die jedem der möglichen Werte k die Wahrscheinlichkeit $P(X=k)$ zuordnet, nennt man **Binomialverteilung** mit den Parametern n und p.

Für die Wahrscheinlichkeit $P(X=k)$ schreibt man auch $B_{n;p}(k)$ und nennt X eine **$B_{n;p}$-verteilte Zufallsvariable**.

Beispiel

1. Die Zufallsvariable X sei $B_{n;p}$-verteilt. Stelle eine Tabelle der Binomialverteilung mit den Parametern $n = 6$ und $p = 0{,}45$ auf.

k	$P(X=k) = \binom{n}{k} \cdot p^k \cdot (1-p)^{n-k}$
0	0,0277
1	0,1359
2	0,2780
3	0,3032
4	0,1861
5	0,0609
6	0,0083

2. Von 100 Personen sind im Durchschnitt 15 Linkshänder. Wie groß ist die Wahrscheinlichkeit, dass von 25 zufällig ausgewählten Personen
   a) genau eine Person Linkshänder ist;
   b) mindestens eine Person Linkshänder ist.

Beeinflussen sich die Links- und Rechtshänder nicht, so kann man das Experiment als Bernoulli-Kette der Länge 25 mit $p = \frac{15}{100} = 0{,}15$ ansehen.
Die Zufallsvariable X gibt die Anzahl der Linkshänder unter 25 Personen an.

a) $P(X=1) = \binom{25}{1} \cdot 0{,}15^1 \cdot (1-0{,}15)^{25-1} = 0{,}0759$
   In fast 8 % der Fälle ist unter 25 Personen genau ein Linkshänder.

b) $P(X \geq 1) = 1 - P(X=0) = 1 - \binom{25}{0} \cdot 0{,}15^0 \cdot (1-0{,}15)^{25-0} = 0{,}9828$
   In fast 98 % der Fälle ist mindestens eine Person ein Linkshänder

Zusammenfassung

Ein Bernoulli-Experiment ist ein Zufallsexperiment mit den beiden Ergebnissen Treffer und Niete.
Für die Wahrscheinlichkeit gilt:

$P(X=k) = \binom{n}{k} \cdot p^k \cdot (1-p)^{n-k} \qquad (k \in \{0; 1; 2; \ldots; n\});$

wobei X die Zufallsvariable ist, die die Anzahl der Treffer k angibt, n die Anzahl der Durchführungen und p die Wahrscheinlichkeit für einen Treffer.

Nimmt eine Zufallsgröße X die Werte $k = \{0; 1; 2; \ldots; n\}$ an, dann nennt man die Summe

$$0 \cdot P(X=0) + 1 \cdot P(X=1) + \ldots + n \cdot P(X=n) = E(X) = \mu$$

den **Erwartungswert** der Zufallsgröße X. Er wird mit E(X) oder μ bezeichnet.

Handelt es sich bei dem Zufallsexperiment um ein Bernoulli-Experiment, so gilt für den Erwartungswert:

$$E(X) = \mu = n \cdot p$$

Beispiel

1. In einer Fabrik werden die hergestellten Teile von einer Kontrolleurin überprüft, die jedes Teil mit einer Wahrscheinlichkeit von 0,95% richtig beurteilt. X sei die Anzahl der falschen Entscheidungen der Kontrolleurin bei 100 Kontrollen. Berechne den Erwartungswert E(X).
   X: Anzahl der falschen Entscheidungen; $n = 100$
   $p = 1 - 0{,}95 = 0{,}05$
   $E(X) = n \cdot p = 100 \cdot 0{,}05 = 5$
   Führt die Kontrolleurin diese Tests sehr häufig durch, so entscheidet sie sich bei 100 Kontrollen im Mittel 5-mal falsch.

2. Bei der Fertigung von Spielzeugautos weist durchschnittlich jedes 15. Auto Mängel auf.
   a) Mit wie vielen mängelbehafteten Autos muss man in einem Jahr mit 220 Arbeitstagen rechnen, wenn pro Arbeitstag 630 Stück produziert werden?
   b) Mit welcher Wahrscheinlichkeit ist unter 30 zufällig herausgegriffenen Autos höchstens eines mit Mängeln?

   a) Anzahl der produzierten Autos pro Jahr: $n = 220 \cdot 630 = 138\,600$
   X: mängelbehaftete Autos unter 138 600; $p = \frac{1}{15}$
   $E(X) = 138\,600 \cdot \frac{1}{15} = 9240$
   Man muss mit 9240 mängelbehafteten Autos im Jahresdurchschnitt rechnen.

   b) Y: Anzahl der mängelbehafteten Autos unter 30 zufällig herausgegriffenen; $n = 30$
   $P(Y \leq 1) = P(Y=0) + P(Y=1) = 0{,}3967$

Register

Einfach alles ...

Weitere Titel der Reihe:

Grammatik Deutsch
5./6. Klasse im Griff
ISBN 978-3-12-927346-3

Aufsatz Deutsch
5./6. Klasse im Griff
ISBN 978-3-12-927354-8

Grammatik Deutsch
7./8. Klasse im Griff
ISBN 978-3-12-927348-7

Rechtschreibung Deutsch
7./8. Klasse im Griff
ISBN 978-3-12-927349-4

Grammatik Französisch
1./2. Lernjahr im Griff
ISBN 978-3-12-927357-9

Grammatik Spanisch
1.-3. Lernjahr im Griff
ISBN 978-3-12-927272-5

Grammatik Englisch
5./6. Klasse im Griff
ISBN 978-3-12-927347-0

Grammatik Englisch
7./8. Klasse im Griff
ISBN 978-3-12-927352-4

Grammatik Englisch
9./10. Klasse im Griff
ISBN 978-3-12-927353-1

Grammatik Latein
1./2. Lernjahr im Griff
ISBN 978-3-12-927232-9

Übersetzung Latein
3.-5. Lernjahr im Griff
ISBN 978-3-12-927265-7

Bruchrechnung Mathematik
5.-8. Klasse im Griff
ISBN 978-3-12-927355-5

Wahrscheinlichkeitsrechnung Mathematik
5.-10. Klasse im Griff
ISBN 978-3-12-927279-4

Funktionen Mathematik
7.-10. Klasse im Griff
ISBN 978-3-12-927356-2